艺术教育丛书

服装艺术教育

华 梅 戢 范 ⊙ 著

杨恩寰 梅宝树 主编

人民出版社

丛书总序

（一）

　　跨入21世纪的中国，为推进社会主义现代化建设事业，落实科教兴国战略，已把教育放在优先发展的基础地位；为培养社会主义事业的建设者和接班人，实施全面素质教育，又十分明确地把美育纳入社会主义教育方针中来，给予美育以应有的地位，终于使社会主义教育成为一种完全的教育。

　　实施美育或审美教育，其最根本的形式或主要的形式，就是艺术教育，因为艺术比其他事物的审美含量都充盈而集中。但是，艺术教育绝不等同于审美教育，把二者等同起来的观点，实是一种误解。艺术教育除了包含审美教育的内容、功能之外，还包含非审美教育的内容和功能。尽管有这样的不同，却都涉及全面素质教育。如果说德育、智育、体育、劳动教育涉及不同层面的素质教育，那么，艺术教育和审美教育却可以或可能涉及全面素质教育。就某一层面的素质教育而言，艺术教育和审美教育远不及德育、智育、体育、劳动教育那样突出、确定、深刻、有力；就全面的素质教育而言，德育、智育、体育、劳动教育又不及艺术教育和审美教育那样广泛、整合、融通、富有韵致。审美教育和艺术教育的优点和长处，表明它是全面素质教育不可或缺的一种教育方式。

　　所谓全面素质并非单指个体生理心理的先天特征，而应包含后天培养、训练所得的文化因素。素质包含了个体与群体先天素质和后天素养之所得，应包括：（1）身体素质指体质、体能、体魄以及身体力量运动的诸多特性；（2）心理素质指认识意志情感机能、品质及其特性；（3）知识经验（科学、文化、专业）；（4）价值理念（政治思想、道德观念、法制纪律、目标信念、价值取向、思想态度）；（5）实践操作（物质性和精神性的）；（6）人际交往。可见，素质教育涉及和指向的是个体和群体全面素质的培养、提高和发展。实现这样的素质教育，必须全面贯彻和执行社会主义教育方针，使受教育者在德、智、体、美、劳几个方面得到全面谐调的发展。毫无疑问，艺术教育在实现和落实素质教育的实践过程中，有其不可取代的作用。

艺术教育是以艺术为媒介的施教与受教双方共同参与运作的活动，其性质和功能都与艺术有关，确切地说，都受制于艺术本性。艺术作为创制意象的心灵活动，无论倾向再现还是倾向表现，其所构制的意象，作为心灵创造的世界，就不是实际的现实世界，而是一种虚拟的世界，想象世界，意象世界。就意象而言，艺术创造的世界，是对现实世界的超越，是非现实的。可以说，艺术就是一种意象活动，一种情感形式、情感符号、情感表象活动，借助一定的感性物质媒介，意象物态化而构成艺术品。无论是作为活动的艺术，还是作为产品的艺术，始终离不开"形式"、"象"，但这"形式"或"象"又不是无序的堆砌，而是有序的组合，构成一个有机整体。其基础和动力，就是情，情与象融合的中介就是理智的想象，即康德说的悟性与想像力的谐调活动；经由理智与想象中介组合而成的情感表象，就是意象。中西美学中的种种提法，"使情成体"，"缘情生梦"，日神精神与酒神精神、欲望在幻想中的满足等等，都涉及到意象这个艺术的核心问题。所以从美学上说，意象作为多种心理机能的创制，是感性与理性渗透融合统一的活动，有序而自由的活动，意象乃是艺术的审美本质。

从美学上说，意象活动构成艺术的本质，可以站得住，但是从艺术学上说，又不够，正如说艺术是社会生活的形象反映，从艺术社会学上可以成立，而从审美心理学上说又不完善一样。因为美学只涉及艺术的审美层面，如果只就这方面谈艺术，就构成所谓的纯艺术，艺术学中的形式主义、唯美主义，往往由此衍生而来。如果这样，艺术也就丧失了它对社会或心理的生活反映、评价和导向，丧失了它的本性。尽管艺术总是创制性的，却又总是反映性的，包容或融合着这样或那样的情欲观念内容，如情爱、伦理、政治、宗教等等。不管艺术以什么样的意象、形式、符号存在，它总渗透或融解着社会文化心理内容—情欲观念。艺术不等于意象（审美），还包含非审美的东西（情欲观念），正因为如此，艺术始终是审美（意象）与非审美（情欲观念）的统一，亦即审美超越性与非审美功利性的融合统一。艺术中非审美的东西始终渗透融解在审美意象之中，当然这种渗透、融解程度有时不同，却始终保持这种融解，因而艺术所传达、表现的非审美的东西，无论是情欲还是观念，始终是含蓄的，始终是隐显沉浮的，绝不是隐显两极。一旦非审美东西只显而不隐，或成为理性观念说教，或成为感性情欲宣泄，那也就不成其为艺术。

艺术这种本性决定艺术教育不同于一般生活，也不同于严格意义的知识教育、道德教育。艺术教育（性质）始终是审美与非审美的融合统一，超越与功利的融合统一，感性与理性的融合统一。因此，艺术教育就不能只讲感性不讲理性，只讲超越不讲功利，只讲审美不讲非审美。艺术教育功能，是多元而又整合的。诸如审美的、科学的、道德的、哲学的、政治的、经济的，以及生活的，总之，涉及人生的各个层面和人文社会的各个领域。根据艺术教育的性质，可以把其功能分为两大类：一类是审美功能；一类是非审美功能。而在实际活动中审美与非审美这两类功能是不可分离的，始终是融合在一起的，就是说非审美东西始终通过审美来实现，始终通过意象来传达表现的，总是具有非概念确定性、模糊性而意味深长。

艺术教育的非审美功能，涉及人生的诸多方面，如情爱的、科学的、伦理的、政治的等等，着重给予生活的满足、认知和教化，这种重功利的功能，尽管是采取想象的方式，却可以在心灵中发生影响和作用。艺术教育非审美功能所导致的效应是非常明显的，也是容易理解的，如给人以知识，给人以理想，给人以教喻，导致社会文明与进步，与德育、智育所给予的是一样的；由于其融解于审美之中而带有情感性、形象性，感染力、吸引力、渗透力似乎更强一些，其感性模糊性、不确定性正好与德育、智育的理性明确性、确定性互补。艺术教育的审美功能，亦即通过审美观照满足（适合）审美需要而引起的审美（自由超越）快乐所具有的功能，所导致的直接效应主要在于：通过审美观照（领悟、把玩、操作）可以培育、锻炼、提高审美能力，即自由把握和创造形式的能力，以及感官与心灵对意象的感悟与品味能力；感受和体验审美快乐，即超越性快乐，自由快乐，可以陶冶、塑造、提升人生境界，走向不断超越功利意识而逐步取得自由的审美境界，从而完善人性和文化心理结构，使之自由和谐全面发展。进而，必然发生延伸效应，导致身体、心性走向健康、自由、创造发展之路。审美关系到审美主体体态、动作、行为、举止的自由和谐，有助于自身自由均衡、富有活力的健康的发展。审美渗透融解于劳动生产活动，可以引导劳动活动摆脱实际功利的强制走上自由发展的道路，帮助劳动技术操作提高把握和创造形式的能力，促进技术的艺术（审美）化，可以改变劳动技术那单一的理性规范控制的操作方式转变为出自意愿的自觉自由的操作方式。审美可以开启理性思维模式转化为自由直观，由理性认知转化为自由创造，审美中那种感性与理性渗透融合、"可相容性"，正是理性走向感性的中介，为一般智力认知走向自由直观和创造能力开辟一个渠道。审美情感把道德引向与个体感性欲求的结合、融合，从而使道德"他律"化为"自律"即意志行为自由。正是审美的理性因素与道德情感相通，而审美的情感因素又牵动道德情感走向与个体感情融合，从而构成道德认知、道德行为转化为道德自由的中介。

可以肯定，艺术教育审美效应落实在个体身体和心理能力与境界方面，与非审美效应落实在个体知识经验、理念价值和实践操作方面共同构成个体全面素质的发展。

艺术教育效应远不限于个体素质的培养和陶冶，对群体素质的建构和培养作用也是巨大的，当然，艺术教育对个体素质教育，实际也构成了对群体素质教育的重要基础，二者是不可分开的。如果着眼于艺术教育对群体素质的陶冶和培育，确实又有其不同于对个体素质教育的内容和领域，要涉及社会理念、民族精神、科技、道德、制度、人际、风俗、宗教、器物等文化和文明素质，实际关系到社会文明建设与进步。艺术教育非审美效应对群体素质发展和提高的影响仍然比较容易理解，同时这种影响依然是得通过审美，所以就艺术教育的审美效应去谈对群体素质教育的作用，就显得十分必要。

艺术教育以其自由、超越的审美快乐使人们的情欲受到规范、节制和净化，从而陶冶和塑造人们一种超越的人生境界，赋予人们一种超脱精神，一种旷达的人生态度。假如一个群体、社会中人人都或多或少的具有这种超脱精神、审美态度，对待生活就可能不会时刻为单纯追求个人情欲与实际功利目的所困扰，就会减少乃至消除由追求情欲和功利目的的满足而带来的烦恼、焦虑、痛苦。对待别人，就会摆脱因利害计较而引起的人际关系的纠葛、矛盾、冲突以及诸多不和谐。对待工作，就会以工作本身为需要和目的，执著于工作本身的兴趣和乐趣，从而取得更大的绩效与成就。对待困难、艰险甚至不幸与灾难，就会不计利害得失，从容而自由选择自己的意志行为，知难而进，奋勇前行，显示一种无私无畏的精神。假如这种超脱精神、审美情怀融入群体道德意识和道德行为，可以净化行为中感性冲动的盲目性，走向与理性融合而自由自觉，随之而来的是群体行为的和谐、有序而自由。审美绝非对群体道德行为的干扰、破坏，而是对道德行为走向有序自由的一种催化与推动。超脱精神、审美情怀融入群团活动、组织行为、制度运作以及习俗礼仪，能够使情感有序而自由的交流，突破心理障碍，化解或淡化矛盾冲突，增强认同感，提高亲和力和凝聚力，在人际、组织、制度、习俗中发挥一种净化、交流、沟通、组织、导向功能，有助于社会稳定、有序而自由运行。

艺术教育以其自由把握和创造形式的审美观照，呈现为一个多样统一的意象世界。这种功能渗透或融入科学活动，有助于科学认识真理。审美把握事物形式的多样性，可以作为科学认知的起点，从多样化的现象中去寻找事物的因果秩序，审美把握形式的统一性，可以有助于科学直接认识真理的实在性，因为真理作为因果实在总与一定形式结构秩序（统一性）相关联。艺术审美与科学认识可以相融不悖。审美作为创造形式活动，培养和锻炼人们对形式的自由直观、操作和制造能力，融入或转化为技艺和技术，构成物质性的自由造型力量，从而实际创造一个审美的物质文化世界。现实广泛存在的器物，如生产工具、生活用品，乃至人文景观，大都是审美创造能力与活动渗入社会群体生产实践技术操作之中，把审美造型与实用目的融合起来制造的，从而以其悦人的造型为社会所接受、使用、交流、传播。

艺术教育审美效应落实在个体素质的陶冶和塑造，使个体素质走向全面谐调而自由的发展；落实在群体素质的陶冶与建构，使社会群体和谐有序而自由的发展，从而促进社会文明的建设和提高。

艺术教育如此重要，为适应普通高等学校开展艺术教育的需要，我们编写了《艺术教育丛书》。这套丛书由三个层面的内容组成。第一个层面艺术学，讲述艺术理论知识，第二个层面艺术教育学，讲述艺术教育理论、知识和方法，第三个层面门类艺术教育，讲述门类艺术教育实施的技术和方法。这三个层面显示一种从艺术理论到艺术教育实施、操作的走向。但总的说，三个层面的内容依然是一种理论、知识、方法的教育，尽管结合各种艺术进行，本质上仍然是一种知识教育。这种理论、知识、方法的教育，只是为艺术教育的实施运作做某种准备，使施教者和受教者对艺术教育有足够的理解，提高参与的自觉性，顺利地进入运作过程，绝不能以这种艺术教育理论知识方法的教育取代实际运作的艺术教育活动。

艺术教育，作为一种以艺术产品为媒介或手段施教与受教双方共同运作的活动，要求施教者创造、选择、运用艺术，充分发挥艺术教育功能，要求受教者自觉自由地接受艺术感染、陶冶、锻炼，实现艺术教育效应。自然，这样的艺术教育不仅要求施受双方自由平等共同参与运作，而且特别强调受教者在观照中领悟，在应对中操作，在反映中创造，无论是意念的还是动作的，不能一味静观，而要"游于艺"。那种只强调静观，或是只强调理论知识的艺术教育，均与这种活生生的操作性创造性的艺术教育相去甚远。

编写这套《艺术教育丛书》，就是为这样的艺术教育活动的实施操作做理论、知识、方法准备的，只是为开展艺术教育活动提供一般的理论原则、操作方法、运作模式。艺术教育的实际运作，仍需要有关领导、管理部门，特别是施教者，在实践中不断探索，不断创新，不断总结，使之形式灵活多样，而又适应全面素质教育要求。

杨恩寰

1999 年 10 月 28 日

（二）

《艺术教育丛书》第一辑出版时，我曾写了一个序，时过八年，《艺术教育丛书》第二辑又将出版，我又写了这个序。两个序前后承续，一个主题，就是对艺术教育的宗旨做陈述，把大学生个体素质和群体素质的全面均衡发展作为艺术教育实施的目标，前一个序突出艺术教育对素质教育的价值意义，而艺术教育对人生教育的价值意义虽有涉及，却谈论得并不充分。所以在写这个序时，就想就艺术教育能为人生教育提供哪些思想文化资源这个问题做一个补充性的续写。

解决人生问题，要靠人生实践，靠健康、合理、可行的理念指引的伟大的物质生产实践，不过人生教育也是不可或缺的。艺术教育作为人生教育的一种方式，也是必要的。因为艺术就是人的生存、生活的一种方式。艺术教育指向人生进行教育，应是题中应有之义。

艺术教育提供和传播一种生存理念和生活理想，指引人生为什么而生存、为什么而生活，展现一种人生愿景，培养人生信念和追求目标。艺术所提供和传播的生存理念和生活理想，必然是意象性的，就是说，是经过艺术技巧处理制作，融情感与观念于一体的符号体系，涉及或包容人生许多层面，如欲望、情感、知识、科学、道德、伦理、宗教、哲理、技术、艺术、审美、心理、行为、操作、实践等等，概言之，是功利与超越、感性与理性、心理与行为的交融而成的有机整体。因而这种人生理念、理想，作为艺术意象，给予受众提供的必然是一幅人生图景，丰富多彩而又谐调有序，培育的是人生的认同感、凝聚力、共同的生存理念和理想，从而有助于和谐文化与和谐社会的构建，同时又必然塑造富有个性、创造性、自由性的生存理念和理想，从而又有助于创新型社会的建设。

艺术教育提供、传播和塑造一种艺术审美境界，作为暂时摆脱日常生活欲求而出现的一种内在心灵的自由状态，一种超越性的情感愉快体验，外显为一种审美态度。具有这种审美境界，可以净化人生私欲，使心灵澄明，能够以淡泊、旷达的心态、精神、情怀去对待人生苦难、不幸以及生死计虑，从而产生一种遇险不惊、从容以对、知难而进、无畏进取的创新精神。超越私欲、私利才能无畏。无畏才能进取创造，显示并高扬一种积极、乐观、进取、创造的精神。就这个意义说，艺术教育为人生、人的生存和生活提供一种可自由选择的富于进取、创造、乐观的精神家园。

艺术教育提供、传播、培养和锻炼一种艺术自由造型能力，给予人的不只是生命内在心灵对形式的自由观照和把握，而且是生命外显行为操作对形式的适应、选择和创造。如果这种艺术创造力，融入人生的实践造型活动，构成人生所特有的伟大实践自由的造型力量，那么就会提高自由造型的质量，丰富提高产品的技术、艺术、审美的含量，从而取得产品更大的经济效益和社会效益。

　　艺术教育所提供、传播、培育的审美精神、情怀以及操作技巧，完全可以渗入、融合到日常生活和事业活动中去，淡化或净化日常生活和事业活动的个体私利欲求，去观照、把握日常生活和事业活动本真存在的形式秩序，并自由创造一种符合生活、事业本真秩序结构的活动形式，以消解生活、事业与艺术、审美之间的界限，实现日常生活、事业活动的审美化、艺术化。超越的审美情怀和自由造型的艺术技巧，是构成生活、事业审美化、艺术化的两个重要因素，而艺术教育恰是培育这两个因素不可或缺的途径和方式。

　　以上几点，是我编写《艺术教育丛书》过程中不断思考之所得，作为总序（一）的补充，续写在这里，供读者参考。

　　　　　　　　　　　　　　　　　　　　　　　　杨恩寰
　　　　　　　　　　　　　　　　　　　　　　　　2007 年 12 月 19 日

服装教育

导言

　　服装艺术教育，应该是艺术教育范畴中涵盖面最广的一部分内容。且不说每一个人都是着装者，仅就每一个着装者单体而言，与服装也是须臾不可分。

　　近三十年来，"文化"一说泛滥，"某某文化"几乎铺天盖地，但严格说来，只有服装文化最具立体性，它上可作为社稷礼仪、权法标志，下可遍及庶民，微至孩童的小帽小鞋。纵向看来，它与其他学科的交叉组构态势也是最复杂、最丰富、最具普遍意义。因为社会文化中，诸如酒文化、食文化等，都是由人来创造的，即：人与这些物质实际上保持不变的对立关系。就艺术来说，也是这样，绘画、雕塑、环境设计、工业造型，甚或民间艺术，哪一个不是人在艺术面前始终处于一个相对稳定的位置呢？而服装却不。

　　服装是人创造的，说它是物质与精神的组合结晶，绝不过分。同时，服装又要穿戴在人的身上，与人共同构成着装形象，从而成为社会活动中的一个统一体。也就是说，不着装的人作为自然的人，是可以成立的，而作为社会的人，却是不完全的。迄今为止，世界上没有任何一个部族的人没有服装，即使无衣，也有饰品。

　　历史已经进入 21 世纪，别管如何时过境迁，说斗转星移也罢，说白驹过隙也罢，沧海无数次变为桑田，可是人作为着装者这一点没有变。因此说，服装艺术教育，作为艺术教育来说，是不可或缺的，应该说是为人们所普遍需求的。

考虑到服装不仅仅是艺术，因此在这里，还是把它放在一个大文化背景下，也许这样才不致使服装艺术悬浮于社会文化之上。只有将服装艺术更客观、更全面地阐释清楚，才有可能使大家更深入地了解服装。换言之，也才能够真正使服装艺术教育为人服务，为提高人民综合素质服务。

20世纪末期，有英国学者提出这样一种观点，即21世纪最为社会需求的科学研究，必须具备几个条件，一是全人类的，二是跨学科的，三是贴近民众生活的。而服装文化研究，显然具备这三点。同时服装还是一门艺术，而且这门艺术首先是美的，尽管它包孕无限。

作为中国人来说，还可以从中国特有的诗词韵味中去领略这种美。李白诗曰："云想衣裳花想容"，将服装浪漫概括到极点。杜甫诗写："三月三日气象新，长安水边多丽人。……绣罗衣裳照暮春，蹙金孔雀银麒麟"，则又将服装之美描绘得细致入微。孙光宪诗句："六幅罗裙窣地，微行曳碧波"，因女裙加之美人的动感，联想到行于水上的仙境。而王昌龄诗："黄金百战穿金甲，不破楼兰终不还"分明是在歌咏实战中将士的形象与意志。不要以为诗写"男儿何不带吴钩？"就是喜欢战争，其实这句诗是在提倡塑造男人的阳刚之气，进而激励人们为国家为民族做出贡献。

服装艺术包含的内容太多，它可以延伸到社会生活的各个层面。有人以为，服装不过是人的一种包装，甚至认为服装就是保暖、遮羞，其实，这种观点太狭隘了，或说并没有真正认识到服装的概念。试想，我们进入一个国家，或一个地区，首先给我们的印象是什么？景观。静则有建筑，有山水，动则就是着装的人。代表这一处文化特色或说经济水平或说综合素质的视觉形象要素，相当重要的一部分就是着装形象。单体着装形象的成功与否，关乎着求职、应聘、洽谈的成败，而群体着装形象则直接影响到一个国家一个民族的整体形象。难道我们能对服装艺术等闲视之吗？

服装艺术教育，是综合素质教育的重要组成部分，但需要注意的是，它是文化综合素质的一个形象体现，因此说，孤立地去看着装艺术是不可取的，把服装仅仅作为艺术，更会造成表里不一的结果，要想真正使服装成为一种高品位的艺术，这里需要人自身一个修炼的过程。当然，塑造成功形象，绝非一日之功。

这本书所涉及的，既有服装艺术的基础，诸如史学知识，又有与中西哲学思想密切相关的服装艺术教育思想，可以说有很深的理论。但考虑到服装艺术联系着每一个人，因此又需要有着装者感触颇深、格外关注或说必须了解的服装艺术知识，也就是通俗一点的知识。这样，基本上是以我1994年提出的人类服饰文化学的体系，提纲挈领式地向读者展示一种服装艺术教育模式。

服装艺术教育任重而道远，尚有无限广阔的空间需要我们去开拓。更重要的是，需要年轻一代的重视与投入。年轻人，意味着希望。

服装
艺术
教育
导言⑱

服装与人类的生活密不可分，服装艺术几乎与人类史一样古老，是人类文明的结晶，它自身所具有的实用性与装饰性并重的特质，使服装艺术成为最能直观反映出一个国家、社会、民族的发展状况以及精神面貌、时代特征的艺术形式。

Fuzhuang yishu jiaoyu

服装 艺术 教育

第一章 服装艺术概论

服装

第一节　服装的源起与构成

　　服装的源起与构成，指的是服装的起源及服装的形制。作为文化与社会的产物——服装，几乎与人同生，起源于遥远的原始时代。考察服装的起源，必须探究人类的起源。从什么时候，人在地球上站立起来？又在什么时候、什么情况下穿起衣服，这一直是一个谜。多少年来，考古学家和人类学家为此进行了不懈的努力，提出了种种推论和假设，这些都为服装起源研究奠定了坚实的基础。

一、服装的起源

　　关于服装史的源头，我们可以从人类起源的学说、人类起源的传说以及有关人类起源的考古三个方面来探究，只有这样，才可以较为立体、较为客观地做出分析。

（一）人类起源学说与服装成因推论

在人类起源问题上，国际理论界一直有"神创论"与"进化论"之争。"神创论"来自于基督教《旧约全书》中的"创世说"，即人是由上帝创造的。这一学说在达尔文的进化论提出之前，一直主宰着西方。而根据这一学说也产生了一种服装起源的推论——遮羞论。起初，上帝造的人——亚当和夏娃是不着装的。只因为受了蛇的引诱，偷吃禁果，眼睛明亮了，感觉到在异性面前赤身露体很难为情，于是扯下无花果树叶遮住下体。这便是衣服的雏形。对于这种说法，当代人有不少置疑，原因是羞耻观念只会在文明社会出现，即摆脱了蒙昧社会和野蛮社会以后。遮羞论并不能说明服装的起源。

随着科学技术的发展，"神创论"遭到越来越多人的怀疑。而达尔文进化论的出现，在人类的起源上，给了"神创论"以沉重打击。按照进化论学说，人是由猿演化来的。而在服装起源上，则有另一种推论：气候适应说或者叫环境适应说，人类为了适应外界的气候环境变化，因此穿上衣服。但是在人的进化过程中，总是留下有功用的身体部位，而退化掉没有用处的部位，那么，猿身上有覆盖全身的体毛，这些体毛与动物一样具有实用功能。人有必要为了适应环境褪掉有用的体毛再去穿上衣服吗？体毛与服装有什么关系呢？达尔文在研究猿—人进化关系时，未涉及衣服，但是在探究服装的起源上，却不得不就此发出疑问：人在体毛这一点上，是根据什么进化的？为什么不以自身的毛皮抵御严寒？人类在怎样一种自然生态环境中脱去大面积毛发，又在怎样一种外界环境和内心驱使下制作衣服的？

继达尔文"进化论"以后，在最近100年的时间里，人们又提出种种有异于达尔文进化论的关于人类起源的学说。由于众说纷纭，迄今哪一种也不能正式成立，因此在人类起源说上，就影响面和权威性而言，根本无法和"神创论"与"进化论"相比。当然，这些有关人类起源新说法，也启发了我们对于服装起源的许多新的设想。如，水生动物进化说、御寒说、外来文明说以及前度文明说等等直接关乎人类着装动机的学说。

（二）人类起源传说与服装成因思考

在某种文明产生前，类似于文明产物的艺术就已出现，但他们只是某种原始艺术。原始艺术中最具代表性的当属口头创造的神话。中国古代神话中关于人类起源的传说，著名的就是"女娲造人"，许慎《说文解字》中说女娲是"古之圣女，化万物者"，但并未提及女娲穿什么衣服。大诗人屈原在《天问》中发问："女娲有体，孰制匠之"。这表明人类起始之时，是未着装的。在《山海经·西山经》中，另一位古代神话人物西王母则被描绘成"其状如人，豹尾虎齿而善啸，蓬发戴胜"。这看起来就是一种原始人披兽皮，垂兽尾、戴兽牙佩饰，同时披发戴花的服饰形象。

女娲等传说引起我们对服装成因的思考，那就是先人不穿衣，而后有了草裙、兽皮衣和兽牙饰，这种基于传说的联想，与历来有关服饰起源程序的说法基本上是一致的。

西方神话中，希腊神话作为世界神话中最完整、最成熟的神话，有一些传说直接与服装有关。如太阳神阿波罗诞生时，其父宙斯赠给他"阿波罗金盔"等宝物，让他在福德斯建立神殿，他的地位才越来越高。盔，表示尚武；金，表示权威，表示光亮。金盔作为太阳神的标志，代表着光明与无畏。

宙斯的另一个孩子，著名的女战神和智慧女神雅典娜的出生更具神话色彩，她是全副铠甲，披挂齐全地从宙斯头里一跃而出的。神话传说是古代现实的朦胧反映。雅典娜全身披挂着铠甲，已经说明了希腊人早期生活中的军服式样。传说她出生以后又将纺织、缝衣等技术传授给人类，更说明纺织、缝衣等技术和油漆、雕刻、制陶等同属于原始社会的产物。说明人类早期生活中，有了厮杀，有了战争，便有了军服，服装因生产、生活的需要而发明发展起来。

北欧神话是希腊神话之后最显著的神人同形的体系神话。其中爱恋与美之神佛洛夏，有一件鹰毛的羽衣。传说佛洛夏穿上这种羽衣，就可化为飞鸟。这显然与人类早期服装中有以羽毛为衣的现象有关。

传说在早期是口头形式的，因而当它流传到后代以文字记载下来时，可能是以先前为依据而不断改进的。因而，传说中涉及的服装成因，可以作为今日研究服装起源和服装早期惯制的参考，只是不能作为确凿的证据。

（三）人类起源考古与服装成因推断

在很长一段时期内，人们对人类起源的认识，仅仅局限于一些神话和

第一章 服装艺术概论

传说，直到近代，随着考古学、人类学、古生物学、地质学和民族学等许多学科的发展，特别是地质考古对文化遗存的发现，才为研究人类起源和服装成因提供了有力的实物资料。假如依据考古界关于人类起源的探索来研究服装的话，那就可以承认猿过渡到人的进化学说，更应该承认早期岩画上的巫术面具与地下埋藏的早期服装饰物是人类童年时期的服饰杰作。

岩画，是石器时代人们在山岩上以矿物颜料和刀斧绘制出的艺术品，其间的形象虽然简单至极，但从当时人们的生活中挖掘出一些最为日常所见的事物和情景，实是为后代文化人类学研究留下珍贵的资料。特别是人类服装成因和早期形制，也可以在岩画上寻找到一些真实而又十分形象的线索。就目前已知的，岩画最早创作年代大约在30000—25000年前，较晚的则在10000—3000年前。从西班牙北部坎塔布连山区的阿尔塔米拉洞窟岩画到中国云南沧源岩画和广西左江的宁明县花山岩画，描述了无数个面目不清但极有特色的着装者群。岩画的内容大致有狩猎、放牧、战争、祭祀、舞蹈等等，其中以狩猎和祭祀舞蹈中的服装对学者最有启发意义，导致了人们对于巫师服装引发服装出现以至于不断变换出新的设想。

遗憾的是，岩画只能以绘画的形式表现了早期人类的生活状态，也就是说，服装形态只是以剪影形式留存下来。至于具体可见的史前服装遗物，由于服装织物本身易腐烂的原因，难以保存完好，只有一些原始人的佩饰，因是石、骨等材质做成的，才得以留传至今。

旧石器时代晚期，距今约4万年前，欧洲的克鲁马努人已经会制作骨角扣子和套环，发明了针，知道将兽皮缝在一起当衣穿。同时期中国宁夏水洞沟一带的人已在磨制骨椎，并用鸵鸟蛋壳钻孔做成饰物，钻孔说明了穿绳系扎的需要。这应是中国已知的最早的人体饰物。而两万年前的北京山顶洞人的遗物最重要，也最为丰富，其中很多明显为装饰用的饰物，还发现了磨制骨针。

至今所发现的出土饰物，虽然数量并不太多，但仍使我们清晰地感受到那些史前服装，感受到它们的辉煌。

原始人为什么要花费那么多的精力，去刻制那么美观细致的饰物呢？《世界文明史》中颇具哲理地说："重要的不是完成的作品本身，而是制作的行为。"表现在饰品上的行为，直接与服装成因有关。仅仅就是为了美，这种论点在诸服饰论著中被称为"装饰说"。不过，在一个生存都成问题的时代，单纯为了美去追求美，有点令人难以置信。人们在这些之后的一些新石器时代的遗物中，发现了具有原始宗教意义的出土饰物，似乎又印证了服装起源的巫术说。

20 世纪初，欧美的一些学者，希望从现在仍保存原始状态的部落人的穿着习俗上，探究服装起源的来龙去脉。他们以大量的着装事象说明了导致服装产生的诸种可能，如御寒、保护生殖部位、驱虫、消灾、区分等级等等。这些被有关书籍总结起来，就成了御寒说、保护说、装饰说、巫术说、吸引异性说、劳动说以及引起争论的遮羞说……我在拙著《人类服饰文化学》中，将其总结为"本能说"。

因为，服装成因绝不会是一个，但一定会有一个主旨，那就是为了生存与繁衍。这是人的本能。这种本能延伸的结果，就出现了衣服与佩饰。依据这条主线，我们可以相信人类童年时为了生存繁衍，为了劳动时携带物品或保护躯体，更应该相信他们出于巫术意义和求偶动机穿衣戴饰。这一论点正是基于生之保护的本能说。

二、服装的构成

服装的构成是指服装的形制或说惯制。服装成形以后，经过一段时期的广泛检验，由于优胜劣汰，自然筛选出一些符合着装者意愿和实际生产、生活需要的服装样式，这些服装样式相对稳定地传承下来，便产生了服装的惯制。上衣下裳，上衣下裤，整合式长衣和围裹式长衣等，都是服装自然产生并被公认的最典型的服装样式，成为服装构成的基本要素，不可或缺。它决定了服装基本风格的确立和演化。

（一）上衣下裳

上衣下裳，不同于上下分装的概念。只能说，它隶属于上下分装范畴，上身为衣，下身为裙，是服装定形后一种不可分的着装组构，是形成惯制初期的典型服式。

在中国，许多古籍中记载黄帝时人们就已穿上衣裳。《易·系辞下》里就说："黄帝、尧、舜垂衣裳而天下治"。因此将上衣下裳奉为古制。汉代班固在《白虎通义》中解释衣裳："衣者隐也，裳者障也，所以隐形自障闭也"。《释名·释衣服》中说："上曰衣，衣，依也，人所依以庇寒暑

第一章　服装艺术概论

也；下曰裳，裳，障也，所以自障蔽也。"从这一时期中国中原汉族以及边远少数民族的艺术品上看，其服饰配套形式，有不少是上衣下裳的。上衣下裳在服装定制时代，已经成为成熟的整体配套服装。

上衣下裳制不限于男女，也不只限于中国。但中国的上衣下裳制维持的时间最长，艺术性也最强。相比之下，希腊的裙装更具有"现代感"。从克里特岛米诺第三代王朝中期（公元前 1700 年—前 1550 年）出土的陶俑来看，当时的持蛇女神与她的崇拜者所穿着的裙装基本上是欧洲女裙的固定型，与后来欧洲典型的夸张胸部和臀部而束腰的裙装整体风格极为一致。

（二）上衣下裤

上衣下裤，也是自古延续至今的一种着装形式，它作为服饰惯制中的典型，自确立以来，不断改进，变幻出多种款式、色彩，但是千变万化不离其宗。

考察服装的发展史，会发现上衣下裤的出现多出于游牧和战争的需要。裤子起源于游牧民族，因为它便于骑马，而裙子显然不利于活动。在古罗马早期，裤子曾被认为是野蛮的象征，遭到抵制。但是随着古罗马的对外扩张的加剧，裤子以其行动便利的实用性，逐渐被罗马人所接受。

中国早期服装中裤子的样式，《说文》解释为"绔，胫衣也。"或是用"两腿各跨别也"的说法。这些都说明了，裤子已不同于裙那样将双腿共同穿在一个圆筒之内，而且还点明是"胫衣"，即裤子属于腿部的装束，类似于今天的套裤。中国历史上有名的赵武灵王因推行胡服骑射，而使赵国成为战国霸主。这里的胡服指的就是上衣下裤。

到了秦汉时期，上衣下裤已经形成惯制（以前"分衣两胫"而无裆形式谓之"绔"，合裆称为"裈"，即如同后代的裤）。只不过，单独穿上衣下裤的多为重体力劳动者，文人官员则要在裤子外再加上齐踝或拖地长袍。如是武官，则相对来说，袍身要短。

（三）整合式长衣

所谓整合式长衣，可泛指所有披挂在双肩，然后以近似筒状形式垂下及下肢部位的长衣，它以符合人体形状的造型，构成整体合成式衣装，基本上适体，这种服装成为固定模式后，也在服装定制时期中，成为惯制中的典型，一直沿用至今。

整合式长衣，既区别于上衣下裳或上衣下裤分装式，又区别于一条长布围裹身体的缠绕式。整合式长衣可具体分为开襟式整合长衣和不开襟式整合长衣。开襟式中又有多种式样，如斗篷、深衣、袍服等等。

斗篷无袖，是开襟式整合长衣中制作起来最方便的。但仍然是基本符合人体形，不等于一块披在身上的大方布。深衣之所以名之为"深"，主要因为人们认为这是将上衣下裳连起来，将身体深深地遮覆起来的缘故，深衣在中国古代的战国时期到汉代初年之间，是最主要的服装样式，穿着十分广泛，以至不分男女尊卑。

袍服与深衣有着许多相近的地方，但是相比之下，袍服在时代和区域上影响更为深远。人们在称谓宽大、直筒、带袖的长衣时，都可以用"袍"来概括。在中国，袍服是对深衣的一种修正。袍服的形制至今仍在沿用着，其涵盖面几乎囊括了有人居住的大部分地区。如现代大衣，就是袍的延伸。

整合长衣中不开襟的，类同于贯口式，但比贯口式更成熟。古希腊的着衣方式是这类贯口式整合长衣的代表，也是对后代长裙的奠基。希腊人的特色服装，被称作"基同"，因为不同民族的基同与穿着方法有所差异，所以又分为爱奥尼亚式和多利亚式。多利亚式是用一整块布料构成，只用别针在肩部别住。爱奥尼亚式基同的上身没有向外大的翻折，只是凭腰带将宽松的长衣随意扎上。两肩系结处别有多少不等的别针，形成自然的袖状。

（四）围裹式长衣

自大围巾式服装成形以来，经过各区域着装者的不断探索，逐渐地呈现出多姿多彩的服装艺术效果。至罗马时代，已经成为服装惯制中的典型服装样式了。

公元前 7 世纪和公元前 6 世纪的希腊，曾经流行过两种外衣，其中一种就是围裹式长衣，当时，叫做披身长外衣。其后的罗马时代，罗马人继承了希腊文化，当然也包括着装方式，罗马人的围裹式长衣，成为罗马文明的象征。

第一章 服装艺术概论

在服装定制时代中，人类所创作的许多服装，如上面所提到的几种已经成为人们习惯中的基本模式。自那以后，至今在全世界被普遍应用的服装款式与穿着形式，依然没有脱离这个模式圈。

第二节　服装艺术的文化基础

文化的概念，从广义上说，是指人类社会历史时间过程所能感受创造的物质财富和精神财富的总合。文化是一种社会现象，也是一种历史现象。文化具有：（1）超自然性，是人类通过劳动使自己的主观意识客体化，而适应自我要求的活动；大自然中的自在物不属文化范畴。（2）超个人性，是人类群体活动体现的，并为人类各群体所共有。（3）传承性，即世世代代自然沿袭。（4）整合性，是由多元的文化元素构成的完整体系。（5）文化的精神成果部分以符号做象征（如服装款式）。（6）变异性，文化是发展演变的。（7）反作用力，文化既是一代人创造的成果，又有反过来影响一代代人的生活与思想。

一般说来，历史学家给文化下的定义，是表示一个民族在某个特定时期的思想、成就、传说和特征的综合形式。英国历史学家阿若德·丁·汤因比、美国历史学家爱德华·麦克诺尔·伯恩斯和菲利普·李·拉尔夫等，基本上都对文化定义持有这种观点。

服装艺术是文化的产物，也是文化的载体，是人类物质创造与精神创造的聚合体，即体现着文化的一切特征。服装艺术与其他艺术形式一样是人类生活的缩影，或说是顿悟与情感的最真实记录。任何一个真正达到文明程度的社会，在文明开始之初，就产生了包括绘画、音乐、舞蹈、服装等在内的各种艺术。

以中国传统文化与服装艺术的关系来说，二者是互为依存的。中国传统文化是中国服装艺术的基础，而中国服装艺术风格又统一在中国文化精神之中。中国文化网络，其体量之庞大，是相当惊人的。这是历史悠久，地大物博，民族众多等诸方面因素所构成的必然。中国不仅有着内容各异的体系化理论，而且可以说，其神圣的文化，广泛地存在于中国各族人民的生存方式、生活形态、民俗风情、心理特征、审美情趣、服饰观念、价值取向等非理论形态之中，在此基础上，综合而成着装观念。几千年来，无论是什么体裁的文学艺术创作，如绘画、诗歌、文学、戏剧等，都有大量的以服装为主题或题材的作品，作者们借用服装艺术来阐明生活的真理，同时又用浓墨重彩去演绎着服装艺术。一个国家一个民族无论在经济上、军事上有多强盛，可是如果没有文化，没有艺术，那简直是无法想象的。即使再富有，与拥有原始艺术，只着简单、粗糙服饰的最不开化的原始部落相比也是贫穷的。我们从先人的服装艺术，认识了我们的先人，了解到他们的伟大与光荣。当然，也了解到他们的聪慧与艰辛。从这个意义上来说，大文化是服装艺术的基础，而服装艺术又反过来传播、拓展、丰富了文化。

第一章　服装艺术概论

服装艺术教育以服装艺术为施教内容，通过传授有关服装艺术发展规律和本质特征的基本知识，剖析服装的实用与审美功用，使受教育者认识到服装不仅是一种生活用品，一种艺术形工，还是一种与社会及人的道德、精神、心理、生理等都密切相关的生活用品和艺术形式。服装艺术教育这门学科以"学以致用"为施教目的，致力于培养个人的审美能力和服装艺术修养，受教育者能因此受到启示，受到陶冶，从而提升自身的综合素质水平。服装艺术教育是素质教育非常重要的组成部分。

第二章 服装艺术教育概论

第一节　服装艺术教育的概念

　　服装艺术教育是以服装艺术为媒介对受教育者进行教育的活动，目的是使受教育者了解服装艺术的独特魅力，认识服装艺术对个体对社会的作用，树立起关注服装艺术以及服装艺术教育的观念。服装艺术教育的目的是使公众了解服装艺术，认识它的重要性，培养个人良好的服装艺术修养，使受教育者能因此受到启示，受到陶冶，从而提升综合素质水平。服装艺术教育是素质教育的重要组成部分。

　　服装艺术，就是通过服装设计及其穿着形象，表现特定时代和民族的审美趣味和精神气质的一种实用艺术。通过对大众进行普及服装艺术教育，可以使大众认识了解服装艺术，从而推动服装艺术的发展，培养个体的审美意识，满足个体对美的追求，陶冶情操，进而可以提升国家的总体形象，塑造全民的良好精神面貌。

　　在中国，服装艺术很早就被赋予教化的功能，服装艺术教育思想是中

第二章　服装艺术教育概论

国古代哲学思想的一个重要组成部分，成为中国古代封建社会的指导思想关键部分，并在一整套封建礼仪制度中占据着相当重要的，甚至不可替代的位置。从某种意识上说，服装仪礼、着装规范原则，起着巩固和加强统治阶级地位的作用；相对来说，西方的服装艺术教育则更多关注服装艺术的美感以及它的美育功能，虽然服装也作为礼仪的形象化标志，但不像中国有系统的服装艺术教育思想。我们注意到许多关于探讨艺术美的西方哲学思想，并不直接与西方服装艺术教育思想有关。这恐怕与两种文化作用下的思维模式有着密切的关系。

第二节　服装艺术教育的思想

一、中国服装艺术教育思想

（一）中国哲学中的服装艺术教育思想

人为什么要穿衣，这个问题在人类文化起源时期已经基本明了，尽管人们着装动机有所不同，但原始文化注定了这是服装初创时期一定会出现的问题，带有现实性、必然性和一定的初级性。当中国哲学思想渡过萌芽阶段，形成各持己见、百家争鸣的热烈局面时，中国哲学家的论争实际上已经包括了各阶层认识在服装观念上的差异，形成了不同学派的服装艺术教育思想。各家在争辩时需要言之成理，以理服人，因此往往在阐明自己哲学观点时，选用人们日常十分熟悉的服饰为例，其中自然包括着装行为。这些有关服装艺术教育的思想有的被统治阶层指定为服装制度从而被采用推行，成为统治思想的一部分，如儒家有关服装观点因儒家思想长期占有统治地位而形成绝对权威；有的则深深潜藏于百姓意识中间，以至对民族文化心理影响甚为深远，如道家和墨家的服装艺术教育思想。

1. 儒家的"文质彬彬，然后君子"

儒家学说的创始人孔丘的哲学思想，很大一部分是通过他的服装观念来体现的，这些与服装有关的哲学思想可以称得上是中国较早形成体系的服装艺术教育思想。这样一来，使得中国的服装艺术数千年来因循儒家思

（左侧竖排）服装艺术教育

Fuzhuang yishu jiaoyu

想，根深蒂固，成了中国政治思想中不可或缺的一部分。

孔子十分重视服装艺术的社会功能，即它的教育性。认为服装艺术教育是维护国家和谐有序的基本保证，而服装是最能传达他的"仁"、"礼"思想的外在表现形式。于是他很注意服装在典章、制度、规范、礼节、仪容中的重要作用。服装不可以不分贵贱、随意为之，这是儒家服装艺术教育思想的基本准则。再者，孔子为了使"仁"渗入个体的人格之中，以利社会的和谐发展，认为服装艺术应该具有启发、陶冶人们性情，使人乐于为"仁"的内在功能。孔子不仅讲求服装的形式美，即礼仪服装的规范化，而且也针对"君子"的个人修养又提出形式与内在的关系。《论语·雍也》中记载："子曰：'质胜文则野，文胜质则史。文质彬彬，然后君子。'"也就是说，一个人，纵使有满腹才华，但若没有合乎礼仪的外在形象（包括服装），就像是鄙劣、粗俗的凡夫野人。同时强调，如果只重视表面的形式，而缺乏内在的修养，也是不可取的。那么，什么样的着装才符合孔子的"文质彬彬"的标准呢？这一标准是孔子服装艺术教育思想的核心，是由他所提出的，也是儒家的中心思想——中庸的思想。可理解为，服装要合乎"礼"的要求，什么身份的人在什么场合，什么时候如何着装，应该符合礼仪需求，只有这样才能体现出社会制度的有序和本人的综合修养，才符合社会规范。总起来看，孔子是站在统治阶层的角度，从有利于统治的角度出发的。

2. 墨家的"衣必常暖，然后求丽"

墨家学派创始人墨翟出身于手工业阶层，是春秋战国时期代表被统治的一般小生产者利益的思想家。

墨子在服装艺术教育思想上提出了完全不同于儒家的观点——"衣必常暖，然后求丽"，其中包含了墨子典型的"节用"和"非乐"思想。墨子认为，食能饱腹，衣能暖身，房子能挡雷雨避寒暑，舟车能载人，即这些物品能具有实用功能，具有实际效用，能满足人们的生活需求，就可以了。人们也应该满足于这种水平，没必要去追求艺术性或是以此去显示身份。如果在衣服上投入大量的人力和物力，使其超出了实用的意义，势必造成浪费，而且如果不分上下都去追求服装美，极易造成社会混乱，那么这个国家就很难治理了。墨子斥责浪费是有积极意义的，但因此而把"文"与"质"相对立，完全否定服装的艺术性，特别是完全否定人们对服装美的追求，就有很大片面性并显得狭隘了。墨子所提倡的服装艺术教育思想，因为过于片面和绝对化，尤其是违背了人们与生俱来的爱美天性，因此并没有在中国文化和后世服装制度上产生太大影响。

3. 道家的"是以圣人，披褐怀玉"

先秦道家学派的创始人是老子。老子思想的根本，是主张绝对趋向自然，希望无为而治。他认为当时社会上种种混乱，都是由于文明的发展才引起的。老子信奉纯粹自然的状态才是人类最理想的状态，因此他的有关服装的哲学思想，有着与儒家、墨家和法家等诸家截然不同的看法。他有一句话直接奠定道家穿着风格，在中国古代服装艺术教育思想中有着极其重要的地位。那就是《老子》第十七章中的"是以圣人，披褐怀玉。"其含义是指道家的服饰形象不必像儒家那样讲求"文质彬彬"，而是只要"质"即可，不必要"文"，圣人有玉一样高尚的情操，即便是穿着粗陋低贱的褐衣又有什么关系呢？由此，我们可以认定，道家的"披褐怀玉"，从根本上否定甚至反对服装的修饰作用，而强调内敛深藏的人的美质，"怀玉"的内涵心态恰与儒家"佩玉"的外显形式相对立，这种服装艺术教育思想对后世如魏晋时期尚通脱的士人的着装观念，影响甚为明显。老子的学说在当时有一定的积极意义，即强调人的情操的培养与修炼，可是若一切真的都按老子的思想去行事的话，那么服装艺术的发展还会向前吗？更谈不上文化与文明的创造与进化了。

4. 法家的"好质而恶饰"

在先秦哲学诸家学说中，法家主张严重极端的功利主义和绝对专制主义，因而强调统治的不可动摇性。由于它过多地适应了后期奴隶主统一政权对宗法传统的取替，所以表现出强烈地追求世俗权势的欲望。服装艺术教育思想在法家思想中虽不占太大比例，但在法家的代表作《韩非子》中，仍能看到有与儒、墨、道三家明显不同的服装观念。

《韩非子》一书集中反映了战国末期法家思想代表者韩非的法家思想。韩非的服装艺术教育思想具有直接现实功利的特性。他认为"质"与"饰"是对立的，在《韩非子·解老》中，他说："礼为情貌者也，文为质饰者也。夫君子取情而去貌，好质而恶饰……"从这段话中不难理解，韩非认为本质很美的物品（包括人）根本不需加以修饰，须经修饰才显得很美的是因为其质不美。这种将内在本质与外在形式根本对立起来的说法，由于过于绝对，并未能驳倒儒家的"文质彬彬"说。从这里能看出法家的"好质而恶饰"的思想，存有一定的狭隘性。

总之，韩非所处的时代，由于权利之争愈加强烈，所以孔子"文质彬彬"的思想，已经显得过时，或说过于迟滞了。这样，韩非说的"当今争于气力"，确实已取代了"上古竞于道德"。如此说来，服装的修饰功能，即礼的规范需求，自然要退居次要的地位了，这也形成了法家服装艺术教育思想的特色。

（二）中国礼制中的服装艺术教育思想

在中国历史上，尽管有过诸子百家争鸣的思想活跃阶段，而且，各家思想也确实在不同程度上影响了中国人的观念与行为，但长期占统治地位的思想却主要是儒家思想。它约束或者说限定了中国人思想意识和思维方式，这势必波及中国的服装制度及普通人的着装规范，以至形成中国独有的鲜明的礼制文化特色的中国服装艺术。

1. 仪礼与服装制度

《仪礼》是儒家经典之一，简称《礼》，亦称《礼经》或《士礼》，主要为春秋战国时期一部分礼制的汇编。《仪礼》中所记载的春秋战国时期的诸项仪礼规范、程序与涉及者的服装规定，其过程之繁缛基本上概括了中国汉文化的仪礼制度的各个方面。《仪礼》的关注点是整个社会活动，项目包括士冠礼、士婚礼、士相见礼、乡饮酒礼、乡射礼、燕礼、大射礼、聘礼、公食大夫礼、觐礼等等。其中，冠礼是古代男子的成年礼，规定在 20 岁时，改童子垂髫为总发戴冠。因为是人生仪礼中的重要一项，因此在服装礼仪中备受重视。冠礼与服装的联系最为密切，一个"冠"字就点明这个仪礼的重要意义，尽管其目的是举行成年仪式，但这种成年的意识，是通过服装这一特定载体去传达给社会，并使本人改变社会地位，确定新身份以及标明符合礼教规范的。其他仪礼也都有具体的服装穿着上的规定，这些充分显示了中国古代在礼教统治下的服装制度的严格与繁缛，带有鲜明的儒家文化特色。长期以来，冠礼在贵族男子中特别被重视，绝不敢有稍微的疏忽。"冠"在礼上体现的意义绝对超过它在服装中的实用功能，正如《书·金滕》中所说的："王与大夫尽弁"，"弁"，即是冠的一种，它常被用来体现规格，而这正是礼制所需要的。

第二章 服装艺术教育概论

2.《礼记》中的服装规定

《礼记》，是儒家重要经典，以秦汉前有关仪礼的论著为核心内容。因为《礼记》主要记述的是古代社会制度，贯穿着儒家学说，自然包括了很多有关服装艺术的教育思想，这是典型的儒家所提倡的礼制在服装上的反映，它直接影响了中国人两千年来的服装艺术观念与风格。

儒家礼教中特别强调的一点即是"孝"。在《礼记》中有关服装规定的内容里，占相当大篇幅提到如何通过服装的穿着方式和规格来孝敬父母尊长，这里包括每日的穿着规定和父母去世时孝子的丧服制度。如要求子女"父母存，冠衣不纯素"，而父母去世，孝子及其亲属要根据与死者的亲缘关系远近来决定穿有等差的丧服。一般按五个等级，叫做"五服"；其次，在儒家礼教中，玉与礼有不可分的关系，规定"君子无故玉不去身"。因为儒家的服装艺术教育思想中，"以玉比德"是十分重要的观念，儒家有"玉有五德"的说法。《礼记》中所谈到的关于玉的内容，主要是佩带方法和君子佩玉的礼仪要求与意义；另外，强调男尊女卑也是中国礼教的特点，这一思想反映到服装上，就是所谓的男女不通衣裳，男女的衣服不能互相穿戴。同时要求"女子出门，必拥蔽其面。"

中国作为古代社会的有名的"礼仪之邦"，其"礼"的规范，有些还是有着明显的文明意义，而且，有关服装的礼节，有一些还是要继承和发扬的，如"国家靡敝，则车不雕几，甲不组滕，食器不刻镂，君子不履丝屦。"就有着沉重的社会责任感和典型的提倡节约以兴国的高尚精神。

《礼记·曲礼上》首先强调：礼的功能，主要是"明是非"，也就是凡维护封建正统的都是"是"，否则就是"非"。如此看来，礼教被提升为全民教育的核心内容，没有礼，就等于没有了一切，因此，着装礼仪是绝对不可疏忽的。着装者在服装上举止有度，不乱方寸，方能表明他有身份并有修养，才能算一个真正的人。既然着装礼节是如此重要，所以，如果衣服穿在身上，却不知它的制度、等级等规矩，就等于无知。这样看来，在中国古代文化中，服装不但标志着生活质量，而且衣着有一种社会标准，绝不可轻视或疏忽，这些显然关乎统治的力量。

二、西方服装艺术教育思想

西方关于服装艺术的教育思想，并不如中国古代这么系统完备。主要是因为，西方与中国在服装艺术上的侧重点不同。中国古代十分看重服装的社会教育功能，将它作为政治工具之一。而西方对服装艺术的教育功能，更多的是体现在服装艺术的审美以及服装艺术美的教育功能上，即美育的功能上。因此，西方哲学中的一些美学思想也体现在西方的服装艺术教育思想中。

我们知道文化与艺术的关系，西方的服装艺术以西方文化为基础。西方文化的源头是发端于南欧巴尔干半岛的古希腊文明，生活在开放民主的社会环境和温暖的亚热带气候环境下的古希腊人，崇尚自然的肉体美，在服装观念上也与后来的基督教文化截然不同。当时人们穿衣既非为了区分身份、地位，也非为了满足遮羞的伦理需求，美的表现被放在优先的位置，这也与当时的哲学家、思想家们对美的探求与推崇是分不开的。苏格拉底、柏拉图、亚里士多德等哲学家的美学思想影响了古希腊的文化艺术，从这一时期希腊的绘画、建筑、雕塑、服装中可以清楚地看到这些影响。毕达哥拉斯学派把美看做是和谐与比例；苏格拉底把功用或合目的性看作美的基本前提。他说："任何一件东西如果它能很好地实现它在功用方面的目的，它就同时是善的又是美的，否则它就同时是恶的又是丑的"；柏拉图则把美视作美本身，美就是理念，审美就是对美的彻悟；亚里士多德认为，美在形式、秩序、匀称、明确，极力宣扬和谐自然实用的美。总之，反对矫揉造作过分修饰的美是古希腊文化艺术的特色。这些有哲学性的美学思想结合古希腊人特有的自由天性，反映到古希腊的服装上，就形成了简单实用，有着优美衣襞的自然优雅的希腊风格。从简朴、庄重的多利亚式到纤细、优雅的爱奥尼亚式，在这两种最主要的服装样式中都透出了古希腊的服装艺术教育思想。

至于艺术的美育功能，对其最为重视的应属柏拉图，他是古希腊时期最伟大的哲学家之一，他的哲学思想特别是关于美的教育功能的思想，实际上奠定了希腊文化的基础。柏拉图在西方教育史上，首次从理论上提出了幼儿学前教育问题，论证了它的重要意义。在柏拉图看来，教育就是把儿童的最初的德行本能培养成正当习惯的一种训练，而所谓德行，指的就是整个心灵的和谐。柏拉图指出，由于儿童年幼无知，他们特别易受环境的影响；又由于他们好玩的天性，美育和艺术教育便最容易被接受。因此他极重视艺术的教化作用，认为应该从孩童时就要加强艺术教育，培养审

第二章　服装艺术教育概论

美能力，那样的话社会才能达到一个他认为的理想状态。柏拉图说，要教育希腊儿童"热爱美好的，憎恨丑恶的东西"。他们长大以后，所用的所穿的一切一定是赏心悦目的。"我们的孩子，"柏拉图说道，"将不断在耳闻目睹美的一切之中潜移默化，犹如吸入从净土吹拂来的纯净和风。"他还根据儿童发育的特点，强调了以美育的方式进行早期教育的必要性。而且，我们还看到，柏拉图肯定了教育对于巩固国家政权的积极作用，主张应由国家统一地来组织和实施公共教育事业，其中包括学前幼儿的美育和艺术教育。尽管这一切都是为了维护当时的奴隶制民主制度，但是就教育思想，其中包括美育思想来说，却无疑地在理论学说上大大丰富和发展了它们以前的内容。柏拉图在他的美学教育思想里虽没具体到哪个艺术形式，但仍可被看做是古希腊的服装艺术教育思想源泉。

古希腊的服装样式和服装艺术教育思想也影响了后来的西方服装艺术。在古罗马时期，继柏拉图和亚里士多德之后，对于美学和美育思想起过重大影响的是著名诗人和批评家贺拉斯。贺拉斯的美学基本观点，继承了亚里士多德的模仿说，主张艺术应该模仿自然。贺拉斯的美育思想集中体现在他的著作《诗艺》中。在《诗艺》中，贺拉斯非常强调艺术的职责和作用，首次提出了"寓教于乐"的观点。这个观点，明确地指出了艺术的特殊作用，即把艺术的娱乐与教育功能结合和统一起来，认为艺术不应仅仅是让人愉悦的，还应该对生活有帮助。他反对当时奴隶主贵族过分追求奢华生活（包括讲求华丽的服饰）、沉湎于享乐和道德败坏的风尚，提倡艺术应有的教化作用。实际上，"寓教于乐"这一论点，也可以说是关于艺术的美感教育作用的最直接的说明，它后来为文艺复兴、古典主义和启蒙主义的美学起到了重要的奠基作用，后来的文艺理论家们几乎将其作为经典的公式不断引用，在西方美学史上产生过深远的影响。这些美学或是说哲学思想也是其所处时代服装艺术风格的理论来源。另外，那时的罗马人，开始注重服装的象征意义，衣物已经有了区别身份、地位的社会作用。西方的服装艺术具有类似中国古代服装艺术的社会教化功能。当然，这一功能仍不是西方服装艺术的主要方面。

随着阶级社会的形成，特别是基督教文化的兴盛，中世纪的欧洲被宗教神学所统治，中世纪的服装艺术教育思想就是基督教的神学思想，基督教宣扬禁欲，反对人体美，特别是对女性身体美的表现，被看做是对神的亵渎。中世纪基督教经院哲学的重要代表、意大利著名的神学家托马斯·阿奎那，极力证明美学应该是神学的附庸。他把神看作是一切美的事物的终极根源。"家里如果是空空洞洞的，那就不会美。事物之所以美，是由于神住在它们里面。"他认为上帝才是美的根源，"世间一切事物的美不过是神的光辉的反映"。基督教的美学思想反映在服装上，便是严谨保守的服装样式：男女都被包裹遮盖在那宗教色彩极浓的宽衣大袍之下，女子甚至不敢露出胳膊，以免有性诱惑之嫌。即便是保留着传统的袒领样式，那似乎袒露的前胸，实际上是遮上了一块布。进入文艺复兴时代，具有古希腊精神的人文主义成为指导思想，禁欲主义的枷锁被打碎，多元化的美学思想促进了服装艺术风格的多元化，西方世界真正进入五彩缤纷的服装艺术世界。在这之后，西方的服装艺术开始发展成熟，最终形成现代世界上通用的服装艺术样式。

第三节　服装艺术教育的要素

　　服装艺术以文化为基础，包含了物质文化和精神文化，兼有审美与实用两种功能。服装艺术本身与人的穿着有关，属于物质文化范畴，但它里面又渗入了精神文化的内涵，具有审美意义。例如，服装对于人充当社会角色时，就其行为应该属于社会学范畴，服装发挥着物的实用性，但是它又出现在某种人生仪礼中，有些索性出于个人的审美志趣，这些无疑属于精神文化的范畴。因此，服装艺术教育不能单从服装入手，而应该从与服装关系紧密的几个学科入手，形成一个包括服装发展史、服装社会学、服装生理学、服装心理学、服装民俗学、服装艺术学在内的框架，为学习者提供信息量大、逻辑缜密、具有实际意义的教育内容。

一、服装发展史

（一）学习服装史的必要性

　　在非艺术专业大学生中，开展服装艺术史的教学活动有宏观和微观两方面的必要性。

第二章　服装艺术教育概论

从宏观说，服装史中包含着不同时代、不同地域人们的聪明才智，包含着人类不断适应自然和社会变化的进取精神，也包含着人类忽视客观规律得到的经验教训。因此，通过对服装史的学习，当代大学生可以扩展知识面，进一步理解艺术文化的多元性，全面提高综合素质。这种成效是最终实现素质教育目标的一种体现。

从微观说，服装史的学习对于服装艺术教育本身，对于服装艺术教育中诸如服装社会学等其他要素来说，是不可缺少的。因为离开服装史提供的大量范例、佐证，离开服装史诠释的客观规律，从社会、生理、心理、民俗、艺术学等几个角度深入进行的服装艺术教育，任何一方面也无法顺利进行。有鉴于此，将服装史作为服装艺术教育的基础毫不为过。

（二）服装史教学的目标

作为服装艺术教育总目标下的一个子目标，服装史教学的目标与前者有着一致性，即有助于大学生尽快掌握服装艺术教育的精髓，最终得以提高综合素质。就服装史教学自身来说，其目标可以分为三个方面：

1. 了解足够的知识

向学生传授知识，这是服装史教学的首要目标，对于教师来说，也是最易于进行的部分。传授知识的数量应该与服装艺术教育的非专业特性相符，即保持在一个适度的位置，既可以使学生进一步地深入学习，又不会占用他们进行专业学习的时间。因此，下列知识是服装史教师必须向学生传授的：

（1）服装的起源。

（2）重要服装艺术中心（例如中国、西方）。服装的演变过程一共可以分为几个阶段（比如西方服装史上的交会期和互进期）。每个阶段的特点是什么。每个划分阶段有代表性的服装样式是什么。

（3）大部分有代表性服装样式产生的社会、经济、文化、政治原因。

（4）统一在中国和西方总体风格下的各民族、地区服装的样式和特点（比如中国藏族服装和欧洲的爱尔兰服装）。

（5）近现代重要的服装设计流派的名称、特点、起源。近现代服装设计大师的姓名、简要生平和设计特点。近现代服装中心的名称与发展历程。

以上只是服装史教学中最基本的知识点，在实际学习中，应将掌握这些知识点视作达到服装史教学的目标的最低限度，并根据自己的学习能力加以扩展，吸收更多的相关知识。

2. 掌握必要的技能

了解大量的知识点只是服装史教学目标之一，应该在此基础上，教给学生一种自行分析问题的技能。对服装史的研究是有一定方法的，通过对服装史作者的研究方法和写作方法的学习，可以使学生具有举一反三的能力，摆脱单方面被动吸收的状况，放开思想，扩展思路，利用自己的专长去评述服装艺术发展过程中的现象。在实际教学中，这种技能可以通过对某一艺术现象进行分析评判来达到，比如欧洲18世纪罗可可风在男装上的体现，何以会产生这种繁缛矫饰的风格，学生应该能根据学到的方法，从社会、经济、文化等多个角度加以分析和论述。也可以通过对某一种民族服装的特性加以分析，例如藏袍在穿着中为什么经常褪下一个袖子，应该从该民族的实际生活环境、生产方式、生理特点、审美心理等方面加以分析。

掌握分析评判的能力不单单有利于服装艺术教育，也有利于大学生处理其他学科中遇到的难题，尤其是在书中没有详尽说明的问题。从长远看，这种技能对一个人工作能力的提高，自主意识的形成都有益处。

3. 学会正确的态度

知识是技能的基础，而态度则是分析和写作技能的精髓。当学生处在自主分析艺术现象的初级阶段时，可能只停留在对表面现象的描述。当分析有了一定的深度，就不可避免会加入个人观点。个人观点往往带有主观色彩，比如褒扬自己所了解、熟悉、喜爱的艺术风格，贬斥遥远、陌生、厌恶的艺术风格，有时这种好恶还受到对某个人或某个民族的特殊感情影响。这些因素都必然会对分析评价服装艺术现象产生不利影响，从而影响服装史教学的效果。无疑，服装史教学需要教给学生一种正确的态度。

态度没有对与错之分，只有客观与主观之分；全面与片面之分；适中和极端之分……这里的正确态度指的是最适合服装艺术教育的态度，最适合分析评价服装艺术现象的态度。正确的态度具体说来就是客观、公正、全面，在描述性语言中可以加入感情色彩，但不应流露出对特定个人、民族、习俗、宗教的偏见，分析性语言建立在史实和考据的基础之上。在服装史学习中，只有秉持这样的态度，才能收到最大的成效。

二、服装社会学

（一）学习服装社会学的必要性

服装社会学是服装文化学的重要构成成分之一，其定义是：以服装作为一种社会事象，研究它在人类社会生活中的地位及其所起到的调适作用。服装和社会都是与我们生活须臾不可分离的因素，服装社会学研究的是服装的社会功能和服饰的社会性，其出发点正是社会的人与服装的依存关系。可以说，服装社会学的理论本身即包含有教育成分（当然这方面的教育是从社会学的角度出发的），而且服装社会学教育是服装艺术教育不可分割的重要一环，在整个素质教育体系中也发挥着不可替代的作用。

服装社会学教育在素质教育体系中的重要作用，正是其开展的宏观必要性。上面讲过，服装社会学研究的是社会的人与服装的关系，其中涉及服装与社会生产力、服装与伦理道德、服装与社会制度、服装与宗教信仰等等。这些原理实际上无时不在我们的社会生活中发挥作用，但大部分人却没有注意到，即使注意到也无法系统地加以整合、分析、论述。因此，在经过服装社会学教育后，还未在真正意义上步入社会的大学生们，可以对人在社会中应以怎样的服装形象出现，服装形象在工作、生活中的重要地位都有一个系统的了解，将来必然会减少交往中的尴尬，在社交中如鱼得水，给人留下气质过人的印象。正确的着衣观念、良好的服饰形象、高雅的着装品位，能够根据时间、地点、场合选择服装，这些都是一个人综合素质的表现。因此，今天的服装社会学教育，实际上是在为明天的社会培养高素质的人才，这种高素质不仅仅体现在专业知识上，还体现在了解社会礼仪，谙熟社会着装规则上。由此可见，服装社会学教育有其素质教育上的必要性。

从微观角度讲，服装社会学与服装生理学、服装心理学、服装民俗学、服装艺术学同是服装文化学的有机组成部分，它们共同构成了一个整体架构，包含了服装艺术教育的诸多方面，因此缺一不可。从保证服装生理学、服装心理学、服装民俗学、服装艺术学教育顺利进行的角度说，服装社会学教育也有其存在的必要性。

（二）服装社会学的教学目标

服装社会学的教学目标可以分为两个方面，一方面是使学生理解。具体做法是利用严谨的理论逻辑，结合深入浅出的文字，从学生最容易理解的问题入手，引用最常见的例子，力求使学生理解服装社会学的外因和内因、服装与社会角色的关系、服装的流行模式等几个最基本的框架。

服装社会学教学目标的第二个方面与第一个方面是相辅相成的关系，也就是说，当学生理解了教授的原理、逻辑和必要的知识以后，就应该开动脑筋，结合自己身边的实例，运用简单的社会学原理，去分析服装社会性的几大外界因素，如社会生产力、伦理道德等和几大内因，如群体反馈、有意教育等等。这一方面也正是服装社会学教学的终极目标，使学生能够掌握自主分析服装与社会的关系，分析服装的社会性，也就是掌握分析社会问题的技能。这种技能的掌握对于正处在成长期的大学生来说至关重要，面对纷繁的社会服装形象，面对潜性的社会着装规则，他们能够运用学到的原理和分析技能，对某一有争议的问题加以分析。这种分析最终可以上升为理性判断力，可以帮助将来走上社会的大学生减少困惑，树立自信，让服装文化为自己的事业铺平道路，而不是制造障碍。

三、服装生理学

（一）学习服装生理学的必要性

作为服装艺术教育的一个有机组成部分，大学生学习服装生理学具有两方面的必要性，一是有助于大学生理解自身，二是有助于大学生理解他人。前者属于提高大学生综合素质的一部分，后者则是服装艺术教育的社会效应之一。

理解自身，可以解释为让正处在身体发育期的大学生理解人体形特征与服装的配套关系。比如经过学习后，可以分辨出与自己体形、肤色等生理特征不合适的衣服，从而保护身体健康，这是被动的方面。从主动的角度说，通过服装生理学教育，大学生可以科学地选择穿着与自己生理特征相符的衣服，利用服装来掩盖自身的不足，利用服装巧妙地提升个人形象。这主动与被动两方面对于当代大学生来说，都是非常必要的。

第二章　服装艺术教育概论

了解人类，是服装生理学教育更高程度的必要性。主要是利用详尽的理论体系与生动的例子，使大学生对发生在其他时代，其他文化中的种种人体异化行为（诸如文面、束腰等）加深了解，能够学会用理解包容的眼光去看待多元文化，学会用科学知识去加以分析和评论，从而避免跟风、排斥等极端和不成熟的行为。理解他人的选择、理解其他文化的传统，就不会对人体异化行为产生抵触情绪，这对于当代大学生提高综合素质，对于减少社会矛盾，构建和谐社会，都是大有裨益的。

（二）服装生理学的教学目标

服装生理学的教学目标可分为知识、技能、态度三部分。

1. 了解足够的知识

服装生理学中包含有丰富的知识，这些知识不但可以拓宽大学生的眼界，而且还是服装生理学教育中掌握分析技能的基础。要想基本掌握服装生理学的主要框架，应该了解一下主要知识点：

（1）什么是服装生理学。服装生理学的作用是什么。

（2）有几大人种，每一人种的体形特征是什么，每一人种根据自己的体形特征选择了怎样的服装样式。

（3）什么是人体异化行为。

（4）原始性人为塑造躯体共有多少种行为，动机是什么，结果又是什么。

（5）继原始性塑造躯体共有多少种行为，动机是什么，结果又是什么。

（6）现代性人为塑造躯体共有多少种行为，动机是什么，结果又是什么。

2. 掌握必要的技能

在掌握了足够的服装生理学知识后，大学生可以开始运用所学，对服装与人生理的关系，对种种人体异化行为加以分析。比如文面等一些异化行为，是怎样产生的，背景是什么，这都可以在课上和课下作为一个议题，鼓励学生结合服装社会学知识、服装心理学知识，从生理的角度加以分析。培养分析技能，有助于大学生今后在自我选择上会更多一些独立自主的科学观，避免一味追随潮流等错误观点，从而选择最有利于自己生理健康的服装和必要的修饰行为。

3. 学会正确的态度

在看待种种人体异化行为时，大学生应秉持正确的态度，客观、公正、历史、唯物、辩证地看待这些现象。以下态度是应该尽力避免的：猎奇，即不能从历史背景和文化传统的大框架下去看人体异化行为；单纯是为了满足自己的好奇心；盲目崇拜，没有进行分析，对诸如文身、穿洞、缀环等行为不能用冷静的眼光去看待；盲目贬斥，忽视文化多元性的存在基础，忽视特定文化现象的形成渊源，也是不冷静的态度。类似不正确的态度还有歧视、自大、自卑等等。因此，帮助学生掌握正确看待服装生理现象的态度，是服装生理学教育的最终目标。

四、服装心理学

（一）学习服装心理学的必要性

服装心理学的定义是：以人的着装心理为轴心，探索着装形象的精神内涵，以及服装发展、服装评判的社会心理趋向。正像心理学无时不在我们的工作、学习、生活中发挥作用一样，服装心理学也在每个人设计服装、穿着服装、评价服装的过程中发挥作用。对于非艺术专业的大学生来说，尽管不常遇到设计服装的情况，但穿着服装和评论服装却每天都会遇到（尽管后者可能是不自觉的），因此学好服装心理学对大学生自身的心理健康和发展都是很有必要的。服装心理学的知识和理论体系，有助于学习者掌握正确客观的分析方法，然后去理智看待种种着装现象，从而避免攀比、失衡、嫉妒等不健康的心理状态，得以把全部精力都用在学习和工作中。

从更大处说，服装心理学与服装生理学、服装社会学、服装民俗学等同是服装文化学的有机组成部分。如果能够熟练运用服装心理学的原理，那么，理论学习中和现实生活中遇到的一些服装与生理、服装与社会的关系问题就变得容易解决了。再向宏观处扩展，如果社会未来的中坚力量——今天的大学生们，能够在学习和将来的社会工作中，运用服装心理学的原理去提升自身服饰形象，并和他人达成更融洽的关系，这对整个社会的和谐与顺畅运转都是有利的。从这几方面来看，服装心理学的教育是绝对有必要的。

（二）服装心理学的教学目标

服装心理学教育的目标在于使学习者尽快掌握必要的知识和分析技能，其中前者是基础，后者是最终目标。

1. 了解足够的知识

（1）服装心理学的三大心理环流体系分别是什么，它们是怎样运作的。

（2）服装心理活动的三个层面是什么，三者有什么关系。

（3）服装设计心理有哪三种表现方式，各是怎样表现的。

（4）服装着装心理有哪三种表现方式，每种表现方式又有哪几种类型，每一类分别是怎样运作的。

（5）服装评判心理有哪四种表现方式，每种表现方式又有哪几种类型，每一类分别是怎样运作的。

2. 掌握必要的技能

经过服装心理学学习，能够熟练运用这一学科的知识和原理，掌握对服装心理问题的分析技能是服装心理学教育的最终目标。锻炼分析技能，可以从一些书中提供的议题开始讨论和分析，比如非体力劳动者对服装有什么要求，与体力劳动者有什么不同。这是主动的方式，学习者可能会根据自己的生活环境和教育背景提出与书中完全不同的看法。锻炼分析技能还存在被动的方式，比如提供一两个范例，有人佩戴大量金银饰品、穿高档名牌服装，或完全相反，穿破旧衣服。这些方式是出于哪种着装心理，是显露超群意识，还是减弱社会冲突。通过这样的分析训练，学习者应该可以掌握自行分析着装心理的能力，这有助于自己获得他人认可，也有助于理解他人，避免误会和冲突的发生。

五、服装民俗学

（一）学习服装民俗学的必要性

服装民俗学，研究的是服装在民俗文化中的构成、地位及服俗惯制形成、传承、变异的科学认识等问题。学习民俗学有助于大学生了解大量与服装相关的民俗，这样的民俗从人们生活的各个角落体现出来，寄托着一个民族的文化传统和精神内涵。服装在民俗中，既作为事象（包括思维体系与实施行为在内的活动现象）出现，又作为载体出现。通过服装民俗学的学习，可以使大学生们了解这些民俗的起源、演变，其代表的文化精髓。对于生活在现代社会，缺少传统民俗氛围的当代大学生来说，是很生动的一课，可以使内心世界变得更为完整丰富。

对于整个社会来说，大学生掌握服装民俗学知识也有多方面的积极意义。第一方面，与服装有关的民俗、礼仪、禁忌，仍广泛存在于生活中，如果年轻人没有相关的服装民俗学知识，很可能会在一些活动中闹出误解，比如中国丧葬仪式都要穿白衣，西方穿黑衣，但几乎没有哪种文化会允许人在葬礼上穿红衣。更不用说在一些少数民族地区，民俗观念仍在人们生活中占据着重要的位置，比如中国西南彝族男子（尤其是在凉山地区）头上留有一撮 10 厘米左右的头发，称为"天菩萨"，除了家中的父母长辈，任何人都不得触摸。如果一旦在旅游中遇到类似问题，处理不当会造成不必要的误会甚至冲突。另一方面，作为中华民族的一分子，学习本国的民俗也就是继承发扬本国的传统文化，是保持民族文化独立性的重要体现，也是每个年轻人的义务和责任。由此可见，学习服装民俗学很有必要性。

（二）服装民俗学的教学目标

1. 了解足够的知识

（1）服装作为一种民俗事象，有哪五种属性，每种属性的概念与内涵。

（2）当服装作为物质民俗的直接现实出现时，有哪三重意义，每重意义又有哪几种类型。

（3）当服装作为心意民俗的精神寄托出现时，有哪三重意义，每重意义又有哪几种类型。

2. 学会正确的态度

服装无论是作为民俗事象出现，还是作为民俗载体出现，都是一个文化群体多年的文化积淀，是一种善良心愿的物化表现。但是不可否认，由于文化背景、生产生活方式的不同，一些民族、地区的服装民俗在表现形

第二章　服装艺术教育概论

式上可能难以让人接受，或者令人觉得可笑。比如日本爱媛县的秋祭中，人装扮成相貌可怕的"牛鬼"形象，以进行一种驱魔活动。还有一些利用服饰进行的祈福活动，在受过现代教育的大学生看来，似乎是非常幼稚的。当学习过服装民俗学后，当代大学生应该理解文化的多元性，以一种包容、尊重的态度去看待一些服装中的民俗现象，并从当地、当时的环境中，对这一现象客观、全面地进行评价，这就是服装民俗学教育的最终目标。

六、服装艺术学

（一）学习服装艺术学的必要性

服装艺术学，是一门兼具审美与创作功能的学科，包含了从服装艺术的原料选取、加工、设计、制作成型，到以再创作形式出现的穿着这一全过程，同时讲述了服装形象的模仿来源和艺术依据，是一个包含了审美社会学、审美心理学、设计学、工艺学等在内的艺术学体系。

学习服装艺术学从很多方面来讲都是有必要的，首先，在掌握了服装社会学、服装心理学、服装生理学、服装民俗学的知识与方法后，服装艺术学可以说是对上述学科的一个综合总结。其中讲述的服装原料、工艺、创作思路等方面的内容是服装文化学中不可缺少的内容，也是学习者将来进行设计和制作服装练习时的理论指导。因此，从服装文化学科的完整性来说，从服装艺术教育的有效性角度来说，服装艺术学的教育都是有必要的。

其次，服装艺术学是一门理论与实践相结合的学科，可以直接指导操作的实践与练习，一方面可以锻炼学生的形象思维能力、逻辑思维能力，另一方面也可以加深文化底蕴，理解艺术创作所必备的灵感与激情，提升审美能力。这些方面的提高可以直接作用于人的综合素质，这也正是艺术教育事业本身的意义所在。从这几方面来说，学习服装艺术学是很有必要的。

（二）服装艺术学的教学目标

1. 了解足够的知识

（1）服装原材料的种类、特性、加工过程。

（2）服装设计理念与美学原理。

（3）服装穿着的配套组合原理。

（4）服装形象的生活来源与艺术依据。

（5）服装艺术的意境种类、特点。

2. 掌握必要的技能

学习服装艺术学，除了知识点的掌握，也应该学习技能。与服装生理学和服装心理学不同，这里的技能已不单单是对现实问题的理论分析，而是设计与制作实践。服装艺术学详尽地分析了服装设计制作从选料到最后效果的过程，但是运用的是艺术性、理论性的表达方式。在本书策划的服装艺术教育各章节中，并未因为是非艺术专业大学生就流于浅显，而是从服装文化学的宏观框架下进行教育。尽管在服装艺术教育中，有简单操作的动手要求，但图书市场上关于剪裁制衣的书非常之多，图文并茂，已经非常详尽，在本书中没有赘述的必要。在这一章节中，通过服装艺术学缜密的自成体系理论和富于诗意的语言，去描述服装之美和艺术设计的激情，经过这种教育的大学生，在进行实际操作时，起点更高，眼界更开阔，发展前途更广。

第四节　服装艺术教育的结构

一、教育者

在当前的大学校园中，服装艺术课程作为综合素质教育的一个组成部分，作为与每个人生活学习息息相关的知识体系，非常有开展的必要。但是否能达到教育的效果，能否将理论和实践相结合，能否引起大学生的兴趣，这就要看服装艺术教育的教育者有怎样的本领了。

（一）服装艺术教育者的必备素质

服装艺术教育是建立在服装文化学基础之上的，由服装发展史、服装社会学、服装生理学、服装心理学、服装艺术学等各部分组成。因此，毋庸置疑的是，服装艺术教育者应该对这几大部分十分熟悉，能够熟练运用

第二章　服装艺术教育概论

原理、范例，并和现实生活结合，以使受教育者尽快掌握所学知识。这是专业部分的素质，是服装艺术教育者能够走上大学讲台的基础。

在专业素质的基础上，服装艺术教育者还应该具有其他方面的素质：

（1）拥有丰富新颖的背景知识。

（2）具有课堂气氛引导能力。

（3）对教育心理学有一定了解。

（4）拥有一定实践动手经验。

（二）服装艺术教育者的培养渠道

由于非专业服装艺术教育的特殊性，对服装艺术教育者提出了很高的要求。单单是能够系统掌握服装文化学理论体系这一条，就注定艺术学院服装专业的本科或硕士毕业生难以胜任教学任务。因此，只有服装文化专业毕业的硕士研究生，才有能力在大学课堂上教授服装艺术教育。近年来，这一专业的硕士毕业生已有数十人之多，均在各大城市的高等学府任教，由他们在非艺术专业大学中开设服装艺术教育选修课，是达到教育目标的最佳途径。

实际操作，也是服装艺术教育中可以安排的课程，比如剪裁、扎染、服装画等，均由专业人员所从事，聘请他们指导有兴趣的大学生完成此类动手课程。

由此可见，服装艺术教育者的培养渠道应该是双重的，理论和实践两方面相辅相成，缺一不可。

二、受教育者

各类非艺术专业的大学生，是服装艺术教育的主要接受者。愿意通过书籍、课堂接受服装艺术教育的大学生，往往兴趣广泛，是本专业的佼佼者。除此之外，他们还具有某些方面的共性，了解他们的特点、起点，对于服装艺术教育教材的编纂者，对于服装艺术教育课程的讲授者，都有很现实的指导作用。

（一）服装艺术教育受教育者的特点

1. 思维活跃

大学生是高等教育的接受者，在入学前就有着较高的文化素养。高等教育的特点使得大学生的思维十分活跃，他们已不习惯填鸭式的灌输教学，更希望能够听到风趣幽默，又富于思辨的讲解，希望能够与教师交流讨论。

2. 知识面广

大学生文化素质高，入学前就已对各方面的知识有了一定积累，具有对各种新闻的兴趣。在学校期间，大学生又可以从互联网上、平面媒体上接触到各种最新的信息，再加上可以在宿舍、课堂和其他场所进行广泛的交流，因此，大学生知识面广是一个应该注意的特点。

3. 背景不一

高等教育的专业设置详尽，既有文理科的宏观之分，又有各种专业的细分。因此，一本教材、一套讲义面对的大学生可能来自海洋工程专业、可能来自东方文学专业、可能来自地球物理专业、也有可能来自法学和管理等专业。由于专业之分，他们看待事物和接收信息的方式也存在各种微妙的差异（当然这种差异也有个性的因素在内），有的偏于感性，有的偏于理性，有的善于考证，有的长于思辨。因此，教材的编写和课程内容的安排要考虑到这一因素。

（二）服装艺术教育受教育者的素质

对于服装艺术的受教育者来说，也应该自己做一些准备工作，具备一定的素质，以保证以一个高起点开始服装艺术的学习，并收到良好的成效。

1. 目的明确

对于接受服装艺术教育的大学生来说，首先要明确的一点是学习服装艺术的目的是什么。首先是像其他所有艺术教育门类一样，开阔眼界，提高自己的综合素质。同时服装艺术教育的特性，因为服装与每个人息息相关，服饰形象是否得体，是否符合礼仪，关乎一个人的事业发展与整体形象，有时还关乎身体健康。因此，对服装艺术教育的学习可以为大学生塑造自我带来良好的收益。

大学生应该清楚自己学习服装艺术教育的目的，它不是课堂专业教育的一部分，也不单单是兴趣所致，而是有着实际的功用。在这一基础上，明确学习目的后，可以获得更大的学习动力。

第二章　服装艺术教育概论

2. 艺术修养

作为艺术的一个门类，服装艺术有着艺术活动的诸多特征。要想正确理解服装艺术，首先就需要具备一定的艺术修养。这种修养首先体现在对美的感悟能力，其次是对艺术品的鉴赏能力，最后是相关的知识和对艺术创作者的理解。只有具有了一定的艺术修养，才会对这门艺术产生热爱，才会理解艺术家跳跃式的创作思维，才会理解线条、色彩所带来的美感。艺术修养可以通过阅读、艺术实践、交流、思考等方法获得提高，当然这不是一个一蹴而就的事情，但带来的益处不仅仅是有助于服装艺术学习，而是可以受益终生。

3. 相关知识

服装艺术教育总的教学目标就包括传授知识，但是考虑到大学生的特点，这种知识的起点自然较高。这需要学习者应该具备一定的历史、人文、地理、艺术方面的背景知识，比如探讨文艺复兴对服装的影响时，限于篇幅，教材作者不可能再将文艺复兴的详尽概念和由来复述一遍，这就需要学习者自己先期进行知识积累。具备一定的相关知识，既减轻学习者的负担，也减轻了教育者的压力。可以为服装艺术的学习打开一扇方便之门。

三、教育渠道

（一）文字

文字在服装艺术教育渠道中的重要作用是不可忽视的，因为每个人每天都会见到各种各样的服饰形象，听到各种形式的流行风尚，如果学习者不满足于"知其然不知其所以然"，希望了解形象与流行背后的奥秘，希望知道每件衣服背后的文化内涵、设计理念，这就需要文字发挥作用了。

1. 介绍

服装艺术教育中的文字首要作用是介绍，介绍某种风格、某位大师、某件作品的特点、资料，为学习者提供足够数量的信息，以方便进行下一步的分析和评价工作。

2. 分析

除了资料介绍，文字往往被用于分析时代背景与某一种特定风格产生的必然联系，市场对服装艺术的左右程度，政治状况对服装流行的重要影响等等。由专家进行的分析有指点迷津的作用，能够从现象中发掘出本质，有助于学习者加深理解。

3. 评价

评价往往见于服装史和服装欣赏中，是作者、专家对某种风格、某件作品、某位大师的看法，详细说就是对其地位、重要程度的评估与衡量。专家进行的评价主要基于理性、历史、唯物、辩证的观点，当然有时也会包含有主观感情色彩。评价有多个出发点，有的基于艺术价值，有的基于市场潜力，有的基于轰动效应，不一而足，应该由学习者自己做出判断。

（二）图片

服装可以说是一种视觉艺术，每件衣服、每套佩饰都是精美的图像。如果说对一件作品的文字介绍分析有助于学习者理解，换一个角度说，也等于限制了学习者的联想。因此，在服装艺术教育中，广泛提供质量高的图片，无论是以印刷品、幻灯片、电子演示等何种形式出现，都可以让学习者自行从色彩、线条中领悟美感，从而对学习效果产生有益的帮助。但是，单纯的图片，其说明效果是不完善的，必须与多种手段相结合，这样才能达到最优化的教学效果。

1. 图片与文字介绍结合

图片与文字介绍结合是书籍、电子演示文稿中最常出现的形式，可以同时调动人的形象思维能力与逻辑思维能力，巩固记忆力，加深理解。如果是以文字理论为主的书籍，图片可能仅仅起到配图的作用，应该呼应文字介绍。如果是画册或电子演示文稿，以图片为主，文字就往往言简意赅，起到介绍和简短分析的作用。

2. 图片与自身观察结合

图片的弱点在于二维图像限制了信息传达，因此，应该将图片与学习者自身在生活中的观察体验结合起来。一方面这样可以用三维图像来弥补二维图像的不足。另一方面，可以用现实的例子来补充图片中的范例。同时，将欣赏图片与自身观察相结合，还有助于学习者分辨由于摄影技术、印刷质量给服装本来形象造成的扭曲，得出真实的观感。

第二章 服装艺术教育概论

3. 图片与背景知识结合

单纯观看图片时，学习者只能从线条是否流畅、色彩是否明快（如果是黑白图片连这一点也达不到）等方面来评价服装作品。若没有大量积累的背景知识，就难以在观看图片的同时，得出对于这件作品的艺术性评价和历史性分析，这样的学习效果自然有限。因此，欣赏图片应该与课外的广泛阅读结合起来，使背景知识能和图像信息同时发挥作用，加深人的印象。

4. 图片与简单操作结合

在服装艺术教育中，图片与操作是相辅相成的关系。一方面，各种示意图、步骤图、范例图可以为实践操作提供直观的帮助。反过来说，从实践操作中获得的对服装艺术的感悟，对制作过程的了解，都有助于更好地欣赏图片，理解作者的意图和艰辛，理解某件作品诞生的特定社会思潮。

（三）考察

我们知道在民间艺术教育中，实地观摩手工艺制作过程非常重要。在展示艺术教育中，自己去参观展会、博物馆，对于理解这门艺术也是不可或缺的。同样，在服装艺术的学习中，通过自身的考察活动，对服饰形象个体或整体进行分析评价，并得出结论，也是达到教育预期效果的重要手段。而且与雕塑、绘画等艺术门类相比，服装艺术的考察范围更大，在时间、地点、对象的选择上更具有得天独厚的条件。

1. 生活观察

在生活中，每个社会成员都会有自己的服饰形象，比如一袭白衣的翩翩少女、穿青布对襟衫的老汉等等，每个有特定职能的集团也会有自己的整体服饰形象，比如军队、警察等。这些都是可以随时进行观察的对象，这样的观察是一种有效的学习活动。个体服饰形象或整体服饰形象背后代表的，可能是一种群体文化、一种职业文化、一种民族文化。对这些现象进行的观察思考，应该是对自己所学理论知识的有力补充。

2. 采风考察

生活观察尽管有方便进行的优势，但是范围受局限，主要以城市环境下的现代服装为主，至于更为丰富多彩的民族服装，只有在博物馆中才可以看到。但是如果想看到这些服装存在的现实环境与其所寄托的民俗活动，就只有通过游历、考察等形式实现。对于经济还不宽裕的大学生来说，这样的考察可以和旅游结合起来，既节省了资金，又使旅游多了几分文化气息，可谓一举两得。

（四）语言

文字是语言的书面表达形式，也是服装艺术教育的主要手段，但不能以此替代口语的作用，口语永远紧随时尚流行而变化，像汉语中的"酷"、"蔻"等等，都是流行的产物，高度精练，如果用书面语来表达则要耗费相当的篇幅。因此，语言同样是服装艺术教育渠道中的重要一种，并主要以下面几种形式出现。

1. 表述

表述，具有个人化的，单方面的特征。表述可以是教师根据讲义内容的授课。也可以是学生在教师的鼓励下，主动表达自己的见解。表述是一种较从容、蕴涵信息量大的语言教学方式。

2. 问答

问答是对话的一种，但是相互制约，回答一方要明了提问方的问题，在此基础上进行分析思考，最终做出回答，不能"答非所问"，那样就失去了意义。问答作为一种教育渠道，主要出现于课堂上，发生在师生之间，可能是教师问，学生答，也有可能正好相反。以问答形式出现的语言，可以在巩固所学知识的同时大大提高人的应变能力。

3. 讨论

就一个特定议题进行自由讨论，对时间、表达方式不做过多限制，这也是课上和课下经常可以采取的教学方法。讨论可以使人提出自己见解，这对于活跃学生的思维和提高语言组织能力也有帮助。

第五节 服装艺术教育的功能

一、审美功能

服装艺术教育与所有门类的艺术教育一样，具有自己的审美功能。服

第二章 服装艺术教育概论

装艺术教育可以通过审美观照来培养审美能力，在审美的基础上，结合经济、历史、文化等多方面因素提高自己的艺术批评能力，并能够从线条、色彩、搭配等服装表现要素中领悟到美感，最终在实践和理论的基础上实现对艺术多元性的理解。

（一）提高审美能力

应该说，只要不是刻意用来丑化穿着者的服装，都具有自己的美感。即使是一些原始部落的粗糙衣物，在当地的文化氛围中，也具有美的象征。因此在服装艺术中，美无处不在。通过欣赏服装，可以为提高人的审美能力提供丰富的素材与机会。中国旗袍的含蓄雍容之美；西方露背晚装的华贵激情之美；军戎服装的挺拔刚健之美；儿童服装的天真烂漫之美……服装中存在的美，并不是每个欣赏的人都能发觉，也不是每个发觉的人都能正确理解，这就是人与人之间审美能力的差距。服装艺术教育正是通过深入浅出的理论、丰富翔实的事例、教师的耐心指导来提高学习者的审美能力。服装艺术教育可以教会学生从何处着眼体会服装之美，用何种准则衡量服装之美，以何种境界感悟服装之美。经过这样的练习，相信接受服装艺术教育的大学生一定会大幅度提高自己的审美水平，加深对美的敏锐感悟，成功达到较高的审美境界。

（二）提高批评能力

这里的"批评"二字并不带有习惯中的否定态度。艺术批评是一种确认艺术特性，并基于一定的逻辑与准则，给予其客观评论、评价的活动。长久以来，中国的艺术教育更侧重于艺术欣赏，或是比欣赏更进一步的鉴赏活动，鉴赏带有感知、鉴识、评价等含义，是人对艺术品的认识由感性上升到理性，并由理性再回到感性的阶段。如果说欣赏和鉴赏的对象既可以是古代艺术品也可以是现代艺术品，那么艺术批评则基本倾向于当代艺术；如果说欣赏和鉴赏的对象只限于有形艺术品的话，那么，艺术批评则既可以针对艺术品，也可以针对艺术活动和艺术现象等无边界的艺术行为。

今天的社会是一个快节奏、多元化的社会，社会宽容度加大，各种设计理念、着装观念都可以自由传播，再加上通信手段的发达，一种着装观念往往可以在很短的时间，利用大众平面媒体、电视网、互联网传遍世界各大城市，"波西米亚"、"小布尔乔亚"、"朋克"、"嬉皮"、"新贫"等等此起彼伏，不一而足。有的人会热衷于追逐风尚，但大学生需要进行冷静分析，这就需要一定的艺术批评能力。与遍布街头巷尾的服装类杂志刊物相比，由服装艺术专家和配套专业教材进行的服装艺术教育无疑更具有权威性、科学性，是大学生提高自己批评能力的最佳途径。

（三）理解艺术多元

如果文化是多元的，艺术自然也是多元的，每种艺术背后都有着一个群体，一个民族日积月累的文化、信仰、生产生活方式的深深烙印，同时呈现出不同的面貌（有些在外人看来是粗陋甚至难以接受的）也就不足为奇了。事实上，艺术的魅力和价值正是来自于它的不拘一格，犹如百花齐放一般的灿烂。艺术可能有主流与非主流之分，有前卫与传统之分，但绝不会有对与错之分，不会有必然生存和必然灭亡之分，艺术的影响力不是政治、武力所能令其消亡的，艺术的生灭完全是由民众的喜好意愿决定的。理解艺术的多元性对于当代大学生成熟地看待这个世界的其他方面，成熟地待人接物都有裨益。服装艺术正是艺术多元性的最典型代表之一，服装中体现出的独特文化内涵与艺术气质，在广度与深度上可能都是其他艺术所难以比拟的。服装艺术教育正是可以通过讲述呈现多元色彩的服装，来帮助当代大学生理解艺术的多元。

二、非审美功能

服装艺术教育除了具有上述的审美功能外，还包含侧重于感情、政治、伦理等方面的非审美功能。服装艺术教育这些带有功利性的非审美功能。主要包括以下三点：

（一）改善着装形象

在服装艺术教育的非审美功能中，有一种具有实际意义的功能，就是提高人的服饰搭配水平和着装品位。要想表现出良好的服饰形象，人首先要具有正确高雅的服装观，服装并不是越昂贵越好，也不是越稀奇越好，关键是要适合自己的生理心理特点，符合自己所在社会群体的期待与准

第二章 服装艺术教育概论

则。今天的社会经历着飞速的发展变化，已经远较以前复杂，能否利用良好的服饰形象给师长、给招聘方、给朋友留下深刻的正面印象，从而为自己的学业、事业开辟道路，是当今大学生面临的实际问题。服装艺术教育正是从理论高度出发，从实际入手，解释服装与生理、心理、社会、民俗的关系，为大学生实际提高着装水平提供帮助。这种指导远远不像市面上所谓介绍着装的刊物一样，简单地说"什么人不适合穿横条衫"、"什么人只适合穿短裙"那样的介绍太肤浅。真正地帮助指导，应该是教给每个人一种规律，即怎样根据自己生理、心理、地位、财力、环境等方面的实际情况，去选择合理的服装搭配。这正是服装艺术教育为提高大学生的综合素质，做出的一项具有现实意义的工作。

（二）增进对相关学科的认识

服装艺术教育的切入点，与其他艺术教育有所不同，其他艺术教育门类，如雕塑艺术、工艺美术、绘画艺术等，多是从这门艺术自身入手，即使像展示艺术那样边缘性的艺术形式，也只是从展示艺术与某一种艺术的关系入手。唯有服装艺术，由于其特性，其结构和理论框架是从服装发展史、服装生理学、服装心理学、服装民俗学、服装社会学展开的，因此在了解服装艺术的同时，也会学习到有关这五个学科的知识、原理、逻辑。因此，服装艺术教育的非审美功能中，还包括使大学生增进对这五个相关学科的深入认识。

（三）树立正确看待艺术的态度

为什么有时我们会觉得，一些民族的服装或其他艺术形式并不美甚至令人恐惧。为什么有时我们会用或艳羡或排斥的（总之不是成熟的）目光，去看待一些如瘢痕纹绣一类的人体异化行为。为什么有时我们会惊呼一些着装潮流怎么能迅速裹挟千百万人，以致我们产生不能置身物外的冲动。这是一个信息爆炸的时代，大学生尽管身处象牙塔，但也不能，或者是不会，甚至是不想无动于衷。各种各样的艺术和打着艺术旗号的事物，其规模和复杂程度都令人的判断能力不堪重负。其实，要想搞清这一切大可不必担心，艺术就是这样多元，这样丰富多彩，既要宽容大度，又要会用科学理论去加以分析；既要客观公正，保持冷眼相看的从容，又要抱有一种激情，不能用投入产出等生产模式去过高要求艺术。服装艺术教育就具有这样的功能，帮助大学生树立一种正确看待艺术（包括服装艺术在内）的态度，对于在今后的工作、学习、生活中获得成功都是有价值的。

第六节　服装艺术教育的效应

一、个体效应

（一）扩展知识总量

服装艺术教育对于学习者个人的知识量扩展有重要意义。从学科角度说，服装艺术教育中蕴含的知识包括历史的、人文的、地理的、自然的等多个方面。由于服装与人息息相关的特性，一部服装史也可以说是一部人类文化、发展史。服装发展的演变反映着人类社会文化观念的变迁。在讲述各民族服装特色的同时，也包括了当地的地理等自然条件对服装的影响。服装艺术教育中这种历史、经济、地理等多个门类相交叉的庞大知识网络，意味着服装艺术教育对扩展大学生信息量具有巨大作用。在激烈的社会竞争中，只要是从事创造性工作，知识的储备对于每一个人都是有益的。即使在学习服装艺术后的短期内看不到直接收益，这种良性效应也会在其后相当长的时间内稳定地、不知不觉地发挥作用，为学习者今后的发展提供帮助。

（二）加强对知识的交叉性吸收

服装艺术中涉及的知识学科呈现横向、纵向、交叉等多种形式并存的状态，符合当今社会对知识综合性、复合性的要求。纵向是指服装艺术涉及的时间段很长，从人类诞生之日起直到现在；横向是空间的、地域的，涉及人类众多民族、各种文化；交叉是指服装艺术综合了社会学、生理学、心理学等多个学科的知识和原理。应该说，这多方面的知识，除了在诠释服装艺术上具有重要作用外，也对当代大学生的生活和学习具有现实意义。对于大学生正确处理认识自身、认识社会、认识他人、认识艺术等，都有很大的益处。

（三）提升形象竞争力

当大学生面对各类选拔性考试的考官、负责招聘的人力资源部领导时，一身得体的穿着，既不张扬、也不寒酸，透出一种风度，无疑会给主考者留下深刻印象。如果这种良好的服饰形象能够和强烈的自信心、优雅的谈吐结合起来，无疑就使着装者具有强大的竞争力，为今后的职业发展寻求到一个来之不易的机会，打下一个坚实的基础，确立一个相对较高的起点。有一句话说：形象是生产力。那么，换一个角度也可以说，形象就是竞争力。在主考者眼中，良好服饰形象背后是个人修养、文化底蕴、知识积累的总和，这些都是在日后的团队协作和创造性工作中必需的素质。因此，服装艺术教育带给学习者最直接、最立竿见影的个人效应，就是通过审美品位提高、修养提高从而获得的正确着装观念，最终通过服饰形象增强竞争力。

二、社会效应

（一）营造高雅的服装欣赏氛围

衡量一个社会、一个民族的文化素养，有时可以通过整体服饰形象、服装设计水平、服装批评格调等显现出来，一个国家的整体服饰形象和欣赏口味是否高雅，在一定程度上关乎这个国家的国际形象。时值中国改革开放进行到关键时刻，社会宽容度加大，媒体的发达使得种种服饰观与服装风格得以迅速传播。值得注意的是，其中的相当一部分并不具有艺术上的价值。其品位即使不能说是堕落的，也是低俗的、颓废的。尽管品位不高但并不等于违反法律，不等于没有传播的权利，可是我们不能任由其泛滥以至造成负面影响。服装艺术教育正是在这样的历史时期内，从社会未来的栋梁——大学生着手，营造一种"理解服装潮流，欣赏服装设计，懂得服装批评"的高雅氛围，并随着大学生的成熟将这种影响扩展到整个社会。最终在全体公民中间，形成一种"全民批评、欣赏高雅、抵制媚俗"的风气，为中国人树立良好的整体服饰风貌作出贡献。

（二） 为和平崛起出力

一个国家之所以能被称为"大国"、"强国"，不但要有科技、军事等"硬实力"，也要拥有以文化吸引力为代表的"软实力"。在当今这个全球化的社会中，一个国家的服装风格是否能引领潮流，服装消费群体是否具有高品位，也是一个国家尤其是崛起中大国"软实力"的部分体现。今天的中国能否像盛唐那样在中西服饰交流互动中扮演重要角色，能否在世界文化产品交流中占据出超的地位。这是意义深远的问题，不是一朝一夕就能做出回答的。这需要一代代中国服装设计师、服装理论家、服装批评家、服装欣赏者、消费者共同为之努力。唐装在 2001 年APEC 会议上崭露头角，令世界瞩目，正是中国"软实力"建设的一部分，尽管这种影响不像我们希望的那样迅猛和持久。应该看到，这毕竟是一种崛起的标志。

高效率的服装艺术教育，正是以培养高品位服装欣赏者、穿着者、消费者、批评者为责任，促进中国在新世纪重拾"衣冠大国"的盛名，再度引领世界服装发展，从而为中国实现和平崛起的伟大构想出一分力。

第二章　服装艺术教育概论

服装是伴随着人类社会的产生、发展而产生和演变的。服装艺术历经人类社会的不同时期，积淀了不同时代不同民族的文化，成为人类文明的结晶。在进行服装艺术教育时，我们应该从服装发展演变历程的角度来了解和研究服装艺术，使受教育者在了解服装发展演变历程的基础上，进一步通过着装、观赏以体悟服装艺术所蕴涵和呈现的历史、人文、科学、知识、观念，从而实现服装艺术教育的目的。

第三章　服装艺术历史教育

第一节　中国服装艺术演变简述

　　中华民族，是一个由多民族组成的历史悠久的有着丰富文化的民族。人数众多的汉族和五十多个少数民族，以自己的勤劳、勇敢和智慧，创造着美丽的家园，也创造着中国特有的文化，并在此基础上产生了灿烂的中国服装艺术。

　　中国服装发展演变史的每一页都是五彩缤纷的，它得益于中华民族发展史这一大文化的养育和滋润，反过来又以它独特的艺术美给中华民族文化以特有的促进与记载。中国服装发展演变史就是中华民族文明的一个闪光的篇章，或说是一条永远朝气蓬勃的生命线。

一、先秦晨光

　　先秦时期，指的是从考古发现的中国早期人类活动时起，到公元前221年秦始皇统一中国之前。先秦服装，是中国服装发展史的奠基阶段，

第三章　服装艺术历史教育

一些中国服饰的基本形制均在此期间逐步走向成熟，只是由于年代距今过于遥远，服装尤其是织物质料又远不及陶、铜器那样久存不朽，因而相对而言，实物资料相当少，文字资料也相对匮乏。今日研究起来，我们只能在一定程度上借助于某些神话和器物饰纹等。即使这样，我们仍然感到它在原始社会和奴隶社会的历史依据不足，因此只能称它为先秦晨光。

在中国，传说盘古开天地，女娲抟土造人，但他们并没留下确切的服装形象。我们依据屈原的楚辞《九歌》中的描述，以及现存原始部落的初级服饰，能够相信中国人早期曾穿着植物枝叶编束的衣。随着经济的不断发展，人们才开始用兽皮裹身。

从出土实物来看，至迟在一万八千年前北京山顶洞人已懂得自制骨针，出现了缝制衣服的发端。以后陆续出土的骨针，均可以与"搴木茹皮以御风寒，绚发冒首以去灵雨"的记载相互印证。在陕西西安半坡和华县泉护村新石器时代遗址的彩陶上，留下了麻布的印痕，江苏吴县草鞋山遗址中还出土了三块葛布残片。而古墓中骨、石、陶纺轮与纺锤的大量出土，更加证实了至迟在六千年前即有纺织品的科学推断。至于服装式样，可从甘肃辛店彩陶上剪影式人物形象等实物资料看到其大致情况，如及膝长衫，腰间束带，远观酷似今日连衣裙等，与《礼记·礼运篇》中"昔者，先王未有宫室，冬则居营窟，夏则居橧巢。未有火化，食草木之实，鸟兽之肉，饮其血，茹其毛。未有麻丝，衣其羽皮。后圣有作……治其麻丝，以为布帛"的记载基本上是一致的。同《魏台访议》所记"黄帝始去皮服布"的年代也大体相符。传说中黄帝元妃嫘祖"始教民育蚕，治丝茧以供衣服"更说明了中国远古时期的服装质料，既有葛藤、苎麻等剥制的植物纤维，也有在世界上相当一段时间中唯一拥有的蚕丝，这些决定了以后中国服装的艺术风格。

1973年，在青海大通县上孙家寨，曾出土过一个彩陶盆，盆内壁上部绘有三组舞蹈人形，每组五个人手拉手舞于池边柳下。1995年，考古工作人员又在青海省同德县巴沟乡团结村宗日文化遗址发掘出一个舞蹈纹彩陶盆。这个盆的内壁绘有两组人物，也是手拉手舞于池边柳下。所不同的是这些人物的服饰轮廓剪影呈上紧身下圆球状，这种充分占用空间的立体服装造型在中国服装中是不多见的。在同时同地还出土一个双人抬物纹彩陶盆，四组人物中每两个人抬一物，所穿衣似合体长衣，但其中一人又可看出双腿轮廓，好像是穿着长裤。

原始社会的佩饰更是出奇的精致。从 20 世纪 80 年代开始陆续发掘出土的辽宁西部红山文化遗址中的玉器，有鱼形耳饰、龟、鸟等，其中最精彩的是多件玉质龙形佩饰，这些玉饰可以基本上勾勒出原始人佩饰的大体形象。除此之外，还有南京北阴阳营出土的玉璜，北京门头沟东胡林村新石器时代早期墓葬中用小螺壳制成的项链，用牛肋骨制成的手镯等。山西峙峪村遗址中还发现了一件用石墨磨制的钻孔装饰品。

大约在公元前 21 世纪，夏朝建立，中国从原始社会进入奴隶社会。在夏之后，历经商、西周、春秋、战国时期，中国的服装有了很大发展，形成了一整套比较规范的服装制度。

人类在进化的过程中，利用自己的力量改变了周围的环境，创造了更好的生活状态。但在大自然面前，人的力量仍是微不足道的。因此敬天地祀鬼神的原始崇拜始终是人们社会中很重要的一部分，到奴隶社会时期已形成了严格的国家祭祀礼制，这意味着用于一系列祭祀活动的服装自然要精心安排。《礼记·礼运篇》讲"以养生送死，以事鬼神上帝"正是祭祀大典所需要的，而《周礼》中"享先王则衮冕"表明祭祀大礼是，帝王百官皆穿礼服。当时有官任"司服"者，专门掌管服制实施，安排帝王穿着。《周礼·春官宗伯》"司服掌王之吉凶衣服，辨其名物，与其用事"，即为分仪式内容而准备其服装。王后在仪式上的穿着，也有专门的"内司服"来掌管。这说明自周代始，中国的冠服制度已经趋于完备。

首先是帝王百官用于祭祀等重大活动的礼服规定严格，因仪典性质、季节等不同而决定纹饰、质料各异。从孔子"服周之冕"的政治主张来看，可认为后代是以周代冕服为标准服制内容的。仅以最典型的冕服而言，冕服应包括冕冠、上衣下裳、腰间束带，前系蔽膝，足登舄屦。〔图 1〕

（一）冠

其板为綖。綖作前圆后方形，戴时后面略高一寸，有向前倾斜之势。旒为綖板下成串垂珠，一般为前后各十二旒，但根据礼仪轻重、等级差异，也有九旒、七旒、五旒、三旒之分。每旒多为穿五彩玉珠九颗或十二颗。冕冠戴在头上，以笄沿两孔穿插发髻固定，两边各垂一珠，叫做"黈纩"，也称"充耳"，垂在耳边，意在提醒君王勿轻信谗言，连同綖板前低俯就之形都含有规劝君王仁德的政治意义。

（二）衣裳

冕服多为玄衣而纁裳、上以象征未明之天，下以表示黄昏之地，然后施之以纹。帝王隆重场合着衮服，即绣龙于上，然后广取几种自然景物，并寓以含意。《虞书·益稷》中记载："予欲观古人之象，日、月、星辰、山、龙、华虫作会（即绘），宗彝、藻、火、粉米、黼、黻、絺绣并以五彩彰施于五色，作服汝明。"以上纹饰为十二章，除帝王隆重场合采用外，其他均为九旒七章或七旒五章，诸侯则

图1 （唐）阎立本《历代帝王图》中
的冕服形象

依九章、七章、五章而相次递减，以表示身份等级。腰间束带，带下佩之为蔽膝。蔽膝形式，原为遮挡腹与生殖部位，后逐渐成为礼服组成部分，再以后则纯为保持贵族的尊严了。蔽膝用在冕服中一般被称之为韍，祭服中曰黼或黻，用在其他服装上叫做韦韠。多为上广一尺，下展二尺，长三尺。天子用纯朱色，诸侯黄朱，大夫赤色。

（三）舄屦

《周礼·天官·屦人》中写"掌王及后之服屦，为赤舄、黑舄、赤繶、黄繶、青句、素屦葛屦"。身着冕服，足登赤舄，诸侯与王同用赤舄。三等之中，赤舄为上，下为白、黑。王后着舄，以玄、青、赤为三等顺序。舄用丝绸作面，木为底。适于平时穿用，也可配上特定鞠衣供王后嫔妃在祭先蚕仪式上专用，穿时屦色往往与裳色相同。

礼服名目繁多，除衮冕之外，还有鷩冕、毳冕、絺冕等，各有特定场

合的规定，并有弁服、深衣、袍、裘及副笄六珈之饰。冕服制度经西周大备以来，历代帝王有增有减，直至进入民国时期，最终与封建王朝一起退出历史舞台。

图2 （战国）帛画《龙凤人物图》中的深衣形象

春秋战国，特别是战国时期盛行的一种最有代表性的服装是深衣。〔图2〕《五经正义》中记载"此深衣衣裳相连，被体深邃。"具体形制，其说不一，但是我们可以根据文字记载和出土实物将其归纳为几个特点，如《礼记》中专有"深衣篇"写到"续衽钩边"，即不开衩，衣襟加长，使其形成三角绕至背后，以丝带系扎。上下分裁，上身竖幅，下身斜幅，然后在腰间缝为一体。这样裁制的结果是穿上后上身合体，下裳宽广，衣身长至足踝或长曳及地，也不影响迈步。一时男女、文武、贵贱都穿，并以此为尚。深衣多以白色麻布裁制，斋戒时则用缁色，或有加彩者，在边缘绣绘。腰束丝带称大带或绅带，可以插笏板，当时笏板还不仅于大臣上朝时记事所用。后受游牧民族影响才以革带配带钩。带钩长者盈尺，短者寸许，有石、骨、木、金、玉、铜、铁等质料，贵者雕镂镶嵌花纹，以至形成当时颇具特色的重要工艺品。

胡服，是与中原人宽衣大袖相异的北方少数民族服装。当然，一说为原内地劳动人民的服式，也是可信的，因为重体力劳动者衣服需要身短而利落，以便于劳作。但仔细分析它终究与当年在战争中显示出优势的胡服不同。所谓胡人的称谓是有贬义的，可是我们论史必须尊重历史。当年胡人衣服的主要特征是短衣、长裤、革靴或裹腿，衣袖偏窄，便于骑马射箭。赵国第六个国君赵武灵王是一个军事家，同时又是一个社会改革家。从服装发展史的角度看，他更是一个值得称颂的大胆的服装改革家。他看到赵国军队的武器虽然比胡人精良，但大多数是步兵与兵车，与灵活的胡

第三章　服装艺术历史教育

人骑兵相比十分笨拙，不利于打仗，于是推行骑射。而要发展骑兵，就需进行服装改革，用胡服而去汉人的长袍。不过在推行过程中，也遭到了保守派的反对，赵武灵王曾斥之曰："先王不同俗，何古之法？帝王不相袭，何礼之循？"于是坚持"法度制令各顺其宜，衣服器械各便其用"。结果，很快使赵国强大起来，随之，胡服的款式及穿着方式对汉族兵服产生了巨大的影响，进而影响到民服。成都出土的采桑宴乐水陆攻战纹壶上，即以简约的形式，勾画出中原武士短衣紧裤披挂利落的具体形象。可以说，胡服的引进，丰富了中国汉族的服装艺术，奠定了中华民族服饰由交流而互进的良好基础。

先秦时期距今年代久远，我们今日只能根据一些后世间接资料进行推断。至于战国时期流行的深衣，在战国木俑等艺术作品中已有显示。长沙楚墓发现的两幅帛画，江陵马山楚墓出土的深衣实物，为我们提供了较为可靠的形象资料。其他如商周时期用于各种职务的服饰，只可从众多玉雕人物立像、玉雕人形饰、青铜人形器座、铅铸人形器座、木俑和采桑宴乐水陆攻战纹壶等艺术品上得到些可供参考的形象资料。

特别值得一提的是，进入 20 世纪 90 年代以来，有多件西周玉质饰品出土。其中如西周晚期的胸腹玉佩饰，由一个玉瑗下连短珩，两端以绿松石珠、玛瑙珠及玉管并列穿插连成两串，各系两个玉璜，还另有一玉瑗同时出土。我们从这里不仅领略到西周玉器工艺之精之美，同时也能大致断定佩饰在人身上佩挂的位置。

先秦服装在中国服装发展史的地位中，就好像是三代鼎彝、战国帛画之于美术史中一样，有着非常重要的意义。因为画者奠定了线描、散点透视、神重于形等中国传统美术风格，衣者则奠定了上衣下裳和上下连属等中国服装的基本形制，并开始显露出中国服装图纹富于寓意、色彩有所象征的民族传统文化意识。

二、秦汉雄风

公元前 221 年，秦灭六国，建立起中国历史上第一个统一的多民族封建国家，这期间，秦始皇凭借"六王毕，四海一"的宏大气势，推行"书同文，车同轨，兼收六国车旗服御"等一系列积极措施，建立起包括衣冠服制在内的制度。但由于秦王朝无休止地役使民力，加重赋役，结果导致秦王朝二世而亡。之后，在公元前206年，刘邦建立汉王朝，史称西汉。至汉武帝时达到西汉强盛顶点，随后便走向衰落，后又由刘秀重建汉政权，史称东汉。东汉亡于公元220年，自秦统一至此共有四百余年。

图3 （秦）秦始皇
陵陶俑的袍服形象

汉代遂"承秦后，多因其旧"，因而西汉初年与秦代的服装有许多相同之处。武帝时，派张骞出使西域，开辟了一条沟通中原与中亚、西亚的文化和经济大道，因往返商队主要经营丝绸，因此得名为"丝绸之路"。这一时期，由于各国各民族之间交流活跃，导致了社会风尚有所改观，人们对服饰的要求越来越高，穿着打扮，日趋讲究。特别是由于汉代厚葬成风，因而为我们留下了相当可观的服饰文物。

秦汉时期，男子几乎都穿袍服。〔图3〕袍服属汉族服装古制，秦始皇在位时，规定官至三品以上者，绿袍、深衣。庶人白袍，多以绢制作。汉四百年中，男子一直以袍为礼服，样式以大袖为多，袖口部分收缩紧小，称之为祛，全袖称之为袂，因而宽大衣袖常被夸张为"张袂成荫"。领口、袖口处绣虁纹或方格纹等，大襟斜领，衣襟开得很低，领口露出内衣衣领，有的袍服下摆有花饰边缘，或打一排密裥，或剪成月牙弯曲形状，并根据下摆形状分成曲裾与直裾。

曲裾袍，是在战国深衣式样上发展起来的，因此还保留着很多的深衣特色。西汉早期多见，自东汉时逐渐消失了。直裾袍在西汉时出现，但初成型时不能作为正式礼服。因为袍子里有裤，而中国的裤早期无裆，其形制类似今日套裤，即只有两条裤腿，穿时两胯处有带子系于腰上。《说文》曰："绔，胫衣也。"到汉代才发展为有裆之裤，称裈。合裆短裤，又称犊鼻裈。内穿合裆裤之后，绕襟深衣已属多余，曲裾袍也没有什么实际意义了。在这种情况下，直裾袍服才越来越普遍。

仕宦平日燕居之服，或是贵族妇女常服中，有一种禅衣。禅衣与袍式大致相同，禅衣上下连属，但无衬里，可理解为穿在袍服里面或夏日居家时穿的衬衣。汉代普通男子穿大襟短衣、长裤，当然，这里主要指劳动人民而言，而且是重体力劳动者。其形制多为衣身短小，袖子略窄，裤角卷起或扎裹腿，显然是便于劳作。但与其他国家劳动人民服式相比，依然呈宽松趋势，统一在中国服饰风格中。夏日可裸上身，而下着犊鼻裈。汉墓壁画与画像砖中常可见到这一类服式，一般是体力劳动者或乐舞百戏等社会下层人的衣着风格。当时也有外罩短袍的，这些都可推断为劳动人民服式。

到秦汉时期，首服的式样已经很多，而且分冠、帻、巾等，分不同场合、不同身份戴用。冠一般作为朝服或礼服中的首服。冠的式样有很多。如冕冠，俗称"平天冠"。这时的冕冠已与周代有所不同。再有长冠，因汉高祖刘邦曾以竹皮为长冠，所以又称高祖冠或刘氏冠。长冠多为宦官、侍者用，贵族祭祀宗庙时也可以戴。武将所戴之冠，名武冠。加貂尾冠为"赵惠文冠"。文官所戴的梁冠，也称进贤冠等。

汉代官员戴冠，冠下必衬帻，并根据品级或职务不同有所区别，而且，冠与帻是不能随便配合的，文官的进贤冠要配介帻，而武官戴的武弁大冠则要佩平巾帻。秦汉时男子头上戴的巾主要分为两种，一种为葛巾，即是用葛布制成；再一种为缣巾，因用整幅细绢做成，因此又叫"幅巾"。西汉初年多为劳动人民所戴，至东汉时已不分贵贱。

秦汉时士宦男子外穿的足服，主要为高头或歧头丝履，上绣各种花纹。民间则是用葛麻制成的方口方头单底布履。另外还有诸多式样和详细规定，如舄，为官员祭祀用；履，上朝时用；屦，为居家燕服；屐，出门行路用。

秦汉官员除衣、冠、履以外，还讲究佩绶。早期多为佩挂兵器，后来以刀剑配以丝质缠结的组绶，垂于腰带之下或盛于鞶囊之中，再以金银钩挂在腰带上。孝明帝时恢复旧制，又增加大佩制度。所谓大佩，即上部为弯形曲璜，下连小璧，再有方形上刻齿道的琚、瑀，旁有龙形冲牙，并以五彩丝绳盘穿，以珍珠点缀其间，下施彩穗，在朝会、祭祀等重要场合佩戴。

秦汉时期妇女的礼服，仍然保留了战国时期的习尚，如在很多场合以穿着深衣为主。长沙马王堆汉墓女主人在帛画上的着装形象是极为可靠的形象资料。除典型深衣外，还有一种被称为裾衣的，这实际上就是类似深衣的女子常服。只是襟底部由衣襟曲转盘绕而形成两个尖角。秦汉妇女在穿着上下连属的深衣和袍服的同时，也穿襦裙装，这是上衣下裳的古制。襦是一种短衣，长至腰间，穿时下身配裙，这是与深衣上下连属形制完全不同的另一种形制，这两种形制构成了中国服装的款式特色以及着装形象的全部。其他变换无穷的款式和整体形象都从这里衍化出来。

汉代妇女发式考究，首饰华丽。不仅皇族妇女有诸多配套首饰，士庶家女子也讲究头上的饰件，只是在规格上有所减弱。妇女的履式与男子大同小异，一般多施纹绣，木屐上也绘彩画，再以五彩丝带系上。与后世妇女服装形象相比，汉代妇女是朴拙的，衣裳简朴，服饰形象整体感较强。

20世纪70年代以来，秦始皇陵兵马俑坑的相继发掘，对于研究秦汉军事服装，有着异乎寻常的学术价值。据初步统计，秦汉军服可归纳为七种形制，两种基本类型。一种是护甲由整体皮革等制成，上嵌金属片或犀皮，四周留阔边，为官员所服。再一种是护甲由甲片编缀而成，从上套下，再用带或钩扣住，里面衬战袍，为低级将领和普通士兵服。从这里，不仅使今人领略到"秦王扫六合，其势何雄哉"的威风八面，而且还可以看到两千年前戎装的成熟情况。至汉代，随着金属兵器的发展，也为了适应对匈奴作战的需求，出现了铁制铠甲，其时间最迟应在东汉。

汉代，作为服装面料的丝绸产量已大幅度提高。当时丝绸图案中的龙虎纹、对鸟纹、茱萸纹等，说明动物、植物以及吉祥文字被广泛应用。1995年新疆民丰尼雅遗址出土的汉晋期间的棉质护膊，上有孔雀、仙鹤、辟邪、虎、龙等形象，并织出"五星出东方利中国"等文字，这些纹饰和文字明显地带有汉代谶纬学说的印痕。另外还有以现实郊游围猎与方士、游客们神仙思想为题材的画面。说明社会思想意识直接影响到当时的装饰风格，致使服装面料上出现了很多气势恢宏的构图和吉祥祝福的题材。另外，源于古波斯的珠圈怪兽纹，西域常用的葡萄纹、胡桃纹、狮子纹和卷发高鼻的少数民族人物形象被大量应用于服装面料上，这些图案记录了当年民族交往的情况。

从长沙马王堆汉墓出土的织绣工艺实物来看，在百余件丝织品中，仅凭视觉能够识别的颜色，即有一二十种之多，如朱红、深红、绛紫、墨绿、棕、黄、青、褐、灰、白、黑等。在新疆民丰东汉墓中，还发掘出迄今发现最早的蓝印花布，这些都说明了我国织绣印染技术至这时已达到比较成熟的程度，因此为秦汉讲究服装色彩提供了一定的物质基础。汉代皇帝已用黄色作朔服，但并不禁民众服用。男子仕者平时可以穿青紫色，一般老百姓则以单青或绿作为日常主要服色。

　　总起来说，秦汉两代的服饰较前丰富了，虽不是中国服装发展史中最瑰丽的一页，但绝对是最有力度的一页。它的很多风格都给予后世以重要影响。而它本身又是吸收外来文化具有开拓精神的楷模。只有从汉代开始，中国的民族交流才开始出现惊人的发展，中国的服饰，包括服装质料乃至图纹，才更丰富更融入多民族的文化内蕴和艺术精华。

三、魏晋风采

　　从公元 220 年曹丕代汉，到公元 589 年隋灭陈统一全国，共 369 年。中国处于混乱的南北朝时期，战争和民族大迁徙促使胡、汉杂居，南、北交流。当然弊中也有利，对于服饰的多样化发展还是起到了积极的作用，使得中国服饰文化进入了一个大发展的新时期。

　　魏晋南北朝的男子服装以长衫最具时代特色。〔图 4〕衫与袍的区别在于袍有祛，而衫为宽大敞袖。袍一般有里，如夹袍、棉袍，而衫有单、夹二式，质料有纱、绢、布等，颜色多用白，喜庆婚礼也可穿白袍。由于不受衣祛限制，魏晋南北朝的服装日趋宽博。《晋书·五行志》记载："晋末皆冠小而衣裳博大，风流相仿，舆台成俗。"一时，除了田间劳作的人以外，上至王公名士，下及黎民百姓，均以宽大衣袖为尚。

图4 （东晋）顾恺之《洛神赋图》
中的长衫形象

众所周知的竹林七贤，不仅喜欢穿宽大的长衫，而且还以蔑视朝廷，不入仕途，解衣当风为潇洒超脱之举。只是耕于田间或从事重体力劳动的人仍为短衣长裤，下缠裹腿。

魏晋南北朝时期的男子首服款式渐多，而且特别注重首服与主服、足服的配套穿着方式。如汉代盛行的幅巾，更加普遍地流行于士庶之间。而纶巾，原为幅巾中的一种，传说为"诸葛巾"，传为诸葛武侯常服。小冠，前低后高，中空如桥，因形小而得名，不分等级皆可戴用。高冠是继小冠流行之后兴起，常配宽衣大袖戴用。漆纱笼冠，是集巾、冠之长而形成的一种首服，在魏晋时期最为流行。帽子是南朝以后大为兴起的，主要有白纱高屋帽。再有黑帽，以黑色布帛制成的帽子，多为仪卫所戴。还有大帽，也称"大裁帽"，一般有宽缘，帽顶可以装插饰物，通常用于遮阳挡风。这一时期男子的足服，除采用前代丝履以外，特别盛行木屐。

魏晋南北朝时期的妇女服饰多承汉制。一般妇女日常所服，主要为衫、袄、襦、深衣等。具体款式除大襟外还有对襟，这显然是受到北方民族服式的影响。领与袖饰彩绣，腰间系一围裳或抱腰，亦称腰采，外束丝带。妇女服饰风格，有窄瘦与宽博之别，如南梁庾肩吾《南苑还看人》诗云："细腰宜窄衣，长钗巧挟鬓"。男子早已不穿的深衣，到这时仍在妇女中间流行，并且有所发展，主要变化在下摆部位。下摆被裁制成数个三角形，上宽下尖，层层相叠，因形似旌旗而名之曰"髾"。围裳之中伸出两条或数条飘带，名为"襳"，走起路来十分的飘逸，因而有"华带飞髾"的美妙形容。帔，是始于晋代，而流行于以后几代的一种妇女衣物，它形似围巾，披在颈肩部，交与领前，使之自然垂下。妇女的足服分丝、锦、皮、麻等质料，通常是鞋面上绣花，然后再嵌珠、描色。

中国妇女首饰发展到这一时期，突出表现为竞尚富丽。其质料之华贵，名目之繁多，都是前所未有的。曹植《洛神赋》中写道："奇服旷世，骨相应图，披罗衣之璀璨兮，珥瑶碧之华琚，戴金翠之首饰，缀明珠以耀躯，践远游之文履，曳雾绡之轻裾。"由于首饰讲究，导致发型日趋高大，以至设假发而成为名叫"蔽髻"的大发式。头上除首饰以外，还有插鲜花的装饰习惯。

魏晋南北朝时期的北方民族，泛指五胡之地的少数民族。其所穿服装中最为典型的是裤褶和裲裆。这两种服装随胡人一时入居中原，对汉族服装产生了强烈的冲击及至改变了汉人的服饰风格。裤褶，是一种上衣下裤的服式，而裲裆是一种既可套在衣外又可贴身穿的背心式的服装，南方称为马甲。

另外，从印度传入中国的佛教至南北朝时盛行，也与服饰发展形成了密切的关系。如随佛教而兴起的莲花、忍冬等纹饰大量出现在当时人们衣服面料和边缘装饰上。再加上丝绸之路上各民族人民的活跃往来，也极自然地传入一些异族风采。如"兽王锦"、"串花纹毛织物"、"对鸟对兽纹绮"等织绣图案的面料，都是直接吸取了波斯萨桑朝及其他国家与民族的装饰风格。

就中国服饰演变和中国民族发展史的两方面来看，魏晋南北朝都是个关键时期。它处于国际交流空前扩大规模的大文化背景下，在消极的政治形势中结出了积极的交会果实，并对中华民族的向前推进和更加一体化作出了贡献。同时不应忽视的，这期间产生了许多种对中国人影响深远的服式，如无袖裲裆，如潇洒长衫。

四、大唐文明

公元 581 年，隋灭陈统一中国，其后不久，由于隋炀帝的暴政便于公元 618 年被唐王朝所取代。唐王朝历经三百年，至公元 907 年朱温灭唐建梁王朝，使中国又陷入长达半个多世纪的多个封建王朝割据的时期，史称"五代十国"。

隋唐时期，中国南北统一，疆域辽阔，经济发达，中外交流频繁，体现出隋唐政权的巩固与强大。从隋唐时起，服饰制度越来越完备，服式、服色上也都呈现出多姿多彩的可喜局面。就男装来说，虽服式相对女装较为单一，但服色上却被赋予很多讲究。男服中最盛行的是圆领袍衫。圆领袍衫亦称团领袍衫，是隋唐时期士庶、官宦男子普遍穿着的服式，当为常服。一般为圆领、右衽，领、袖及襟处有缘边。在服色上，有严格的规定，这与前几代只是祭服规定服式服色之说有所不同。隋与唐初，尚黄但不禁黄，士庶皆可穿着。而后《旧唐书·舆服志》载："武德初，因隋旧制，天子燕服，亦名常服，唯以黄袍及衫，后渐用赤黄，遂禁士庶不得以赤黄为衣服杂饰。"在此基础上，使得"黄袍加身"成为帝王登极的象征，以至延续长达千余年。

幞头，是这一时期男子最为普遍的首服。初期以一幅罗帕裹在头上，样式较为低矮。后在幞头之下另加巾子，以桐木、丝革、藤草、皮革等制成，犹如一个假发套髻，以保证裹出固定的幞头外形。中唐以后，逐渐形成定型帽子。唐代男子头戴幞头，身穿圆领衫，下配乌皮六合靴。这一身既洒脱飘逸，又不失英武之气，是汉族与北方民族相融合而产生的一套服饰。〔图5〕

图5　（唐）阎立本《步辇图》中的幞头与袍衫形象

图6　（唐）陶俑
显示的女子襦裙装

　　隋唐五代时期的女子服装，是中国服饰文化长河中最精彩的一部分。〔图6〕大唐三百年中的女服，可主要分为襦裙装、男装、胡服三种配套服饰。襦裙装主要为上着短襦或衫，下着裙腰高至腋下的长裙。襦的领口常有变化，一般开得都很大，甚至能看到女性胸前乳沟，这是中国服装史中比较少见的服式和穿着方法。襦的袖子初有宽窄之分，盛唐以后，衣裙逐日加宽，袖子也逐渐放大。文宗即位时，曾下令：衣袖一律不得超过一尺三寸，但"诏下，人多怨也"。反而日趋宽大。妇女穿襦裙装时，配套服饰中还有半臂和披帛。半臂似今短袖衫；披帛，是从狭而长的帔子演变而来。裙子是当时女子非常重视的下裳，制裙面料一般多为丝织品，但用料却又有多少之别，通常以多幅为佳。裙腰很高，有些可以掩胸，有时甚至可以上

第三章　服装艺术历史教育

身仅着抹胸，外披纱罗衫，致使上身肌肤隐隐显露。〔图7〕

图7 （唐）周昉《簪花仕女图》中的大袖纱罗衫

唐代女子发式多变，常见的就有三十多种，上面遍插金钗玉饰、鲜花和酷似真花的绢花。〔图8〕唐代妇女还十分好面妆，奇特华贵，变幻无穷，唐以前和唐以后都没有出现过如此盛况。如，敷粉施朱之后，要在额头画黄色月牙状饰面，卢照邻诗中有"纤纤初月上鸦黄"之句。各种眉式流行周期很短。眉宇之间，以金、银、翠羽制成的彩花子"花钿"是面妆中必不可少的。当年女子足服多为麻线纺织圆头履，这是与襦裙相配合的鞋子式样。

图8 （唐）陶俑显示的发髻

按中国传统礼教，男女不通衣裳，可是唐代人思想不受这种桎梏，女着男装竟成为一种文化现象。《旧唐书·舆服志》："或有着丈夫衣服、靴、衫，而尊卑内外斯一贯矣，"已明确记录下女着男装的大致情景，这一风气尤盛于开元天宝年间。女子着男装，于秀美俏丽之中，又别具一种潇洒英俊的风采。这种着装形式可以充分说明，唐代对妇女的束缚明显小于其他封建王朝。

初唐到盛唐间，北方游牧民族匈奴、契丹、回鹘等与中原交往甚多，加之丝绸之路上自汉唐以来，骆驼商队就络绎不绝，对唐代臣民影响极大。随胡人而来的文化有舞蹈、音乐、百戏（杂技，有时也包括歌舞）等。其中最醒目的自然是西域人穿着的所谓胡服，这种包含古波斯很多民族成分在内的装束，使唐代妇女耳目一新，于是，胡服之热盛行于首都长安及洛阳等地。关于女子着胡服的形象可见于唐代石刻线画等古迹。较典型者，即为上戴浑脱帽，身着窄袖紧身翻领长袍，下着长裤，脚登高靿革靴。《旧唐书·舆服志》云："中宗后有衣男子而靴如奚、契丹之服"当为此种装束，画中所见形象还腰系同样源自西域的鞢韘带，上佩刀剑饰物，真可谓英姿勃勃。

五代时期的女服，在晚唐基础上愈显秀丽精致。其衣裳较晚唐宽衣大袖而渐为窄细合体，裙腰已基本落至腰间，裙带亦为狭长，系好后余截垂于裙

图9 （唐）陶俑显示的军服形象

侧。盛唐之雍容丰腴之风，至五代已被秀润玲珑之气所代替。

军事服装的形制，在秦汉时已经成熟，经魏晋南北朝连年战火的熔炼，至唐代更加完备。如铠甲，在《唐六典》里就记载了十三种之多，而且当时铠甲以铁质最多。从历史留存军服形象来看，其中明光铠最具艺术特色。这种铠甲在前胸乳部各安一个圆护，有些在腹部再加上一个较大的圆护，甲片叠压，光泽耀人，确实可以振军威，鼓士气。军服形制大多左右对称，方圆对比，大小配合，十分协调，既突出了

第三章 服装艺术历史教育

军服的整体感，同时又显得富丽堂皇。〔图9〕

唐代服饰之所以绚丽多彩，有诸多因素，首先是在隋代奠定了基础。隋王朝统治年代虽短，但丝织业有长足的进步。至唐代，丝织品产地遍及全国，无论产量、质量均为前代人所不敢想象，从而为唐代服饰的新颖富丽提供了坚实的物质基础。加之中原与各国各民族人民广泛交流。特别是大唐人的自信，大唐人所具有的博大胸怀，对各国文化所采取的广收博采的态度，再使之与本国服饰融会贯通，因而得以推出无数新奇美妙的服装。

五、宋元纷繁

公元960年，赵匡胤夺取后周王朝政权，建立宋王朝，定都汴京（今河南开封），史称北宋。当时，中国北部地区尚有辽、西夏、金等少数民族政权鼎立。公元1127年北宋被金所灭，后又由康王赵构在临安建立南宋王朝。成吉思汗灭西夏、金、大理、吐蕃等少数民族政权后，进而灭南宋，统一全国。忽必烈继位，国号为元。自宋起至元末共经历四百余年。

这一阶段各方面发展极不平衡，北宋工商经济异军突起，农业与手工业发展迅猛，出现汴梁繁华之日。南宋苟延残喘但占据江南鱼米之乡，还有偏安王朝的文化与经济盛况，可是政治形势远不及唐代巩固、稳定。元代大一统局面之中，也饱含着民族压迫的成分。这一段是中华民族发展史的又一个关键时期，也是中国服装史中一个错综复杂的阶段。

宋元时期虽然政治形势不稳定，可是并未影响对外贸易的长足发展，在这一点，较唐代为盛。这种贸易往来对中国服饰、日用品以及生活方式、民俗习尚都产生了重大影响。

两宋时期的男子常服以襕衫为尚。所谓襕衫，即是无袖头的长衫，上为圆领或交领，下摆一横襕，以示继承了上衣下裳之旧制。襕衫在唐代已被采用，至宋最为盛兴。一般常用细白布，腰间束带。帽衫，是士大夫交际常服，一般是头戴乌纱帽，身着皂罗衫，束角带，登革靴。除帽衫之外，还有初为戎服，后成官员便服的紫衫；有举子穿用，女子亦穿的凉衫，或称白衫，再后演变为丧服。裘衣，是由羊、兔、狐、獭、貂等动物皮毛制成的皮衣。幞头，作为最主要的宋人首服，应用广泛。唐人常用的软角幞头至宋已发展为各式硬脚，其中直脚为某些官职朝服，两边的直脚很长，是宋代典型的首服式样。

宋代官员朝服式样基本沿袭汉唐的形制，只是颈间多戴方心曲领。这种方心曲领上圆下方，形似璎珞锁片，源于唐、盛于宋而延至明。黄色仍为皇帝专用服色。下属臣官，三品以上多为紫色，五品以上多为朱色，七品以上多为绿色，九品以上为青色。带钩应用广泛，其中不乏精致之品。劳动人民服饰多样，但大都短衣、紧腿裤、缚鞋、褐布，以便于劳作。其工商各行均有特定服饰，素称百工百衣，这是城镇经济发达的标志。〔图10〕

图10 （宋）苏汉臣《杂技戏孩图》中的
成年男性与孩童服饰

图11 （宋）陈清波《瑶台
步月图》中的背子

宋代妇女服装，一般有襦、袄、衫、背子、半臂、背心等等，其中以背子最具特色，是宋代男女都穿，尤盛行于女服之中的一种服式。〔图11〕背子样式以直领对襟为主，前襟不施襻纽，袖有宽窄二式，衣长有齐膝、膝上、过膝、齐裙至足踝几种。另在左右腋下开以长衩，有明显的辽服影响因素。裙与裤是妇女的下装，其中裙是妇女常服下裳，宋代妇女在保持晚唐五代遗风的基础上，时兴"千褶"、"百迭"裙，形成宋服特点。裙式一般修长，裙腰自腋下降至腰间的服式已很普遍。裙色一般比上衣鲜艳。宋女裙料多以纱罗为主，有些再绘绣图案或缀以珠玉。裙内是无裆的裤子，因此裙长多及足。宋代劳动妇女为了便于劳作也直接穿合裆裤不再着裙，应为裈。除此之外，宋女还有膝裤与袜子等，膝裤是一种胫衣，由契丹传来。

宋代妇女讲究戴花冠与佩饰。花冠初见于唐，因采用绢花，所以可同

第三章 服装艺术历史教育

时把桃、杏、荷、菊、梅和插在一个冠上，称为"一年景"。妇女仍饰面妆，只是其程度远不及唐，《宋徽宗宫词》中仍有"宫人思学寿阳妆"之句。宋代妇女多用一种盖头巾，初为女子出门的遮面，后以红色纱罗蒙面，作为成婚之日新娘必须穿戴的首服，这个习惯一直延续到近代。

宋辽金元时期，宋王朝是汉族政权，占据中原，辽、金以及后来灭宋的蒙古为三个少数民族政权。契丹、女真和蒙古三民族的服饰都有自己的特色。辽代的契丹族服装样式为长袍左衽，圆领窄袖，下穿裤，裤放靴筒之内。女子在袍内着裙，也穿长筒皮靴。契丹男子习俗髡发。金代女真族尚白，认为白色洁净。富者多服貂皮和青鼠、狐、羔皮等，夏天则以蚕丝、锦罗为衫、裳。男子辫发，也有髡发，但式样与辽相异。女子着团衫、直领、左衽，下穿黑色或紫色裙，裙上绣金枝花纹。也穿背子，与汉族式样稍有区别。

1279 年，元王朝统一中国。蒙古族男女均以长袍为主，样式较为宽大，基本上，元王朝没有自成一体的服饰制度。男子常穿着窄袖袍，圆领，宽大下摆，腰部缝以辫线，制成宽围腰，或钉成成排纽扣，下摆部折成密裥，俗称"辫线袄子"。各种样式的瓦楞帽为各层男子所用，这也成为蒙古族首服的一大特色。重要场合在保持原有服饰形制外，也采用汉族的朝祭诸服饰。〔图 12〕元人尚金线衣料，加织物"纳石失"是最高级的衣料。女子袍服仍以左衽窄袖为主，袍子多用鸡冠紫、泥金、茶或胭脂红等色。女子首服中最奇特的是"顾姑冠"，也叫"姑姑冠"。

图 12 （元）肖像画中的
银鼠暖帽及袍服

两宋丝织业大为发展，丝织品的产量、质量与花色品种都有较大幅度的增长与提高，刺绣业也十分发达。不过相对来说，宋服式样变化不大，远不及唐代服饰丰富且款式大胆开放，服色与佩饰也不如唐代雍容华贵。这一时期因为儿童题材的风俗画较多，故留下许多可爱的儿童服饰形象。宋代十分重视恢复原有的服饰传统，在冠服制度的继承与发展上，有着特殊的贡献。

六、明代大成

公元 1368 年，明太祖朱元璋建立明王朝，在政治上进一步加强中央集权专制，对中央和地方封建官僚机构，进行了一系列改革，其中包括恢复汉族礼仪，调整冠服制度，禁胡服、胡姓、胡语等措施。太祖曾下诏

图 13 （明）明宣宗坐像显示的
皇帝服饰形象

"衣冠悉如唐代形制"，以至后数百年中都保留有影响。但由于明王朝专制，因此对服色及图案规定过于具体，禁忌很多。直到万历以后，才有所松动。

明代冕服除非常重要场合之外，一般不予穿用，皇太子以下官员也不置冕服。另有皇帝常服，一般为乌纱折上巾，圆领龙袍。朝服以袍衫为主，头戴梁冠，着云头履。梁冠、佩绶、笏板等都有具体要求。〔图 13〕明代官服上还施补子，以区分等级，似源于武则天以袍绣禽兽花纹赏赐文武百官。明代补子以动物为标志，文官绣禽，武官绣兽。袍色花纹也各有规定。盘领右衽、袖宽三尺之袍上缀补子，再与乌纱帽、皂革靴相配套，成为典型明代官员服式。

明代各阶层男子便服主要为袍、裙、短衣、罩甲等。士儒着斜领大襟宽袖衫，宽边直身。这种肥大斜襟长衣在袖身等长度上时有变化。明代男子的首服，有"四方平定巾"，为职官儒士便服。有网巾，用以束发，表示男子成年。另有包巾、飘飘巾、东坡巾等二十余种巾式，多统称为儒巾。帽子除了源于唐幞头的乌纱帽之外，还有吉名为"六合一统帽"的，俗称瓜皮帽，为市民日常所戴。这种帽子一直延至民国，甚至于 20 世纪

后半叶仍有老者戴用。明人足服有多种质料与样式，如革靴、布底缎面便鞋等。

自周代制定服饰制度以来，贵族女子即有冕服、鞠衣等用于隆重礼仪的服饰。明代时大凡皇后、皇妃、命妇，皆有冠服，一般为真红色大袖衫，深青色背子，加彩绣帔子，珠玉金凤冠，金绣花纹履。帔子上按不同的品级绣有不同的纹饰。蹙金，是用捻紧的金线刺绣，使刺绣品的纹路皱缩起来，唐代杜甫有诗云："绣罗衣裳照暮春，蹙金孔雀银麒麟"。这种金线至明代更加精美，显现出耀眼的光彩。除冠服应有蹙金绣外，其他衣物多施以彩绣。

命妇燕居与平民女子的服饰，主要有衫、袄、帔子、背子、比甲、裙子等，基本样式以唐宋旧制。普通妇女多以紫花粗布为衣，不许金绣。袍衫只能用紫色、绿色、桃红等间色，不许用大红、鸦青与正黄色，以免混同于皇家服色。比甲本为蒙古族服式，北方游牧民族女子喜欢加以金绣，罩在衫袄以外。明代中叶着比甲成风，样式主要为似背子但无袖，亦为对襟。比后代马甲要长，一般齐裙。裙子式样讲求八至十幅料，甚或更多。腰间细缀数十条褶，行动起来犹如水纹。后又时兴凤尾裙，以大小规矩条子，每条上绣图案，另在两边镶金线，相连成裙。还有江南水乡妇女束于腰间的短裙，以及自后而围向前的裙，或称"合欢"。明代女子裙色尚浅淡，纹样不明显。明代女装里还有一种典型服饰，即是各色布拼接起来的"水田衣"，也被称为"百家衣"。明代妇女的头饰，最讲求以鲜花绕髻，这种习俗到民国时期仍然有。还有各

图14 （明）唐寅《孟蜀宫妓图》
中的女服形象

种质料的头饰，如"金玉梅花"、"金绞丝顶龙簪"、"犀玉大簪"等，多为富贵人家女子的头饰。年轻妇女戴窄头箍，年老的则戴宽头箍。明代女子的头饰和其他佩饰，整体造型美观，工艺精湛。〔图14〕

从历史角度来看，直接影响明代服饰风格的有两个主要原因，其中之一是明代已进入封建社会后期，其封建意识趋向专制，趋向于崇尚繁丽华美，趋向于诸多粉饰太平和吉祥祝福之风。"吉祥图案"施之于服饰图案之上，以其形象和内涵加深群众审美感受，因而使其家喻户晓、妇孺皆知，成为明代文化的一大特色。其中之二是明代中叶以后，在中国江南地区出现资本主义萌芽。江南地区，自唐宋以来就是鱼米之乡，不仅盛产稻米、棉花与蚕桑，还拥有多种发达的手工业。至明代中叶，苏州已是"郡城之东，皆习机业"。邻近各镇居民也大都"以机为田"，开始摆脱两千年以来的封建经济，出现产业的苗头，一时形成北方服饰仿效南方，尤效秦淮的趋势，改变了原来四方服饰仿京都的局面。

七、清代易服

清代，是中国少数民族建立的几个朝代之一，自1644年清顺治帝福临入关到辛亥革命为止，共经历了268年。满族统治者入关时，实行残酷的镇压政策，首先令汉族人民剃发易服，"衣冠悉遵本朝制度"。这一强制性活动的范围与程度是前所未有的。但在汉族人民强烈抗争之下，才略有退让，于是在民间达成不成文的"十从十不从"条例。内容中数条涉及服饰，对清三百年的服饰发展至关重要。

清代统治者在服饰制度上坚守其本民族旧制，不愿意轻易改变原有服式，并以强制手段推行满服于全国，致使清三百年中国男子服饰基本以满服为模式。清代男子以袍、褂、袄、衫、裤为主，一律改宽衣大袖为窄袖筒身。衣襟以纽扣系上，代替了汉族惯用的绸带。领口变化较多，但无领子，再另加领衣。在完全满化的服装上沿用了汉族冕服中的十二章纹饰。因游牧民族惯骑马，因此袍与大袄多开衩。其中开衩大袍，也叫"箭衣"。袖口有突出于外的"箭袖"，因形似马蹄，俗称"马蹄袖"。

清代男子配套服饰按阶层区分，主要为三类，一类是官员服饰：头戴暖帽或凉帽，有花翎，朝珠，身穿褂、补服、长裤，脚着靴。〔图15〕补服，形如袍略短，对襟，袖端平，是清代官服中最重要的一种，穿用场合很多，补服的图案如明代一样，按等级区分；褂，即行褂，是指一种长不过腰，袖仅掩肘的短衣，俗呼"马褂"。另一类是士庶服饰：头戴瓜皮帽，身着长袍、马褂，掩腰长裤，腰束带，挂钱袋、扇套、小刀、香荷包、眼镜盒等，脚着白布袜、黑布鞋。再一类是重体力劳动者的服饰：头戴毡帽或斗笠，着短衣、长裤，扎裤脚，罩马甲，或加套裤，下着蓬草鞋等。

清初，在"男从女不从"的约定之下，满汉两族女子基本保持各自的服饰形制。满族女子服饰中有相当部分与男服相同，在乾嘉以后，开始仿效汉服，虽然屡遭禁止，但其趋势仍在不断扩大。而汉族女子的服饰在与满族女子的长期接触之中，服饰不断演变，终于形成清代女子服饰特色。旗女平时着袍、衫，

图15 （清末）任颐《酸寒尉像》
中的凉帽与袍褂

初期宽大，后窄如直筒。在袍衫之外加着坎肩，一般与腰际平，也有长与衫齐者，有时也着马褂，但不用马蹄袖。上衣多无领，穿时加小围巾，后来领口式样见多。

汉女平时穿袄裙、披风等。上衣由内到外为：兜肚—贴身小袄—大袄—坎肩—披风。兜肚也称兜兜，以链悬于项间，只有前片而无后片。贴身小袄可用绸缎或软布做成，颜色多鲜艳。大袄根据季节有单夹皮棉之分，式样多为右衽大襟，长至膝间和膝下。外罩坎肩多为春寒秋凉时穿用。时兴长坎肩时，可过袄而长及膝下。披风为外出之衣，式样多为对襟大袖或无袖，长不及地，习惯上吉服以天青为面，素服以元青为面。下裳以长裙为主，多系在长衣之内。裙式多变，如清初时兴"月华裙"，在一裥之内，五色俱备，好似月色映现光晕，美不胜收。到咸丰同治年间又兴

一种"鱼鳞裙"，是在原褶裙上大胆施制，将裙料均折成细裥，幅下绣满水纹，又在每裥之间以线交叉相连，走路时裙褶能展能收，形如鱼鳞，因此得名。镶绣彩滚是清代女子衣服装饰的一大特色，通常是在领、袖、前襟、下摆、衩口、裤管等边缘处施绣镶滚花边。

　　清代女子发型常讲究与服饰相配。清初满族与汉族女子各自保留本族发式，满女梳两把头，满语称"耷拉翅"。汉女留牡丹头、荷花头等。中期，汉女仿满宫女，以高髻为尚；清末又以圆髻梳于脑后，并讲究光洁，未婚女子梳长辫或双丫髻、二螺髻。至光绪庚子以后，原先作为幼女头饰的"刘海儿"已不分年龄大小了。旗汉鞋式各异。旗女天足，着木底高跟鞋，高跟装在鞋底中心，形似花盆者为"花盆底"，形似马蹄者为"马蹄底"。汉女缠足，多着木底弓鞋，鞋面刺绣、镶珠宝。清丝织品在艺术上的巨大成就，表现在纹样上取材广泛，配色丰富明快，组织紧凑活泼，花色品种多样。不仅可以织出幅面近三米宽的各色绢，还可以织出各式成活衣服的丝织匹料。〔图16〕

图16 （清末）杨柳青年画中的女服形象

　　19世纪末，满清王朝在西方列强的打击之下，日渐衰弱。为了改变这一局面，一批资产阶级改良主义者联名上书，建议变法维新，其中既有政治大事，也有服饰习俗。结果统治者只在警界与军队之中推行了新装。但随着留学生游历外洋，扩大视野，还是不可避免地出现了着西服、剪发辫的必然趋势。

八、辛亥风云

按以往历史分期，从清末 1840 年鸦片战争起，至 1919 年五四运动以前，属于中国近代时期，五四运动以后进入现代。1912 年，孙中山领导的辛亥革命推翻了封建社会最后一个王朝——清王朝，结束了两千多年的封建帝制，创立了民主共和国。但不久被袁世凯窃取了胜利果实，一时军阀混战。直到中国共产党的成立，才使中国革命焕然一新。在共产党的领导下，中国人民经历 28 年的奋斗，终于建立了崭新的中华人民共和国，从而迎来一个新时代。

民国推翻清王朝，服装为之一变，这不仅取决于朝代更换，也是受西方文化冲击所产生的必然结果。辛亥革命终于使得近三百年辫发陋习除尽，也废弃繁琐衣冠，并逐步取消了缠足等对妇女束缚极大的习俗。20 世纪 20 年代末，民国政府中心颁布《服制条例》，其内容主要为礼服和公服。30 年代时，妇女妆饰之风日盛，服式改革进入一个新的历史时期。

这时期，男子服装主要为长袍、马褂、中山装及西服等，虽然取消封建社会的服饰禁例，但各阶层人士的装束仍有明显不同。大体上看，基本形成了几种装束。一为长袍、马褂，头戴瓜皮小帽或罗宋帽，下身穿中式裤子，登布鞋和棉靴。这是中年人及公务人员交际时装束。二为西服、革履、礼帽。这是青年或从事洋务者的装束。三为学生装，头戴鸭舌帽或白色帆布阔边帽。这种服装明显接近清末引进的日本制服，式样主要为直立领，胸前一个口袋，一般为资产阶级进步人士和青年学生所穿用。四为中山装，基于学生装而加以改革的国产形制，据说因孙中山率先穿用而得名。五为长袍、西服、礼帽、皮鞋，是 20 世纪 30 年代和 40 年代时较为时兴的一种装束，也是中西结合非常成功的一套服饰。六为军警服，北洋军阀时期，直、皖、奉三系服英军式装束。披绶带，原取五族共和之意而用五色，民国时改成红、黄两色。胸前佩章，少将以上戴叠羽冠。警察着黑衣黑帽，加白帽箍，白裹腿，由辛亥革命标志遗留下来，以示执法严肃。

民国时期女子服饰变化很大，主要出现了各式袄裙与不断改进之中的旗袍。〔图 17〕如袄裙，民国初年，由于留日学生非常多，致使中国人服装样式受到很大影响，其中多穿窄而修长的高领衫袄和黑色长裙。年轻女学生和思想进步女士穿袄裙时不施花纹，不戴簪钗、手镯、耳环、戒指等

图17　传世照片中的
改良旗袍形象

饰物，以区别于 20 世纪 20 年代以前的清代服饰而被称为"文明新装"。进入 20 年代末，因受到西方文化与生活方式的影响，人们又开始趋于华丽服饰，并出现所谓的"奇装异服"。一般是上衣窄小，领口很低，袖长不过肘，袖口似喇叭形，衣服下摆呈弧形，有时也在边缘部位施绣花边，裙子后期缩短至膝下，取消褶裥而任其自然下垂，也有在边缘绣花或加以珠饰的。另有旗袍成为女子主要常服。旗袍本意为旗女之袍，实际上未入"八旗"的普通人家女子也穿这种长而直的袍子。清末时这种女袍仍为体宽大，腰平直，衣长至足，加诸多镶滚。20 世纪 20 年代初，普及到满汉两族女子，袖口窄小，边缘渐窄。20 年代末由于受外来文化影响，明显缩短长度，收紧腰身，至此形成富有中国特色的改良旗袍，衣领紧扣，曲线鲜明，加以斜襟的韵律，从而衬托出端庄、典雅、沉静、含蓄的东方女性的芳姿。旗袍在改良之后，仍在不断变化。领子，先时兴高领，后又为低领，低到无法再低时，索性将领子取消，继而又高掩双腮。袖子时而长过手腕，时而短至露肘，改良旗袍自 20 世纪 40 年代时去掉袖子。衣长时可及地，短时至膝间。并有衩口变化，开衩低时在膝中，开衩高时及胯下，20 世纪 50 年代时香港女演员等将开衩提高到胯间。繁琐装饰的风格后来有所减弱，以使之更加轻便适体，并逐渐形成特色。这期间女服除旗袍以外，还有许多名目，如大衣、西装、披风、马甲、披肩等。发式有螺髻、舞风、元宝等，在民国初年流行一字头、刘海儿头和长辫等。20世纪 30 年代时烫发流传到中国，烫发后别上发卡，身穿紧腰大开衩旗袍，佩项链、胸花、手镯、手表，腿上套透明高筒丝袜，足登高跟皮鞋，也成为这一时期中西结合较为成功的女子服饰形象。

　　民国初年，是中国人民备受帝国主义欺凌的悲惨岁月，同时又是中国人民奋起反抗、英勇斗争的壮烈年代。清末至新中国诞生前的一段时间

第三章　服装艺术历史教育

内，中国经历了迅速而巨大的变化，政治、经济、军事、文化各方面都处在激烈的斗争和动荡之中，旧事物在斗争中没落、衰亡，新事物在斗争中产生、发展。这时的服饰正处在新旧交替、西方文化东渐的形势之中，其最大进步，在于以服装划分等级的规定，已随着帝制的没落而彻底消亡了。

九、民族荟萃

中国是一个统一的多民族的国家，中华民族自古以来就包含着数十个民族。20 世纪 50 年代确认为 56 个民族。在服饰中，各少数民族因受其地理条件、气候环境、传统意识的影响，故而在漫长的岁月中形成了自己的服饰风格。由于工业文明至 20 世纪 50 年代还未渗入这些地区，因此各少数民族基本上各自保留了本民族服饰特点。对于中国服饰演变和中华民族发展史来说，55 个少数民族服饰是明珠，是瑰宝，正由于兄弟民族携手共创文明，才使得中华民族服饰在国际服饰舞台上丰富无比、独树一帜，令人瞩目。因篇幅所限，本书只摘选几个有代表性的民族，将他们的服装加以介绍。

（一）朝鲜族服装

朝鲜族，是中国东北边境上的一个少数民族，主要聚集在吉林省延吉地区朝鲜自治州，其他分布在黑龙江与辽宁两省。朝鲜族女子着长裙与短袄，上衣一般长 30 厘米左右，年长者袄长渐增，但也不到腰，袄的领条多用彩色绸带。而在胸前领下打结的领带，更是多用红色等鲜艳颜色，上衣颜色以白、黄、粉红等浅颜色为主。下裳为细褶修长的裙子，裙腰与短袄内小背心相连。头发后梳留一长辫，劳动与外出时则戴一块折成三角形的头巾，足登船形鞋。男子上衣结构与女服相同，但上身衣服多长及腰下，再外罩深色对襟坎肩。下身着裤，突出特点既肥且大，俗称"跑裤"，有时女子也穿。裤口系腿带，足登船形鞋，鞋头高翘。

（二）回族服装

回族，其族源传说为公元 7 世纪中叶少数信奉伊斯兰教的阿拉伯人和波斯人到中国经商，并由此定居下来。主要分布在宁夏回族自治区，其他散居全国各地。除信奉伊斯兰教之外，其他活动多同于汉族。回族男子一般为长裤、长褂，秋凉之际外罩深色背心，白衫外缠腰带，最大特点是头上戴白布帽。女子服饰与汉族类似。有的着衫、长裤，戴绣花兜兜，有的长衫外套对襟坎肩，一般多习惯蒙头巾，而且裹得很严，有些裹及颔下。

（三）维吾尔族服装

维吾尔族，其族源可追溯到公元前游牧于中国北方的"丁零"和公元4世纪、5世纪的"铁勒"。主要聚居在我国西部边疆。普遍信仰伊斯兰教。男子着竖条纹长衫，对襟，不系扣。腰间以方形围巾双叠系扎，呈下垂三角形装饰，内衣侧开领。外衫前襟直接敞开。女子着分段艾得里斯绸长衫，大开领、圆领或翻领，以翻领为多，领口不系扣，下面以扣系上。外面常套深红、深蓝或黑绒的坎肩，短小合体，胸前绣对称花纹，以葡萄纹最多。头上梳多条或两条长辫，喜戴项饰。男女老少均戴小帽，这种吐鲁番花帽成为维吾尔族人的典型首服。一般为四棱、六角或圆形，戴在头部侧后方。常见的颜色有玫瑰、橘黄、紫檀花色等，还有的缀珠或另插小花为饰。脚登皮靴亦不分性别年龄，非常普遍。

（四）藏族服装

藏族，是一个历史悠久的民族。主要分布在青藏高原、甘肃、青海、四川、云南等地。藏族人信奉佛教。与汉族之间始终保持着密切的关系。男女长袍式样基本相同，为兽皮里，呢布面，所有边缘部分均翻出很宽的毛边，或是以氆氇镶边。男女长筒皮靴也基本一样，用毛呢、皮革等拼接缝制而成。男子皮袍较肥大且袖子很长，腰间系带。穿着时，常喜褪下一袖露右肩。或是干脆褪下两袖，将两袖掖在腰带之处。袍内可着布衣，也有袒胸不着内衣的。其习惯与高原地带变化无常的恶劣气候有关，中午炎热时褪下，早晚寒冷时穿好，而露出右臂又可便于劳作，久而久之便形成一种穿着方式。腰带以上的袍内形成空间，还可作为盛放物品的袋囊，使藏族皮袍独具特色。头上戴头巾或是侧卷檐皮帽，帽檐向侧前方延伸上翘。腰间常佩短刀、火石等饰件，并戴大耳环和数串佛珠。女子平时穿斜领衫，外罩无袖长袍，腰间围彩条长围腰，即藏语中所称的"邦单"，这是藏族女子的典型服饰。妇女头上裹头巾，或是将辫子中加彩带盘在头

上。颈、胸及腰部戴精美的佩饰。〔图18〕

图18　藏族女子服饰

图19　彝族女子服饰

（五）彝族服装

彝族是中国西南地区人口最多的一个少数民族，由于分布地区较广，因而服饰及穿着方式有所不同。男子上身着大襟式彩色宽缘饰的长袖衣，下身着肥大的裤子或宽幅多褶长裙。最具彝服特色的是头扎"英雄结"，身披"察尔瓦"。英雄结是以长条布缠头，在侧前方缠成一根锥形长结，高高翘起，长约10厘米—30厘米不等，多作为青年男子头饰，故得名。"察尔瓦"是彝族人喜披的一种披风，一般以羊毛织成，染成黑、蓝、黄、白等色，披风上彩绣边饰，并沿下摆结穗。可以遮风避雨防寒，蹲着休息时，自然形成小围帐，晚上睡觉时还可当被子。脚下着布鞋或赤脚。女子多穿彩条袖子的窄袖长衫，外套宽圆边的深色紧身小坎肩。下身为几道横条布料接成的百褶裙，这种裙子上半部适体，下半部多褶，既突出女子体形，又增添了几分婀娜姿态。头饰为一小方巾搭于头上，再将辫子盘在巾上，最后以珠饰系牢。有手镯、耳环和专用于领口的装饰品，男子也讲究戴耳环，多戴在左耳。〔图19〕

十、当代菁华

20世纪60—70年代正值中国的"文革"期间，人们的服装由于更多地受政治影响，服装样式普遍单调，全国上下一片蓝绿灰，男女都只穿军便服等。70年代末，随着改革开放，西方时装作为西方文化的一部分，开始涌入中国，于是，一系列领导服饰新潮流的时装给古老的中国带来异样的风采。这一时期最流行的就是喇叭裤、太阳镜、牛仔装和蝙蝠衫了。

进入20世纪80年代中期，时装屡屡出新，上衣有各种T恤衫、拼色夹克、花格衬衣等，穿西装扎领带已开始成为郑重场合的着装形式。下装如筒裤、萝卜裤、裙裤、百褶裙、八片裙、西服裙、旗袍裙等时时变化。甚至还有裙长只遮住臀部的"迷你裙"。80年代后期，宽松式衣服的流行，使得毛织坎肩像短袖衫，夹克更是肩宽得近乎整体成为方形。90年代初，以往人们认定的套装秩序被打乱了。过去出门只可穿在外衣之内的毛衣，这时可以单穿而不着外衣堂而皇之地出入各种场合，这显然与毛衣普遍宽松的前提有关。"内衣外穿"在一定限度之内，经过两三年的时间被人们见怪不怪了。而服装业也开始推出成套的反常规套装，如长衣长裙外加一件短及腰上的小坎肩，或是长袖呈三层递进式，外衣袖明显短于内衣袖。90年代中期，巴黎时装中出现夏日上街穿太阳裙，脚登高勒皮靴是黑纱面凉鞋的景象。这种过去在海滩上穿的连衣裙的上半部很小，肩上只有两条细带，作为时装出现时裙身肥大而且长及脚踝。几乎与此同时，全球时装趋势先是流行缩手装，即将衣袖加长，盖过手背；后又兴起露腰装乃至露脐装，上衣短小，露出腰间一圈肌肤。凉鞋发展为无后帮，且光脚穿，脚趾甲上涂色或粘彩花胶片。甚至连提包也采用全透明式，手表将机械机芯完全显露出来，顽强地显示出现代人的反传统性格。90年代中后期，随着复古怀旧思潮一浪高过一浪，女性的带有男性化的宽肩和直腰式已经过时，代之而起的是收紧腰身，重现女性的婀娜身姿和淑女仪态。在青年中，由于女性衣装越来越合体，进而流行"小一号"，就是穿得比合体衣装再小一号，特别是上衣，长度明显缩短而且紧瘦。

20世纪末，中国文化与国际文化频繁地由撞击而融合。这时，顺应国际着装趋势，着装风又开始趋向严谨，特别是白领阶层女性格外注重职业女性风采，力求庄重大方。袒露风开始在某些阶层、某些场合有所收敛，尽管超短裙依然存在，但是相当一部分年轻姑娘穿上了长及足踝的长裙或长裤，逐步去表现女性的优雅仪态与新概念的浪漫。一种源自巴黎时装舞台上的"鱼网装"的"透视装"也在流行。到了21世纪，人们亲眼看到现代文明中的某些不恰当举措已经引起大自然的报复，于是提出返璞归真，保护环境的观念。反映到服装上就是各种真丝、亚麻、全棉衣料成为服装原料的最佳选择。同时，在中国越来越多的人认识到华夏文化的重要性，感觉到传统服饰的魅力，开始喜爱并穿着具有中华民族特色的服饰，如一直盛行不衰的旗袍热、唐装热等。〔图20〕而且这一热潮甚至也席卷了全世界。东方风、中国风一直是世界时装舞台的焦点。

图20　20世纪末的女童华服形象

　　服装的演变和发展还会随着时代的发展而进行下去，只要有人类存在，服装发展史就不会完结。21世纪的服饰，是五彩缤纷的。特别是新科研成果、新信息通道、新裁制方法等，都将给人们带来一个更加完美、更加璀璨的新时代。中国服装史，等待着我们一代一代人去续写辉煌。

第二节　西方服装艺术演变简述

　　"西方"，是沿用了关于区域范畴的习惯称谓，与亚洲一带的"东方"相对应。西方服装史，即是以西欧国家为主，上溯至美索不达米亚和埃及的服装发展演变史。西方服装所体现出来的与东方服装相迥异的风格，特别是其中所蕴含的文化元素，代表了人类服装史的一个重要组成部分。

一、育成期服装

育成期服装，应该指人类历史上石器时代的服装，也就是包括人类从直接采用植物为服装，到以植物纤维去制作服装的探索过程。实际上，这一阶段应包括人类服装史上的三个时代，即草裙时代、兽皮披时代和织物时代。

（一）草裙时代

如果我们依据达尔文物种进化的理论，去推想人类育成期服装创作的轨迹，最可信的是在裸态时代以后，曾有一个草裙（植物编织裙）时代。

草裙时代在人类历史上所处的年限，大约在旧石器时代中期和晚期。也可以按照另一种历史断代的说法，即中石器时代或称细石器时代，延续至新石器时代早期。

草裙是采集经济的产物。旧石器时代中期以前，人类已经能够有效地制作石片工具了，那些用砾石打制成的砍砸器和一些形状很不规整的石片工具，虽然制作得十分粗糙，但是已经足以砸碎坚果、切割植物的根茎以至动物皮肉了。在采集过程中，以草叶和树枝捆扎在腰间作为裙子是很自然的，且又是合理的。因而，就人类文明发展的趋势来看，虽说这一时期狩猎经济与采集经济几乎并行，而且已有了骨制的缝衣针，但是兽皮披绝不可能比草裙来得更容易。只是早期草裙不易在历史上留下任何遗迹，也就极易被人们忽视了。

草裙时代的确立存有一种认识上的困难，其性质就类同于石器之前的木器。不过，相比之下，草裙（包括树叶裙）在后代历史遗迹中留下的文字资料，要比木器丰富和可信。

《旧约全书·创世纪》中亚当和夏娃曾居住的伊甸园，据学者考证，就是肥沃的新月形地带——美索不达米亚一带。而这一带之所以被称为人类最古老的文明发祥地之一，完全得益于底格里斯河与幼发拉底河。是两河流域孕育了这一古老文明区域的服装，首先是植物裙。

据圣经故事讲，亚当、夏娃最早穿起的裙子，是将无花果树树叶扎在腰间，这实际上类同于本书概念中的草裙。试想两河流域的湿润气候和肥沃土壤，给人们以足够的植物资源，因此，以草叶或树叶裹体，不一定只是神话传说。即使是神话传说也必然是以现实生活作为基础的。圣经故事对于草裙提示的重要意义，在于草裙确实代表着人类服装创作的最早物态。〔图21〕

神话传说毕竟是遥远的，人类试图通过现代土著民族的衣着去直接具体地了解人类童年时期服装中的草裙。美国人类学家玛格丽特·米德女士一直致力于研究南太平洋岛屿现存部落中土著人的生活状况。而那一带至20世纪50年代仍保留着人类童年期，即石器时代的文化。

米德在《三个原始部落的性别与气质》书中，多次提到巴布亚新几内亚土著人的草裙。当成年妇女们打扮一位小新娘时，就包括"在女孩的肩背上涂些红颜色的图案作为装饰，又让她穿上新的草裙，套上新编的臂箍和脚环……"米德在见到一位名叫萨瓦德热的姑娘时，描述姑娘"仅仅穿着4英寸长的短草裙……在头的

图21 马萨乔壁画《逐出家园》中
亚当和夏娃以无花果树树叶为"衣"

后部，套着一个竹环"。米德在另一本书《萨摩亚人的成年》中，又有几次提到巴布亚新几内亚土著居民的植物饰品。如：她们用露兜树的果实穿起来做项圈，用棕榈树的叶子编织方球；用香蕉树叶做遮阳的伞，或用半片叶子撕成一条短"项链"等等。哥伦布发现新大陆时，最先看到的土人也穿着草裙。他们保留了人类童年时期曾经有过的一段草裙时代的风采，然后以真实的、活动的形象重新在人类成年时期展现出来。

（二）兽皮披时代

兽皮披是狩猎经济的产物。在法国南部梭鲁特旧石器时代晚期的遗迹中，发现了大量人类燃烧过的兽骨。这说明，当时的人类主要类型——克鲁马努人，已经大量狩猎并以兽肉为食。进而表明，狩猎经济继采集经济之后，大幅度发展起来，为当时的人类提供了足够的食物与衣物。最早的兽皮披是什么样子？在考古中也难以见到它的实物遗存。因为这至迟是

图22 埃及壁画上的兽皮帔

1万年前旧石器时代的事。考察兽皮帔的原型，可以从两方面进行：一是新石器文化遗存；再一个是"活化石"，即从现存的原始部落中考察。〔图22〕

考古证实，骨针是旧石器时代的产物。最晚在旧石器时代晚期，人类已经开始懂得缝制衣服。正如伯恩斯与拉尔夫在《世界文明史》中所言，原始人"发明了针，他们不会织布，但缝在一起的兽皮就是一种很好的代用品"。骨针在发明以前，人类有可能已经开始穿着兽皮，只是它还仅限于披挂或绑扎，仅限于兽皮的简单裁割，而不能称其为披或是坎肩。也就是说，还不能列入服装的正规款式之中。从骨针的尺寸、针孔的大小以及骨针的造型，诸如细长、尖锐等特点来看，这个时期的服装质料，主要是兽皮。将服装史上这一阶段的典型服装，称为兽皮披，而未称之为兽皮装的原因，在于披（简单裹住躯干部位）是原始人的最普遍的服装款式。与此同时，人们大量佩戴野兽的角、牙。这种属于同一时代风格的衣与饰的巧妙组合（有的部落用兽骨穿成马甲式的"衣"），在今日看来，更多了几分艺术的浑然一体的装饰性，体现出历史的不可涂饰的痕迹和人类早期艺术创作的必然天真与纯朴。

骨针——缝制——兽皮披，以其特有的循环因果关系，标志着那一个时代。一方面人们因为想穿上更为合体的兽皮披，从而磨制出骨针；另一方面，人们因为骨针的诞生才穿上了真正的兽皮披。就好像人手——劳动——工具的关系，它们在相互作用下，惊人而又缓慢地发展着。

在法国尼斯附近的"太拉·阿姆塔"洞窟里，残留着40万年前人类居住过的痕迹。从化石和沙的痕迹中，可以看出这里曾切过肉。就在兽肉

第三章 服装艺术历史教育

被原始人吞食的同时，兽皮已像一件不成型的斗篷似的被裹在了身上。

俄罗斯莫斯科东北约 209 公里处发现的旧石器时代遗址里，两位少年的遗骨上不仅戴着猛犸牙做成的佩饰品，而且还穿着类似皮裤和皮上衣式的兽皮披，同时有做得精细的骨针。另外，在俄罗斯贝加尔湖西侧出土的约 10 厘米的骨制着衣女像，从头到脚皆为衣物所包裹。其刻法就很像在表现皮毛。

现代爱斯基摩人为我们提供了探寻人类早期兽皮披的类似实物资料。美国的布兰奇·佩尼在《世界服装史》中说："爱斯基摩人最为精巧的皮毛服装实物标本，是用交错缠结的兽类软毛拼制而成，这些原始的服装表现了独特非凡的设计才能和精湛的制作技巧，同时，也反映了制作者心中的美感、卓越的手工艺和穿用者的社会地位。"

其他可供参考的出土着装形象还有：奥地利维伦多夫出土的石雕"维纳斯"，其手腕处有手镯一类饰物，其腰腹部有条状式的腰带。法国布拉森普出土的象牙制女头像，头上刻有格子状的头饰。法国罗塞尔出土的男子石刻浮雕像，腰上有两条刻线，或为腰带，或为衣服的边线……

在兽皮披时代，饰物与服装共同构成一个集中体现狩猎经济时期的着装形象。

（三）织物装时代

人类从直接采用树叶草枝和兽皮羽毛为衣，进化到以植物纤维和动物纤维织成服装面料，这在服装史上是又一个了不起的跨越。

由于各地区、各民族所拥有的天然资源不同，以及生产力发展的不平衡性，编织和纺织物及服装出现的先后，也自然不同。

地处北非的古埃及，几乎是现在世界史学者公认的最早进入帝国制的国家之一，也是最早进入织物装时代的国家。古埃及第一代王朝至迟在公元前 3100 年间就已建立。但非常遗憾的是，埃及文字对于埃及史前文化的记述并不是很多。而且与埃及同时并进的西亚美索不达米亚文化，对苏美尔王国以前的历史记述也不多。但是，尼罗河与底格里斯河、幼发拉底河给了埃及和西亚种植农作物的天然优势，致使尼罗河流域和两河流域的人民很早便穿上了亚麻纤维织成的衣裳。按目前出土文物情况看，早在新石器时代，埃及就已经出现了最初的染织工艺。佛尤姆出土的亚麻布便是当时服装面料纺织工艺的典型遗物。进入早期王朝以后，纺织工艺更有了较大发展，后人从许多墓葬中都发现了那时期的质量较高的亚麻布。其中最为突出的是一块包裹塞尔王木乃伊的亚麻布，一平方英寸的经丝达160根，纬丝达120根，织工已相当精致。布的幅宽为60英寸，说明当时的工匠已能熟练地使用较大的织机。早期王朝埃及人的服装是以亚麻为主，少数也用草席和皮革来补充亚麻的不足。

在织物装时代，早期服装款式已经显现特征。从目前所发现的新石器时代晚期和金属时代早期形象资料看，可以确定为主要是裙。只不过当时的裙并不同于今日裙的概念。

中期的裙造型十分简单，然而种类多样：一种是以兽皮或一小块编织物围在腰间，垂在腹、臀部，这从古代岩画和现存原始部落中可以找到很多实例；再一类是从上身沿着身体一裹，好像是披在身上，长及臀下，在腰间用带子系住。或有袖或无袖。我们从法国克鲁马努岩洞壁画和西班牙东部岩画的剪影式人物着装形象上可以找到这种裙装的基本形。

第三类裙是胯裙。目前可见的早期胯裙形状，是古埃及王国第三王朝至第六王朝时期（公元前2700—前2200年）艺术品上的形象描绘。〔图23〕这一时期胯裙的样式与新石器时代并无多大改变。在美国人布兰奇·佩尼著的《世界服装史》中，作者对于胯裙有很详细的描述。书中说这种胯裙有几种形式，最简单的是以窄小的束带系在腰间，结系腹前，端头从

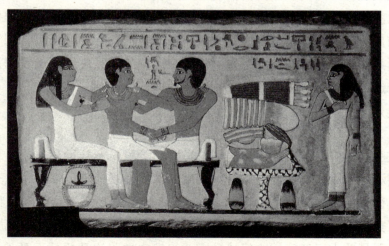

图23　埃及壁画上的胯裙

胯下穿向身后；有的向上卷起，再掖在腰带上。穿用这种简易胯裙的人往往是船夫、渔民和水上作业的人。当然，在织物装时代，部分职业，适用于所有人。稍微复杂一点的胯裙，实际上是较前宽些的束带，它往往在腹前再系成一个略宽的垂饰。同这样衣服外形相似的，是一块正菱形布块，在穿用时大概形成三角形，使其底边围在腰部，散角的顶点下垂于双腿之间，再用另外两角围腰系紧。这是在整个古埃及帝国时期一直沿用的服式。

王朝以前，埃及人就开始用黄金和宝石制成佩饰品。已出土的首饰，包括有金珠项链、胸饰、耳环和戒指，以及模仿石扣的金纽扣等。有一串螺旋形的贝壳项链，似乎是在自然贝壳上贴以金箔制成的，已显示出明确的装饰性和较高的工艺水平。到统一王朝建立以后的早期，金质或宝石佩饰更趋完美。1901年，英国考古学家彼达尼在第一王朝的王室墓葬中，发现了四只手镯，据推测可能是塞尔王后的首饰。四只手镯均以黄金、蓝宝石、紫晶和青金石制成，其中对硬度较高的宝石能够予以如此精细的加工，足以显示其高超的工艺手段，尤其是四只手镯的金片、金珠或宝石的形状都不相同，但其串联排列的方法又都考虑到对称与和谐的因素，体现了早期王朝时期贵金属工艺的制作特点和装饰风格。这4只手镯历来被看做是埃及最古老的王族佩饰品。

纵观这一时期的服装资料，仍可认为这时以服装来有意区分、标定身份等级的做法还很少。世界上除了埃及进入早期王朝外，其他大部分地区尚处在新石器时代。服装史的育成期，是人类从直接利用自然，到有意识地对自然加工、修饰以装饰完善自我服饰形象的探索中，迈出了意义重大而且深远的一步。

二、成形期服装

在服装史中，服装成形期是一个短暂的阶段，它几乎相当于新石器时代晚期和金属时代早期。由于全人类生产水平发展的不平衡性，这一阶段包括了公元前3400—前1000年，也就是等于尼罗河流域的埃及王国第三王朝至第二十王朝之间；美索不达米亚的苏美尔人统治到巴比伦第一王朝之间。不到两千年的时间比起已经消逝的走向文明的开拓期不算长，但是古老文明区人民所创造的服装已基本成形，其意义却是非凡的。它直接为以后的服装形制和着装制度的确立，乃至人类生活的逐步完善，奠定了坚实的基础。

（一）服装形态

服装由无形到有形，经历了一个漫长的过程。服装成形，属于服装发展的早期阶段，是早期探索的结果。以上、下分装的形式为例，早期探索中有以兽皮披在上身，连同遮盖腹、臀的；也有只在腰间垂下，不顾及上身的；还有的干脆只以一条带子系在腰际，然后由一端打结无论从前至后，还是从后至前，都是穿过胯下，再系回到腰间……诸如此类探索之后，至服装成形期，已基本上有了上、下分装的形式。那就是上衣护住胸背，不管有袖还是无袖，都有一个圆洞形的敞领，有了肩，同时有了开襟的形式。这种开襟可以从胸前正中开，也可以在一侧腋下开，还可以斜着使前襟成三角形，以一角向后裹去。总之，类同今日概念的坎肩、背心、马甲出现了。而腰下以一块布横裹住腹、臀部的服装，也基本上有了一个比较恰当、适用而且通用的长度，那就是最短也要垂至耻骨以下，再长可到膝上、齐膝、膝下、踝骨甚至更长。这种被称做裙子的下装，也由单纯缠裹过渡到筒状，必须是从头上或脚下才能穿起来的式样，从而开始有了可以称得上成形的衣裳了。当把这二者合为一体时，就被人们以最形象和最通俗的称谓去予以认同。这个关于上、下分装的例子，只是万千服装成形例中的一个，可以从它的过程中体会一下服装成形的普遍规律。

服装成形初期，服装的性别差异并不大，这可以从埃及的胯裙、地中海一带的围巾式缠绕长裙和项链中看出。这说明，在人类文化尚未全面展开的时候，服装还未赋予区分男女的功能。人们只是本能地感觉到性别的差异，而未从文化意识上去主观要求形成性别之间的差异。当然，早期服装中确实存在过性别差异的表现。但那只是适应人类的性别，不是显示体貌形象的差异。人们未想去欣赏异性的整体着装形象，即未进步到纯审美的层次上，而只是停留在对异性性征的关注上，它直接被人的生存和繁衍的本能驱使着。

服装成形期的特点，还表现在年龄，特别是身份上差异也不明显这一点上。这比较好理解，当然不外乎社会文化的进程低，直接决定了服装在整个群体内部的无差异性。但为什么我们将此归结为文化，而不归结为工艺呢？美国宾夕法尼亚大学收藏的许多公元前3000年时期苏美尔人的宝石饰品，就已经是精巧细致、巧夺天工了。由此可以看出，当时人们制作服装的工艺水平一定也不低。以那样的实力足以使男女性别、身份、地位以及年龄的差别，用着装形象区分开来。然而，他们没有那样做，关键不是早期服装一定简单，而是人们并不需要这样做。

服装起源，乃至成形，使得服装本身的地位确实提高了。它所蕴涵的文化成分也越来越多了。可以这样说，服装成形即意味着人类的文明与进步。

（二）服装类型

服装成形初期，显现出几种最有代表性的服装形式和着装构成。一是贯口式，二是大围巾式，再一则是上下分装、上下装配套穿着的固定型等，再有帽子、头巾和最早的鞋子等。

1. 贯口式服装

这种以一块相当于两个衣身，同时幅宽足够使人体活动的衣料，中间，将头从洞中伸出的服式，在世界各地着装历程中都曾经出现过，一般距今3000年左右。

公元前1580—前1090年，正值埃及帝国第十八王朝到第二十王朝时期。当时的贯口式服装已经成形。但不是简单地挖一个洞，而是按穿用者颈项的围长，裁出一个相等的、规则的圆洞。再由这孔洞正面的下沿开始，直到胸前下方的中央部分，剪开一道缝隙。这标志着领形的确立。埃及王朝时期贯口服装加上所佩的腰带，有时很像旧式的胯裙。

贯口式服装自成形以来，一直被作为一种简易式衣服样式被保留着，应用着。如现在的圆领汗衫等，这实际上仍然是贯口式服装基本形的发展。事实说明，这种制式是人类根据自身需求自然而然地制作出来的。

2. 大围巾式服装

大围巾式服装，意指以一块很长的布料，将身体缠裹起来。其布料形似大围巾，而前缠后绕以后会出现一个完整的着装形象。最初只是源于将一块布缠在身上，但是到了成形时期，却是由两件衣服构成一套：一件紧身裙衣和一条大围巾。整理好的服装带有护臂的衣袖，这是贯口式服装所没有的，即使因布料幅宽形成两个短袖，那么覆盖双臂部位的长度和宽度

也是相等的。而经过整理的服装，有一种右臂和前胸上端是袒露的，或说是不对称的。〔图24〕

图24　罗马雕像上显示的大围巾式服装

　　这种服装自成形以来，延续时间也很长。自埃及开始，经由苏美尔、亚述，直至希腊、罗马，始终保持着基本形，今日印度的莎丽仍属于这种大围巾式服装一类。

3. 上下配套式服装

　　上下配套式服装是由上衣和下装共同构成一套衣服。在服装成形期，上衣的成形趋向不是单一的，较之下装要丰富一些。

　　上衣：上衣的形成，大致有三种倾向：

　　第一种有肩、袖、大敞领、对襟、窄身。主要成于埃及王朝第三至第六王朝。

　　第二种限于上身的大围巾式或贯口式。属于埃及帝国时期的服装样式。

　　第三种有肩、袖、交领、掩襟、宽身。不同于前两种，多出现在东方国家。

下装：下装主要为裙，其次为裤。裙形也可分为三种。

第一种下装裙形，就是我们曾经在织物中论述到的胯裙。

第二种下装裙形在埃及早期王国时期也已形成，这种裙身紧紧贴在人体之上，最上边边缘在腰部以上，大多以一条或两条宽形挎带挎在肩上，不在腰间固定。至苏美尔人时期，有的裙衣上则出现了穗状垂片。

第三种裙形，是以柔软的布料做成宽大的外形。裙长拖地或到踝骨处，是典型的古典裙装，东方和欧洲的古代裙型中有不少属于这一种。

除了裙子以外，下装还有将两条腿分开的裤子。一般认为裤子比裙形出现得要晚，但其成形期是基本一致的。

4. 首服与足服

首服最初成形之时，一种是戴在头上的帽子，一种是裹在头上的缠头巾。帽子是以一种固定形式出现的。缠头巾则随意性很大，可以有很多样式。首服样式五花八门，其成形期在各地参差不齐。不过可以这样说，服装成形期的这一历史阶段中，首服也已进入成形阶段。

相对于首服，人类穿着服装的前期，还未顾及脚。古埃及人直到帝国时期穿用鞋袜才显得重要。据推断，最原始的鞋，是用雪松树皮或棕榈树皮做成的"拖鞋"，有时也用柔软的山羊皮原料做鞋。后来才出现向上翘起的尖头，这大概是受到来自东部地中海区域的影响。可以这样认为，足服在寒冷区域中出现得较早，在炎热潮湿的地带出现较晚。还可以初步认定，足服之初，鞋与袜是一体的。鞋成形以后，袜子也独立成形了。

5. 假发、饰件与化妆

埃及古王国时期，假发已成为服装形象中相当重要的一部分。当时的埃及人十分讲究卫生，经常剃须修面，但为了在室外防晒和保持尊严，埃及人普遍戴上了假发。

假发有多种形状，但自服装成形期以后，其早期的一些基本特征至今仍还保留着。只是成形期的假发，无论披散、垂落在双肩，还是高高地盘成发髻，都多讲浓密、平顺、光洁。至巴比伦——亚述，即服装成形后期才出现卷烫。

很早以前，埃及人就同项圈等饰件有密切关系。在王国早期墓葬出土物中，有一串串小贝壳：亮晶晶的带色小念珠（串珠）；水晶石、玛瑙和紫石英等，都雕琢成圆形或长方形。项圈的外形可以说是整个古埃及历史上的典型标志，大多呈圆环形并由几圈递增的圈层组成外圈再垂下排列有序的小念珠。

古埃及人是最早知道化妆的人。当时，阿拉伯地区出产各种树脂香料，还有荷莲子油和素馨子油等，这些都被埃及人充分利用进行美容。女性十分重视化妆，如用铅矿石、锑和孔雀石一起研磨制成"眼圈黑"，以涂抹眉毛、眼圈和睫毛。用指甲花染抹手指甲和足趾甲。另外，还用洋红色膏脂涂嘴唇，以白色和红色涂脸等等。

服装成形之时及其以后，其形状与形式的确定，在很大程度上与自然条件密切相关，同时受到当地人审美等文化意识的影响。如埃及服装主要以亚麻为织物，色彩以白色为主，由于该区域内气温较高，人们也不必总穿长过脚面的服装。同时，繁多的有规律的皱褶所形成的立体层次和明暗效果，也等于是服装在人体活动时，有了更大的伸缩余地。在亚麻布上固定这种皱褶的方法是，先将布料浸水、上浆、折叠、压缩后晒干，再根据需要裁剪缝制。总之，服装成形的意义在于，它在总结前期探索之后，为后代服装提供一个可以再行变化的模式。

三、定制期服装

定制之"制"，特指有关服装的惯制与着装制度。从服装发展史角度看，服装惯制的形成和服装在社会制度中具有重要位置的时间，大约在公元前 11 世纪到公元 3 世纪之间。这时期的美索不达米亚、亚述王国的版图已由波斯湾延伸到地中海，再向南伸向埃及，处于势力强大期，而后由波斯人取得亚述一大片国土的统治。在欧洲，则是从丹麦青铜器时代、克里特岛文明鼎盛期、古希腊艺术繁荣期到罗马皇帝君士坦丁将首都东迁以前。在此期间，文化比较发达的国家，服装已自下（底层人民）而上成为惯制，或被列入国家制度之中，以致形成该区域文化圈内的服装传统，成为后来多少代人继承的模式。

（一）地中海一带的等级服装

古代环地中海的国家，曾在人类文明史上占据领先地位。其中尤以埃及国家的帝制成熟最早。因此，就服装来讲，作为等级区分的标志体现，依然首推埃及。埃及远在服装史的服装定制期以前大约两千年的时候，就

第三章　服装艺术历史教育

已经有了象征权力的高冠。自此以后，古波斯的王冠和诸王后的饰件，都体现了这种等级服装在各个国家政治生活中的重要性。它特别集中在这一历史时期中大量出现，证明了服装定制是人类社会发展的必然结果。

1. 国王及重臣服装

在古埃及，因为人人都穿胯裙，仅靠服装还不能区分等级贵贱。富裕的贵族们穿戴的是昂贵的衣料和奢侈的首饰，国王更是佩戴与众不同的王冠来显示权力和威严。第一个统一上下埃及的纳尔莫，就有权享用两项王冠，一个是上埃及的白色高大王冠，外形像一个立柱，另一个是下埃及的红色平顶柳条编织的王冠，冠顶后侧向上突起，呈细高的立柱形。纳尔莫由于头戴两种王冠出现完美结合的形式，被称为"神灵的化身"。当时的国王被视为神的儿子，是诸神中的一位。只有国王才有权佩戴诸神形象的装饰。如，代表埃及神阿门的两根直竖羽毛；代表埃及主神奥希雷斯的卷曲了的鸵鸟羽毛；代表科纳姆神的公羊角；代表太阳神大拉的红色圆球面。帝国时期的国王，有时会穿着专门的蓝色铠甲临朝登殿，铠甲里面是羽毛式胯裙或类同其他王室成员的较长裙衣。

公元前 14 世纪，亚述王朝建立。至公元前 12 世纪时，亚述国已经成为一个强大的国家。在当时国王着装形象的立体雕塑品和浮雕艺术品上可以看到，亚述国王的着装呈现尚武的精神特征。国王戴一种典型波斯王冠——高高的无檐红色的王冠，是权力和地位的绝对象征。而在克里特岛的壁画中，国王的形象是戴彩虹色石英王冠，上插三色羽毛，穿很小的胯裙，一部分呈切开状态。最与众不同的是，右胯下方垂落一方白色布块，布纹呈水平形，这表明胯裙一部分是交叉编制的。〔图25〕

图25　克里特米诺斯宫殿壁画上的国王服饰形象

到了崇尚法律和权威的罗马时代，罗马帝王的着装形象更显威严。恺撒大帝喜爱穿着一种满身是宽褶的长袍，以致这种虽属人民大众普遍穿用的基本服装，一度成为帝王服装。另外，紫色被视为高贵的颜色，紫色长袍只有帝王才可穿用。国王之外的王室或贵族的其他成员，可以穿用紫色镶边的白色外袍。普通人只有成为元老院的议员和其他高级官员，才能穿用紫边白袍。而普通罗马人只能穿白色长袍。罗马皇帝的王冠，大都十分华丽，而且王冠上大都有金质的月桂树叶拼制的花环。海利欧格巴拉斯大帝是第一个佩戴珍珠王冠的人。蒂欧克莱娄大帝的王冠，镶有一个宽宽的金箍，金箍上再镶上无数的珍珠宝石。这个王冠成为后来很多王冠的参照模式。除了王冠，当时的一些佩饰也成为等级服装的典型。如罗马执政官有享有佩带含金圆环的权利等等。

2. 王后及贵妇服装

在埃及中王朝时期，标志王后权威的头饰，是一个兀鹫的形象。相传，王后的兀鹫头饰是国王外出时对王后的神灵保佑，也是远离家门的丈夫赐给妻子的护身符。

罗马帝国时期的王后和贵妇等级服装，主要不在衣服而在饰件。除了贵妇们在公众场合，都要穿着源于希腊，又略作改进的大斗篷式的裹布衣以外，与普通民众并没什么区别。但是，罗马贵族妇女的饰品，却是极尽奢华的。罗马人在征服了许多地区和民族以后，将掠夺来的财富大量投入到制作佩饰品上，特别是其中的一些珍贵金属和珠宝。其中尤以琥珀饰品最为昂贵，贵族妇女常常佩戴琥珀，用以显示自己的高贵身份。贵重首饰成了上层妇女的典型等级服饰品，无形中推动了珠宝饰品制作工艺和技巧的蓬勃发展。

（二）服装惯制的产生

服装成形以后，经过一段时期的广泛检验，由于优胜劣汰，自然会筛选出一些符合着装意愿和实际生产、生活需要的服装。有些服装相对稳定地传承下来，便产生了服装的惯制。某些服装一旦纳入到惯制之中，便形成了固定风范，以致在以后的较长时间里都产生着深远的影响。上衣下裳、上衣下裤、整合式长衣和围裹式长衣等，都是服装自然产生并被公认的最典型的服装款式。下面将着重从西方服装史角度来探讨这四种服装的款式。

1. 上下分装

上衣下裳是形成惯制初期的典型服式。上身为衣，下身为裙。希腊克里特岛出土了一件克里特文化时代米诺第三代王朝中期的持蛇女神像，可以看出，那时裙装已很具"现代感"。而且比现代更大胆的是，女性的双乳完全显露在上衣前襟之外。还有克里特壁画上，贵妇所着的袒领服等，这些形象可以充分说明当时的袒领是十分彻底的。

除此之外，普遍存在于各地的上衣下裳形式很多，巴黎卢浮宫收藏的雅典时期双耳细颈罐上"打秋千的女人"，就穿着两种花色布料做成的上衣下裙。这些足以说明上衣下裳是服装惯制中的典型形式，并一直被沿用着。

同时，上衣下裤也是一种典型的上下分装形式。我们曾将大规模穿着上衣下裤的功劳，归于波斯人的裁剪和制作工艺。无论其确切情况是不是这样，在服装定制期中，上衣下裤确实已成为一种固定的模式，被纳入到服装惯制之中。古罗马人曾经抵制过所有将两腿分开的服装，因为他们认为裤子是野蛮的象征。然而，由于罗马人在北方严寒地区连年征战，所以骑兵和步兵不得不穿上防寒性能好且又行动方便的裤子。一时，帝王和军官也都纷纷穿上了裤子。罗马帝国中一位叫特拉吉安的大帝，在他征战之时，就穿着带有裤腿的服装，并将其称为菲米纳利亚服。可以这样说，裤子形式之所以成为惯制中的典型，主要是因为它确实比裙子要适于大幅度动作。

2. 上下连属

整合式长衣是上下连属惯制中的一类，分为两种。一种是开襟式，如斗篷、袍服等等。日德兰半岛的青铜器时代墓葬中，保留下很多完好的服装，其中的羊毛织物斗篷制作得非常精致。有一套服装出土于姆尔德勃格，就包括斗篷和紧身衣以及帽子、布袜等。在后来的希腊服装中，也出现过短式的斗篷外衣，但大多属于方巾式，算不上是整合式长衣。罗马人有一种前胸正中开襟的旅行斗篷，属于开襟式整合长衣。它的合体特征，区别于士兵斗篷和平民头顶式斗篷。

袍服的形制至今仍在沿用着。在波斯古城波利斯的阿帕达纳宫殿台阶过道的浮雕上，有非常典型的袍服形象：一位波斯人，身上穿着一件宛如今日厚呢大衣式的袍服，有领、有肩、有袖、前开襟，衣长直至踝骨。

　　另一种整合式长衣为不开襟式，这在古希腊服式中保留了无比美丽优雅的形象。希腊人的特色服装整体，被称做"基同"。分为爱奥尼亚式和多利亚式。多利亚式是用一整块布料对折而成，不在布料的中央挖洞，而在两肩处使用别针固定。爱奥尼亚式基同的上身没有向外大的翻折，只是凭腰带将宽松的长衣随意系扎一下即可。两肩系结处用多个别针别住，形成自然的袖状。也有的将多利亚式和爱奥尼亚式结合穿着。希腊人的不开襟整合长衣是对贯口式衣衫的发展，同时又是对后代长裙的奠基，它在服装史上有着自己的位置，那就是希腊人的创造，希腊人的形象与风采。

　　公元前 7 世纪至前 6 世纪的希腊，曾经流行过两种外衣，其中一种就是围裹式长衣，叫做披身长外衣。其缠绕的程序，与早先大围巾式服装有着一定的渊源关系，只是布料较前要显得幅宽。罗马人的围裹式长衣的样式，可以从许多那一时期的雕像上看到。如《演说者》雕像及奥古斯都大帝雕像中的人物穿着罗马式的宽松长衣，衣长至踝骨或直至拖地，奥古斯都的服装甚至连头部上端都一同围裹起来。罗马人的围裹式长衣，成为罗马文明的象征。围裹形式一直沿用于罗马人的全部历史，只是到了后期才有所改变。

　　妇女身穿围裹式长衣，更在俏丽之余多了几分文雅。尤其是当一只圆润的胳膊袒露在外时，其服装的立体皱褶仿佛愈加活跃，使围裹式长衣的整体着装形象现出十二分的雕塑感。

　　服装定制期在服装发展史上始终是关键的一个环节，它显示着人类服装创作已经进入成熟期。这以后，代之而起的是国家与国家、民族与民族之间的往来交流，是服装艺术向着繁花似锦的盛景迈进的前奏。

四、交会期服装

　　人类文明史的服装交会期，标志着人类服装繁荣的前奏与黎明。

　　服装交会期，各民族服装互为影响，主要发生在欧、亚大陆。其中首先是罗马帝国东迁，拜占庭帝国在土耳其古城伊斯坦布尔的定都，直接促成了欧洲和西亚服装的互为影响；而中国汉唐初摸索打开的丝绸之路，横贯欧亚，更使东亚和西亚乃至欧洲的服装交会达到高潮。在此期间，亚洲的高句丽、波斯、天竺诸国以及大国之内的各少数民族的服装引进都活跃

第三章　服装艺术历史教育

起来，这标志着世界文化史上的里程碑，也正是西方服装史上的重大开拓时期。

（一）拜占庭与丝绸衣料

公元 390 年，罗马帝国的君士坦丁大帝将首都向东迁到拜占庭，用自己的名字命名这座小城。不久，罗马帝国分为东罗马和西罗马两个帝国。东罗马帝国也被称为拜占庭帝国，在西罗马帝国灭亡后，又存在了一千年之久。拜占庭帝国始终继承和发扬了希腊、罗马的文化传统和艺术风格，同时，又使其与东方的文化传统与艺术风格相汇合，最终形成了自己的带有明显东西文化相结合特点的君士坦丁堡文化。历来史学家都一致承认，这一崭新的文化，在世界上产生了巨大而深远的影响。具体到服装史上，它与丝绸之路一样，带有典型的服装交会期的特点。

可以这样说，中国丝织品的源源西运，不但使丝绸成为亚洲和欧洲各国向往羡慕的衣料，而且随着人们服装需要的不断增长，也导致了亚洲西部富强大国，特别是拜占廷养蚕和丝织技术的发展。尤应重视的是，在服装交会期中，中国丝绸和养蚕丝纺织技术通过拜占庭，被广泛地传播到西方各国。同时，拜占庭帝国时期的服装款式、纹样等也对西方各国产生了重要的影响。当然，所谓的拜占庭帝国的服装款式与纹样，实际上已经是东西方服饰艺术结合的产物了。

拜占庭丝绸面料的纹饰中，主要有几种图案形式，如两只对峙的动物，中间由一棵圣树将它们分开。树下分列动物，这是曾在希腊流行过的图案形式。通过拜占庭服饰图案的传播，中国汉、唐期间非常盛行对鸟纹。两只相对的动物，或是两只相背反首回顾的动物组成图案的一个单位，外面环绕联珠纹，在中国丝织品图案中频频出现，其中联珠纹是从波斯传来的。除了这种图案之外，还有骑马的猎手、武士与雄狮厮杀搏斗等等。考古专家们认为，这些不同的图案，大都起源于美索不达米亚。后来，相继为埃及人、叙利亚人和君士坦丁堡人所模仿和复制。

由此不难看出，拜占庭在东西方服装交会中是一个非常重要的角色。东方的丝绸通过拜占庭，为西方人所认识和采用；西方的一些图案又融会在地中海一带服装图案中，而由拜占庭的特殊位置使其大量地传到了东方，影响了东方服装风格的演变。丝织品在服装史中不是孤立存在的，它已成为服装交会期不可或缺的因素。

（二）拜占庭的服装款式

拜占庭帝国时期的服装款式很多，可是如果从普通穿着的几种有代表性服装上看，很清楚地显现着罗马传统与东西方服装融会的结果。这些，在历史上都留下了典型的例子。

1. 男服

拜占庭男子服装的主流中，有整合式长衣和围裹式长衣，这些是具有罗马传统的服式，另外，也穿用波斯式的带袖上衣。早期的拜占庭人，还曾习惯于护腿装束。而至 4 世纪时期，就有人根本放弃了罗马时期的这种服式，穿上一双紧贴腿部的高筒袜，下面穿一双矮帮鞋和布袜。这直接导致了欧洲矮帮鞋与长统袜同时穿用的着装形式的流行。

公元 395 年，凡达尔人斯提利乔出任东罗马军队的统帅，曾一度成为拜占庭的实际统治者。从有关艺术形象上看，他穿的长衣基本上是一件长身斗篷，固定斗篷的扣针颇像雅典的罗马式扣针，衣料完全是带有花纹图案的丝绸。斗篷内穿着的紧身衣长到膝盖，腰带略略偏下，这些紧身衣和斗篷被称为衣锁服装，明显带有罗马服装特色。袖口边缘以及衣襟下摆，则是继承了前代传统同时又吸收了东西方服装的特点。综合形象上明显有着希腊、罗马、波斯、印度和中国的服装风格。

2. 女服

拜占庭帝国的女服几乎继承了前代所有的服装式样。昔日的罗马斗篷，到了拜占庭帝国时仍被拜占庭妇女所穿用。其中有爱奥尼亚式服装，也有曾经流行过后来又有所改动的紧身衣。

从相当于公元 6 世纪的两位皇后着装看，她们的服装都融会了东西方服装艺术特色，同时又向两个方向延伸传播。阿利亚妮皇后在长式斗篷，即开襟式整合长衣的周边饰有两排珍珠。其他服装垂片周围也镶有许多大小不等的珍珠。所戴的冠帽正面，也有数颗珍珠加以装点，两侧还悬吊着长长的宝石项链。另一位皇后——瑟欧多拉皇后，曾穿着镶满黄金的白色上衣，外套紫色长斗篷上布满了各种题材的图案，其中衣身下方的一个画面上，直接表现了古代波斯帝国的僧侣前来朝拜进贡的情景。欧洲服装史学家在总结拜占庭女服的特点时说：一件衣服要表现出多种颜色的结合，

第三章　服装艺术历史教育

这是拜占庭时期女式服装的特点之一。〔图26〕

图26 拜占庭时期镶嵌画《皇后西奥多拉和她的侍女》中的着装形象

另外，从这一时期拜占庭女服悬吊珍珠为垂饰的做法看，很大程度上不能排除受波斯联珠纹的艺术风格的影响。

（三）波斯铠甲的东传

在服装交会期，各国服装融会之前的交流阶段中，总有一方是较为主动，其流向也是有一个主流的。如中国中原与中亚、西亚服装的互为影响，主要是东服西渐，因为丝绸面料已经起到了一个决定性的作用，这种西传的趋势是不可阻挡的。相比之下，波斯国的军服铠甲的对外影响，明显地呈现出东传的趋势。

首先，波斯是很早使用铠甲的国家。公元前480年，波斯皇帝泽尔士的军队已装备了铁甲片编造的鱼鳞甲。在幼发拉底河畔发现的安息艺术中，已有头戴兜鍪身披铠甲的骑士，战马也被披有鳞形马铠。这些马具装连同波斯特有的锁子甲和开胸铁甲，先后经过中亚东传到中国中原。

早在公元前325—前299年（即战国赵武灵王时），波斯的铁甲和铠环就曾代替了中原笨重的犀兕皮甲。随之，用于革带上的金属带钩也进入了中原地区。铠甲先在军队中形成影响，后来传入民间，其中带钩更成为中原人民的时髦装饰。

波斯的锁子甲，或称环锁铠，公元3世纪时已传入中国。魏曹植《先帝赐臣铠表》中提到过，这种环锁铠极为名贵。公元382年，前秦吕光率大军征伐西域时，就在龟兹看到西域（现中国新疆）诸军的铠甲是"铠如连锁，射不可入"。以后逐渐向中原传入。至唐时，中国人已掌握制造这种铠甲的技术，并在军队中普遍装备。

波斯萨桑王朝的开胸铠甲，东传到中国的年代较之锁子甲要晚。从中亚康居卡施肯特城遗址出土的身披这种铠甲的骑士作战壁画、波斯萨桑王朝国王狩猎图中国王的铠甲以及中国新疆石窟艺术中着开胸铠甲武士形象来看，这种铠甲有左右分开的高立领，铠甲一般前有护胸，下摆垂长及膝，外展如裙。最早在公元6世纪或7世纪时传到中国。

服装交会期，只是表现出几个大国和其他诸多小国及民族之间的服装接触情况。从此以后，人类服装摆脱了以往相对闭锁的状况，开始趋向于活跃的流动。而由此交流的活跃，必然决定了服装艺术的更加繁荣。西方服装史自然因东西方文化交流而呈现出新的局面。

五、互进期服装

一旦发生服装交会，继之便是世界范围的更大规模的文化交流与融合。交会是各个民族、各个国家在服装方面的接触，交流则是相互之间的渗透和互为影响。尽管这种交流是分别由战争、迁徙和友好往来所构成的，但在服装互相促进这一点上，作用几乎是一致的。

服装互进期大约发生在公元7—12世纪，是服装史上一个波澜壮阔的时代。前期是以丝绸之路为开端，后期则由十字军东征进一步带动了的服装的互进。在这一历史时期内，世界上大部分地区，发生了翻天覆地的变化，其中发生的重要事件很多。与此相关的是，服装发展突飞猛进，各个民族之间的交往活跃，使服装款式、色彩、纹饰所构成的整体形象日益丰富、新颖和瞬息万变，服装制作工艺水平也大幅度提高。

（一）拜占庭与西欧的战服时尚

这里所说的战服指的是服装风格，因为这一时期常年战乱，人们的常服很大程度上受到战服影响。而罗马在征服其他地区的过程中，也传播了罗马的服装风格。罗马的服装十分利于作战，这一点决定了当时欧洲以及地中海一带战服的普及。

第三章 服装艺术历史教育

1. 紧身衣与斗篷

紧身衣，曾被作为罗马帝国时期充分体现英武之气的服式出现。公元6世纪时，罗马皇帝查士丁尼的紧身衣，已是全身上下布满了黄金装饰，力求在不失勇士风范的同时，又显示富有和权威。到了公元11世纪时，拜占庭帝国皇帝奈斯佛雷斯，身着更为庄重典雅的紧身衣。它由最别致的紫色布料制作而成，周身用金银珠宝排成图案，使帝王在威严之中显露出高贵，而在奢侈之中又未丢掉其英武之气。

拜占庭帝国的服装，在相当程度上保留着英勇善战的风貌。尽管他们后来已经移居西亚，但其服装传统仍然保留了欧洲服装尚武的风格。拜占庭服装中，除了典型的紧身衣在这一时期向高水平发展之外，其他如斗篷、披肩等也有程度不同的提高。在罗马帝国对外国强制推行罗马文明进程中，紧身衣与斗篷几乎遍布了西欧。

随着日耳曼人陆续占领西欧，罗马人在西欧大陆上传播的罗马文化逐渐衰落下去。但是，紧身衣和斗篷的着装形象，仍然被西欧人所保持着。直至中世纪初期，男女服装主要是由紧身内衣和紧身外衣构成，衣身的长短随着装者身份和场合而定。在紧身衣外面，再罩上一种长方形或圆形的斗篷，然后将其固定在一肩或系牢在胸前。

紧身衣与斗篷共同构成配套服饰，是带有尚武精神的服装。它早期为上阵的勇士所服，后来则遍及各阶层人士之间。装饰得更加富丽堂皇，而且紧身衣所显示的尚武精神不变。

2. 腿部装束

公元8—11世纪，欧洲男子的腿部装束，流行三种不同的服装，即裤子、长筒袜或短袜、裹腿布。

裤子分衬裤和外裤。衬裤的布料由亚麻纤维织成，为上层社会成员所专用。其裤管长至膝盖部位，有的略上，有的则略下。外裤的历史实际上很久远，只不过到中世纪初期时，仍被人们沿用下来，但在款式上有些变化，例如长大而腿部有开缝的痕迹。上层社会男子多用羊毛或亚麻布为质料，普通百姓则主要是用羊毛粗纺的布料。这一时期的男子袜子有长、有短，但是，袜筒一般总要达到膝盖下方，长筒袜则更长。由于着装者上身为紧身衣，因而有时长裤和长筒袜的实际效果近似。还有一种更短的袜子，略高于鞋帮。穿着时，裤子与长筒袜或短筒袜可同时并用。裹腿布作为战服的一部分，仍在这一时期保留着。裹腿布的宽窄不同，但是缠绕的情况以及上端部位的扣结表明，每条腿是用两条裹腿布绑裹。这些裹腿布大多用羊毛或亚麻织物，也有的是用整幅皮革制成。一般来说，在野外从事重体力劳动的人，特别是骑马的人，只在腿上包一块长形布，以使腿部免受伤害，而王室成员的裹腿布，则要以狭窄的布条在缠裹上做出折叠的效果，以显示尊贵。不管是哪一阶层的人都用裹腿布，本身即说明了战服在这一时期中仍被人们喜爱，并在一般常服中占有重要位置。

无论是裹腿，还是裤子、长筒袜，欧洲男人总是将腿裹得紧紧的，显得一副骁勇的劲头。而且，这种显露下肢肌体结构的装束，已成为欧洲男性着装形象之一，与东方着装形象形成根本区别。

3. 佩挂武器

在威严的战服配套中，帝王们总要以手执或肩佩武器来显示勇武，这一点明显区别于一般只有武官才佩剑习惯的东亚各国。

在大英博物馆藏品中的劳瑟雷皇帝画像中，其身前斜佩一只宝剑，三叉形的剑柄，剑鞘上则镶嵌着宝石等饰物。劳瑟雷皇帝不仅左手握住剑鞘的中下段，而且右手握着一根权杖。权杖拄在地上，君王的威严英武之气通过服装显示出来。看上去，地位显赫，有着武士所具备的气势。

（二）服装的华丽倾向与北欧服装

在整个服装互进期内，拜占庭和欧洲的战事虽然没有停歇过，但这丝毫不影响上层人士着装上的奢侈倾向。尤其是上层社会的妇女们，正是在战乱引起的迁徙和错居中，以款式和衣料结合后的特殊条件去模仿新奇的服装，从而将自己的服装制作得异常华丽。

国王和王后的王冠，常以珍珠和红、蓝宝石镶嵌图纹。在拜占庭时期，即使是没有勋爵的富翁阶层的常服，也以镶珍珠、玛瑙和金银宝石为时尚。现在的西方各大博物馆里都留下当时华丽的服装，如镶有珍珠和蓝宝石的手镯以及镶珍珠宝石的耳环等。

公元9世纪，欧洲几个地区的妇女都以内穿紧身衣，外穿宽松长袍，再在外侧披一件斗篷为常服配套方式。这一时期的女士斗篷，已习惯从头顶披下来。宫廷中贵妇的常服是一种衣边饰金的长衣，衣缝周边和袖口边缘，是金丝刺绣并镶有珍珠、宝石的窄长带子。在色彩上，上层妇女的服装，通常都是几种颜色相配在一起的，异常鲜艳而又和谐。其中有白色镶金的斗篷，里边衬着红色镶金的长袍；玫瑰色的长衣之外披着一件浅绿色斗篷。另外尖头鞋的鞋面也镶嵌着宝石等珍贵饰品。这些宫廷与贵妇的打扮，表明这是服装朝着装饰化的方向前进，从而推动了服装的美化与奢侈追求。这些连同战服时尚都对北欧、东欧产生了影响。

北欧人，主要指当时的挪威人、瑞典人和丹麦人等，从公元 8 世纪开始向外扩张侵略。北欧人到达东方以后，积极鼓励并发展丝织。到了 11 世纪末，这里出产的大量丝绸，金丝花纹图案等纺织品以及多种多样的服装设计，都融合或体现了各国的长处，以致在后世服装中仍能寻到其艺术的印记。

另外，俄罗斯等东欧国家的服装，在公元 11 世纪和 12 世纪时也已经具有独特的民族风格。这些地区的服装基本上与欧洲是同步发展的，只是其衣、帽、靴上的刺绣花纹，在民间始终保持着民族装饰性的特色。

（三）十字军东征的积极作用

历史学家认为，十字军东征是中世纪扩张主义的主要表现，起因是宗教热。但是，如果从服装史的角度看，十字军东征还是有一定积极作用的。十字军东征是欧洲的基督徒以从异教徒手中夺回圣地耶路撒冷为名，发动的对亚洲伊斯兰国家的战争。从公元 1096 年第一次东征到 1244 年，共发生了三次大规模和无数相对次要的战争。不过，最终东征还是以失败告终。但是，东征使欧洲人接触到了古老的地中海文明，而且来自异邦文明的精美纺织布料、珍珠宝石以及刺绣艺术和服装款式，对后来的西欧服装的演变和革新产生了深远的影响。

1. 骑士制度与骑士装

公元 11 世纪时，西欧的骑士制度产生。十字军东征以后，骑士教育被严格执行。骑士制度规定：一个理想的骑士，不但需要勇敢、忠诚，而且要慷慨、诚实、彬彬有礼，仁慈地对待穷困和无依靠的人们，并鄙视一切不义之财。而且，一个无懈可击的骑士，可能首先是一个无懈可击的情人。骑士的理想把对妇女的崇高爱情变成一种带有种种礼节的真正偶像崇拜，血气方刚的青年贵族们必须小心翼翼地遵守这些礼节。骑士制度还要求骑士负起随时为保卫崇高的事业而作战的义务；特别是作为教会的战

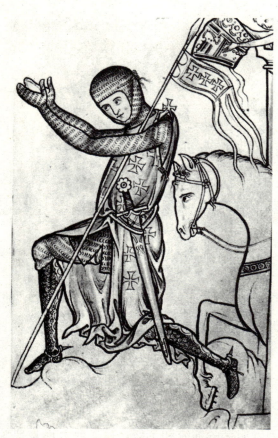

图27　十字军东征时的骑士着装形象

士，必须有用剑和矛为教会的利益而战斗的义务。骑士制度盛行于公元 11 世纪—14 世纪，后来因封建制度解体和射击武器的广泛使用而渐渐没落。

骑士们的战时服装，头上套一个用以保护头颅和鼻子的金属头盔；一副由铁网或铁片制成的从肩部直至足踝的分段金属铠甲，并分胸甲和背甲。有时候，在胸外再套上一件有刺绣花纹的织物背心，所绣图案和盾牌上的徽章图案相同，并有军衔标志，以显示身份。这种背心被称为柯达。骑士装的铠甲内要有衬垫，是以多层布重叠缝纳，制成布甲式的衣服，它也可以在不穿铠甲时单独使用，这就导致了以后男子紧身纳衣的流行。〔图27〕

2. 骑士装对常服的影响

到了公元 14 世纪，骑士铠甲变成了金属板式，由于比较贴身，会清楚地显露出各处的接缝和边缘。于是，衬在铠甲里的紧身纳衣，要裁剪合理以求贴身适体。以后，当骑士们不再穿铠甲的时候，紧身衣加上长筒袜越发显得潇洒自如，灵活而又大方，一时成了男装的标准样式。由于衣服紧瘦，为了穿脱方便以及易于活动，衣身的开襟处和袖子的肘部到袖口处，出现了密密麻麻的扣子。贵族的衣扣多用金质和银质，以显示豪华与尊贵。与此为配套服装的是紧裹双腿的裤袜。

从这种紧身纳衣演变来的服装款式，是用更多的填充物使肩、胸的造型变得更加突起，有时还会对上臂和肩部之间的袖子重点填充，而腰部则以革带使腰身收紧，以此来强调男性的宽背和细腰。随后，紧身纳衣开始向两个极端发展，一个是出现更加短小紧身纳衣，还有在紧身纳衣外再穿上一件更为短小的，下摆像短裙一样的紧身衣；另一个是向宽松厚大发展。有更多的填充物，使服装整体形象具有一种立体的美感。〔图 28〕

3. 东西方服装的必然融合

十字军东征所产生的东西方服装融合的趋势，不是迅速形成的。而是一个潜移默化的过程。当欧洲人亲眼目睹了地中海一带古老文明和璀璨文化后，东方精美豪华的纺织衣料、宝石珍珠以及刺绣艺术和服装

图 28　公元 14 世纪男子骑士装和女子服装

设计，吸引了他们，以致对后来西欧服装的演变和革新产生了巨大而重要的影响。可以说，这种接触和联系所促成的一系列连锁反应，在以后的岁月中，都明显体现在服装上。十字军东征使得欧洲对于东方丝绸和刺绣品的需求成倍地增长。当东征结束时，由东方运往西方的商品，比以前增加了 10 倍，其中有很多先进的东方生产技术和优质的产品，如工艺品纺织品的制造技术以及丝绸和珍宝饰件等等。这一方面刺激了意大利等地的纺织业和首饰业，另一方面促进了欧洲服装和亚洲服装的互通。其中在欧洲的影响，延伸到文艺复兴时期，即 15 世纪和 16 世纪，并且非常充分地显示出来。

（四）哥特式风格在服装上的体现

所谓哥特式风格，最初用来概括欧洲中世纪，特别是 12—15 世纪的建筑、雕塑、绘画和工艺美术。"哥特"之称源于北方的一个民族哥特族。

哥特式含有野蛮的意思，是文艺复兴时期的意大利人文主义者对中世纪艺术样式的贬称，借以表达反封建神权，倡导复兴罗马古文化的意图。

哥特式风格的产生与宗教密切相关，首先表现在法国沙特尔、亚眠和其他市镇的大教堂的建筑风格上，后来迅速推广开来。哥特式艺术风格遍布绘画、雕刻和工艺美术品，同时也形成了具有哥特式时代独特的服装艺术风格。

1. 宗教艺术的哥特式

中世纪的哥特式建筑风格，体现在一反罗马式厚重阴暗的半圆形拱门的教堂式样，而广泛地运用线条轻快的尖拱券，造型挺秀的小尖塔，轻盈通透的飞扶壁，修长的立柱或簇柱，以及彩色玻璃镶嵌的花窗，极易为祈祷者营造一种向上升华、天国无限神秘的幻觉。代表性建筑有：法国的巴黎圣母院、亚眠大教堂、英国的坎特伯雷大教堂、林肯大教堂、威尔士教堂和威斯敏斯特大教堂，德国的科隆大教堂和意大利的米兰教堂等。这种影响的广泛性不容低估。教堂的艺术风格在人们当时服装创作中所追求的风格上，必然有所反映。

宗教艺术的哥特式，不仅表现在教堂整体设计上，而且表现在附属的哥特式绘画，包括玻璃画、挂图、壁画和镶版画。由于哥特式教堂与前代拜占庭式教堂的区别，所以壁画被缩减到最小的限度，代之而起的就是玻璃画。玻璃画以不同形状、不同色彩的玻璃片镶嵌而成，往往以蓝色为背景，以墨绿色、金黄色为主调，以紫罗兰色为补色，以褐色和桃红色表现人物。

2. 服装形象的哥特式

在服装形象上，哥特式教堂建筑般的风格被体现得淋漓尽致。

这一时期的首服有多种样式，有的男子以饰布在头顶上缠来缠去，堆成了鸡冠样的造型，被称为漂亮的鸡冠头巾帽。另外还有各种各样的毡帽，像倒扣的花盆状，帽顶有尖有圆，有高有低，有时插上一根长长的羽毛为装饰。而最有哥特艺术风格的是女帽中的安尼帽或叫海宁帽。安尼帽的帽形是高耸的，上面形成一个尖顶。尖顶上照着纱巾，薄薄的轻纱从头顶上垂下。帽子的尖顶高低不等，有时还有双尖顶的造型，远看真像是教堂的尖顶萦绕着白云。〔图 29〕

13 世纪时，贵族男子身穿名为柯达第亚上衣下裤形式的服装，面料、色彩和局部装饰都非常考究华丽。衣服表面一般要织出或绣出着装者的族徽或爵徽，以示身份地位。头肩部位披戴着一种新式的罩帽披肩，帽后有长长的柔软的帽尖款款垂下，恰好与脚上的尖头鞋相映成趣。尖头鞋，也是哥特式服装的一种典型。在公元12—14世纪期间，无论尖头鞋或是直接在袜底缝上皮革的长筒袜，都是将鞋尖处做得尖尖的，待到15世纪时，其鞋头之尖状的程度，已经令人瞠目。

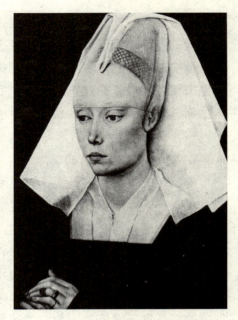

图29　哥特时期女子安尼帽

在服装色彩上，有些也不免让人联想到哥特式教堂内色彩的运用。男子的衣身，两侧垂袖和下肢的裤袜，常用左右不对称的颜色搭配方法。女子的柯达第亚式连衣裙也常用不同颜色的衣料做成，上下左右在图案和色彩上呈现不对称形式，似乎也在模仿或寻求哥特式教堂里彩色玻璃窗的奇异韵味。

六、更新期服装

经历了将近20个世纪，服装交会期和服装互进期结出硕果，服装进入到更新期。服装更新期，自然意味着服饰文化的更新，但服饰文化的更新并不等同于服装和穿着方式的更新。前者始终伴随着人类历史发展变化，但后者却是对前一度文化过程的总结。服装更新期，这一辉煌的时代，标志着服装向完善阶段又迈进了一步。这一阶段正值公元15世纪和16世纪，也就是说正相当于欧洲文艺复兴时期。

（一）文化的复兴与服装的更新

1. 文化意义上的复兴

公元14世纪到17世纪，随着一个新兴的阶级——资产阶级的出现，欧洲封建王权加宗教神权的统治体制开始动摇。为了反对压制人性的封建神学思想，新兴的资产阶级发起了一场资产阶级文化运动，这就是人类文明史上的一次伟大变革——文艺复兴运动。所谓文艺复兴，就是人们认为这是对古希腊古罗马艺术的复兴。

　　复兴是口号，觉醒是事实，创作上的大胆带来了文化艺术乃至科学技术的繁荣进步。虽以复兴古典文化为目的，但是它们很快就超越了希腊、罗马影响的范畴。其间起最主要作用的是人文主义。人文主义者拒绝研究神学和逻辑学的经院哲学。他们追求一种流畅而优美的风格，这种风格能更多地吸引人性中的美感，而不是人性中的理智。在各种艺术形式中，国王贵族、僧侣教士不再是被歌颂被描绘的对象，而是更多地关注普通人的生活。

　　服装作为文化的一种表现形式，必然受到当时文化大背景的影响，只是它毕竟不同于绘画、雕塑等纯美术作品，而具有实用性与广泛的群众性，因此，文艺复兴期间的服装是以一种有异于前代服装，又区别于近代美术的风格和面貌出现的。

2. 服装意义上的更新

　　欧洲的服装史学家对于文艺复兴盛期的服装给予极高的赞誉，认为除了拜占庭时期以外，这一时期欧洲各国宫廷所展示的金银珠宝如此丰富多彩，可以说达到有史以来空前壮观的程度。丝绸织品的设计者和制作者，以及加工珠宝的金银工匠，都曾有幸得到艺术大师的热情鼓励和多方面指导。他们不仅对服装的发展作出了应有的贡献，而且还创造出镶有宝石的马具。就服装面料而言，海上新航道的开通和新大陆的发现，使东方那些令人眼花缭乱的织锦和印花棉布等高级面料源源不断地输入欧洲，而欧洲本土的毛料和天鹅绒等纺织品的织造水平也越来越高。

　　当时的王室成员和贵族们十分注意完善自我服饰形象上所佩戴的饰品，常在高级的天鹅绒衣上镶缀各类晶莹的宝石与珍珠，而且以贵重的山猫皮、黑貂皮、水獭皮等装饰在衣服上，以作为富有的标志。当这些还不能满足着装者寻求奢华服装的心理时，刺绣花边和金银花边被大量应用，与此同时，专门织制的花纹系带与高超技艺制作的透雕刺绣相得益彰。那些被精心绣制的透孔网眼以及五彩斑斓的花纹带等，将服装的装饰性进一步推向高峰。这种工艺的制作和使用一直沿续到 16 世纪以后，成为欧洲服装的特色之一。〔图30、31〕

第三章　服装艺术历史教育

图 30 文艺复兴时期亨利八世油画像中
展示的华丽男子服装

图 31 文艺复兴时期鲁本斯夫妇油画像中
展示的男女服装

（二）文艺复兴早期服装

所谓服装更新，必须是立于一个基础之上的，文艺复兴早期的服装，就是在 14 世纪服装风格上发展起来的。这之后逐渐改变、发展，有些是在原有款式上又加强了，有些则被摒弃或是揉进其他样式而变成了新的风格。

由于这一时期欧洲几个处于文艺复兴运动漩涡中的国家发展不尽平衡，因而在服装上的表现也不完全一样。

1. 意大利服装

意大利服装的辉煌成就需要从服装面料说起。当年的卢卡、威尼斯、热那亚和佛罗伦萨等地，有着先进的纺织生产技术，因而可以保证有大批量色泽艳丽的上等服装面料——天鹅绒和锦缎供应服装的需求。

15 世纪前五十年，意大利流行一种长及小腿肚的宽松系带外衣，早期袖口肥大，袖筒像个袋子，衣领略低。这种宽松系带长衣到 15 世纪中叶以后，衣身不再那么宽松，衣袖也不像以前那样肥大。不仅衣身缩短，袖子也有缩短的趋势。到后来，则几乎找不到原有宽松系带长衣的外形了。

与对主服的兴趣相比，意大利人对首服的要求不太严格，除了官员（如威尼斯总督）那种绣满精细图案，漂亮典雅的头冠和年轻时髦人歪戴着小型高筒帽，再插上几根羽毛以外，一般人对首服都持有保守态度。

意大利妇女的服装像男服一样宽松肥大。衣身部分垂地，衣后则在地上拖有很长的一截，头上是有填充物的圆形大头罩。这一时期女服中的长衣形式，没有像男服那样逐渐缩短，相反，却是越来越长。贵妇们出门时也会戴上周边镶缀珍珠的透明面纱，除此以外，衣着奢华的贵妇几乎无处不装饰着珍宝。

2. 法国服装

在法国，宽松系带长衣流行了将近五十年。法国的宽松系带长衣的变化是双肩部位更加宽大，内装填充物，双肩至腰部都是呈斜向的皱褶。法国男装在发展中也有自己的一些特点，法国的衣袖是从腰部就开始成形，然后再逐渐收缩，直至紧贴在手腕上。

这一时期法国女服中最引人注目的是头饰。除了最普通的发网，还有多种多样奇形怪状的头冠。如：有一种圆锥形的头冠，其高度相当于两个头长，然后再在尖顶上罩一层纱巾。这种圆锥形头冠也曾一度被大围巾完全罩住，围巾质料用天鹅绒、锦缎、纱罗或是金丝布。这些颜色丰富的、装饰着大花图案的高级围巾，再配上璀璨夺目的珍珠、宝石，成了文艺复兴早期至中期法国妇女着装形象最有特色的一种。头冠发展到极致，到15世纪反而开始变得简单，出现了一种紧紧贴在头上的布帽。

法国妇女的主服款式，在领型上曾有一些改动，如鸡心领和方领的扩大而后又回收等，基本上与意大利妇女的款式无大差异。

3. 勃艮第公国与佛兰德公国服装

勃艮第公国和佛兰德公国都是法国王族的封地。后来，勃艮第公国又通过结亲的方式，兼并了佛兰德公国。因此两个地方的服装风格十分接近，而和法国人的服装相比区别相对大一些。

15世纪欧洲各国宫廷中最为奢侈豪华的服装，要算勃艮第大公的了。他们不仅拥有巨大的财富，而且又酷爱并追求服装的华丽壮观，极力显示自己的权威、尊严和阔绰。由此而自然促成勃艮第人普遍热衷打扮，追求时髦。勃艮第人的尖头鞋是以其鞋尖长度惊人而闻名于世的。有一双鞋，从鞋尖到鞋跟达到了38.1厘米。尖头鞋，紧贴在身上的长筒袜，上衣有

第三章 服装艺术历史教育

意加宽的肩部和有意收紧的腰围，头上再戴一顶高高的塔糖帽，并插上两根羽毛，这就是勃艮第公国最时髦的男性装束了。1477年的勃艮第公国与瑞士的战争，还很可能导致了一种十分有名的服装样式——切口装在全欧洲的流行。

勃艮第和佛兰德两地的妇女，有她们传统的长方形头巾或大面纱。而她们的服装样式和意大利等国的女服相比没什么大的差异。

4. 德国服装

德国人在这一时期中的着装，与法国人大体相像，但是会佩一种作为装饰的短剑。勃艮第服装风格影响到德国以后，德国人继承了勃艮第人的尖头鞋，并且将切口服装发展到令人难以想象的地步。

德国女性的服装追求也有一些是自己的特点，如腰间不系带，任其宽大的裙身和臂肘以下放宽的衣袖垂落在地上，同时还在领型上做了大的改进。以前的领型无论是鸡心还是方形，都主要是围绕着前胸设计的。这时，却有人将前襟领口做成圆形，位置很低，而将鸡心式领型用在了后背，这种前后都向下延伸的领型导致了后代女子晚礼服样式的兴起。

5. 英国服装

由于地理位置的关系，英国人受欧洲大陆服装风格的影响并不明显。他们的服装趋新在相当程度上是受到各国宫廷联姻的影响而促成的。在相当长的时间里，他们都有自己稳定的风格。其衣袖的宽窄、衣身的长短以及领型变化等都比较慎重。英国妇女也将热情较大地倾注于头饰之上。其中最有特色的是用自己的头发在两鬓上方各缠成一个发髻，然后分别用发网罩住，再用一条美丽的缎带系牢。这被叫做"鬓发球"。

（三）文艺复兴盛期服装

当文艺复兴发展到鼎盛时期，服装业步入频频更新的新阶段。来自四面八方的各种影响交织到一起，加之文艺复兴时期，残酷掠夺与正常贸易使欧洲迅速富裕起来，宗教思想的枷锁被打破，人们就不遗余力地将金钱都花在服装上。这个时候，欧洲各国服装有了很明显的趋同性。

1. 男子服装

文艺复兴盛期的男子服装，在更新上做出的努力足以使人眼花缭乱，但是如果从中找出一些代表性的新服装，可以将切口式服装、褶皱服装、填充式（膨化式）服装和下肢装束作为重点。

切口式服装最为流行的年代，大约在公元1520—1535年间。这时，切口的形式变化很多。有的切口很长，如上衣袖子和裤子上的切口可以从上至下切成一条条的形状，从而使肥大、鲜艳的内衣和外衣从切口处显露出来。有的切口很小，但是密密麻麻地排列着，或斜排，或交错，组成有规律的立体图案。贵族们可以在切口的两端再镶嵌上珠宝。而手套和鞋子上的切口都比较小，而帽子上的切口倒可以很大，看上去像盛开的花朵。

领型的皱褶形成环状，围在脖子上，是这一时期的流行装束。男女衣服上的领子都讲究以白色或染成黄、绿、蓝等浅色的亚麻布或细棉布裁制并上浆，干后用圆锥形熨斗烫整成形。不仅领型使用褶皱形式，服装上非常时兴褶皱。

16世纪后半叶，在紧身衣逐渐膨胀的基础上，各种以填充物使其局部凸起的服装时髦款式愈益走向高峰。双肩处饰有凸起的布卷和衣翼，这种显得身材格外魁梧的款式并未满足欧洲人在着装上的"扩张"心理。于是，又出现了一种在长筒袜上端突然向外膨胀的款式，吸引了大批赶时髦的贵族青年。人们将这种服装称为"南瓜裤"。到了16世纪末，南瓜裤的外形已由凸起的弧线形一变而为整齐规律的斜线外形，有的是在裤管下端加添一些填充物，使其定型。

2. 女子服装

文艺复兴盛期的女子服装中最有特色的就是广泛流行的撑箍裙，它由西班牙首先传至英国，并一直延续了近四个世纪。

撑箍裙开始时是用木质或藤条一类易弯曲带弹性的物品做成，最初附在裙衣外面，此时转为附在裙衣里面。撑箍裙的外形也是发展变化的。传至法国时，由原来的锥形（从腰部上轮型撑箍架），改为从腹臀部就膨胀起来。而与此相反的是，此时妇女们的腰部却向更加纤细发展。因此，紧身衣被广泛使用。不过这时的紧身衣，已不用早年曾经出现过的布质和皮质，而是用铁丝和木条做成，虽然能更好地达到纤腰的效果，但所受的痛苦也是现代人无法想象的。在衣袖上，女装也普遍使用填充物，使袖子呈现出各种样式，有羊腿形、灯笼形、葫芦形等。这无疑更加强了整体服装形象的立体感觉。另外，这一时期有特色的服饰还包括高跟鞋，一种不只跟部而是整个底部都厚的鞋。

第三章　服装艺术历史教育

七、风格化期服装

在公元 17 世纪和 18 世纪的二百年上下的时期中，欧洲艺术各门类都是以风格来概括的。它体现出人类文化的自觉性愈益加强的趋势，而且其自觉的行为已经呈现出成熟的态势，这是与人类文化的进程紧密相连的。这一时期的服装，与当时正盛行的巴洛克、罗可可风格有着非常密切的关系，因此我们将服装史的这一阶段称为风格化期。

（一）服装上的巴洛克风格

所谓"巴洛克"风格，是从建筑上形成，进而影响到绘画、音乐、雕塑以及环境美术的，当然也包括服装艺术。

1. 巴洛克风格及其形成条件

巴洛克（Baroque）一词，据说源于葡萄牙语 Barroco 或西班牙语 Barrueco 一词，意思是"不合常规"，原意是指畸形的珍珠。因而被意大利人借用来表示建筑中奇特而不寻常的样式。后衍义为这一时期建筑上的过分靡丽和矫揉造作。

人们总结巴洛克艺术风格时，一般总会归结为绚丽多彩、线条优美、交错复杂、富丽华美、自由奔放、富于情感；或时装性强、色彩鲜艳且对比强烈，在结构上富于动势，因而整体风格显得高贵豪华，富有生气等。从美学角度去分析巴洛克风格的建筑，可概括为几个主要特征：一是炫耀财富，大量使用贵重材料；二是追求新奇，标新立异，创新在于建筑实体和空间能产生动感；三是打破建筑、雕塑和绘画的界限，并不顾结构逻辑，采用非理性组合，取得反常效果，同时趋向于自然，追求一种欢快的气氛。

巴洛克风格在 17 世纪的欧洲盛行，并不是偶然的，它与 17 世纪和 18 世纪在欧洲兴起的新哲学与科学成就以及一切由此产生的新学说都有不可分割的关系，如笛卡尔的唯理论和二元论及托马斯·霍布斯的理性主义等等。哲学的思考加上科学的探索和把握，在这一时期充满了矛盾，反映到艺术上，就使得人们一方面要保存和恢复古代希腊罗马的精神，一方面又更崇尚浮华与享乐。

2. 巴洛克风格与男服风格及演变

公元 17 世纪的男服是华丽的，就像当时的其他艺术形式一样，洋溢

图32　巴洛克时期男子着装形象

着巴洛克风格。与上个世纪比，有了明显的变化，而且形式更加新颖多样。〔图32〕

17世纪初的南瓜裤，到第二个10年已经被有更多装饰的服装所取代。以法国的男装为例，衣服上通常有大量的针织饰边及纽扣，下垂镶边很宽，领上饰有花边；袖子上的开缝里露出衬衣；袖口处镶有花边，这种袖口被称之为骑士袖口；膝盖下面的吊袜带与腰带一样宽，并打成大蝴蝶结；方头矮帮鞋上带有毛茸茸的玫瑰形饰物；靴子上带有刺马针，固定在四叶形刺马针套圈上；男人们已经有了晚上穿用的拖鞋；头发比以前留得更长，烫有松散的发边，耳边头发用丝带扎起；紧身上衣的后襟中部，袖子以及前襟上开衩；宽边帽子饰有羽毛，有时还佩着绶带、短剑，披着带袖斗篷。男装整体形象看上去十分的女性化，而装饰性极强的领带和厚长且扑满化妆粉的假发更加重了这种趋势。

3. 女服风格及演变

17世纪的女服，也像男服那样盛行缎带和花边。衣服和佩饰品上仍然装点着珍珠宝石。女裙的最大变化是，不再使用过多的硬物支撑，这是百年来第一次形成布料从腰部自然下垂到边缘。妇女们还常把外裙拽起，故意露出衬裙，因此衬裙的质料和颜色开始变得花样翻新。当然，裙子外形还是相当大的，且开始向两侧延伸。此时女装的领型很流行一种轮状大皱领。〔图33〕

这一时期妇女对佩饰品和服装随件的兴趣，与男子不相上下。首先是头饰；其次是项链；再者手套也格外讲究，冬天手上则会带皮筒来保暖。扇子更是时髦妇女的必备之物。

（二）服装上的罗可可风格

所谓罗可可风格，是指18世纪欧洲范围内所流行的一种艺术风格，它是法文"岩石"和"贝壳"构成的复合词（Rocalleur），意即这种风格是以岩石和蚌壳装饰为其特色；也有翻译为"人工岩窟"或"贝壳"的，用来解释罗可可艺术善用卷曲的线条，或者解释为受到中国园林和工艺美术的影响而产生的一种风格，它对中国特别是清代服装影响也很大。

与17世纪巴洛克风格对服装上的影响一样，罗可可风格同样反映在18世纪的服装上。与前不同的是，罗可可风格横贯东西，比巴洛克风格有着更大的文化涵盖面，因而也就愈益使其在服装风格化期中，占有更重要的位置。

图33　巴洛克时期女子着装形象

1. 广义罗可可风格及其形成条件

18世纪，欧洲的资本主义有了很大的发展，西欧列强对于新大陆的开发有了新的进展。产业革命在英国初现，纺织技术也有了极大的提高。而此时的法国仍然是欧洲的文化艺术中心。法国宫廷的奢靡之风日渐兴盛，路易十五的宫廷用闲散安逸和文雅的举止为法国树立榜样，贵族们不惜占用大量人力、物力来装饰他们已经很豪华的宫殿。在上层社会，不论贵族还是资产阶级都盛行一种沙龙文化，也就是社交文化。

沙龙中的人追求人生的极度享乐，强调生活的变化和艺术的装饰性。上层社会的需求和18世纪欧洲各国同各地贸易的增长，使得来自东方的奢侈品源源不断地涌入欧洲，特别是中国的丝绸、刺绣、陶瓷等工艺品。这些能代表当时清王朝宫廷艺术中繁不胜繁、以仿古乱真为能事、以奇为上的风格撞击并直接影响了欧洲艺术的发展，最终形成了一种影响深远的艺术风格——罗可可风格。

罗可可首先是体现在室内装饰上，其特点是室内装饰和家具造型多用自然材料做成曲线，流线变幻，穷状极态，趋向繁冗堆砌。同时，讲求娇艳的色调和闪烁的光泽，如多用粉红、粉绿、淡黄等。而且还大量使用镜子、幔帐、枝形玻璃吊灯等贵重物品做装饰，显得豪华但又亲切，细致却不失灵活。罗可可风格的形成是巴洛克艺术刻意修饰而走向极端的必然结果，因此风格趋于灵巧却带有浓重的人工雕琢痕迹。

2. 狭义罗可可风格的具体体现

罗可可风格的形成，有着特定的因素，而罗克克风格服装的形成，还有着更为具体的与服装密切相关的各种条件。比如，东方的中国服装面料、款式、纹样曾给欧洲服装带进一股清新的风，使得西欧人士的服装倾向，越来越追求质地柔软和花纹图案小巧，布料的色彩趋于明快淡雅和浓重柔和相并进。

图34 罗可可时期男子着装形象

还有，在流行罗可可风格服装的过程中，画家也起到一定作用，他们一方面用绘画的形式来描绘罗可可式的服装，一方面又积极参与到服装的设计中去。

3. 男服风格及演变

18世纪初，服装风格悄悄地从巴洛克那种富丽豪华型向罗可可风格的轻便和纤巧过渡。法国男服已经用没有过多装饰的宽大硬领巾取代了领结，也减去了衬衫前襟皱褶突起的花圈儿。披肩假发已不再流行，开始时兴将两侧头发梳到脑后，再以各种方式固定下来。50年代以后，持续了几十年的服装流行款式开始出现变化，原来那宽大的袖口已经变得较窄而且紧扣着，和衣服相对应，也有刺绣和穗边。外衣下摆缩小了许多，皱褶不见了，并在腰围以下裁掉了前襟饰边。到了 18 世纪 80 年代，后摆的皱褶也完全消失了，边缝稍向后移，而外衣也越来越紧瘦，前襟只能敞开。〔图 34〕

除此之外，双排扣、大款翻领、领带的蝴蝶结位于衬衣褶边上方，或是没有褶边的衬衣和马裤一直伸到靴筒内的服装穿着方式，出现于 18 世纪末期。法国大革命后，那些"非马裤阶层"——贫民阶层劳动者的肥大长裤开始流行。

4. 女服风格及演变

女服风格的形成与发展，远比男服风格要迅速而多变。这一时期除了受罗可可风格的影响外，路易十五的情妇蓬巴杜夫人对 18 世纪服装风格的影响也是不容忽视的，有人甚至认为她一度左右了 18 世纪中叶的服装风格。

有一种为蓬巴杜夫人喜欢的女裙，其外裙就像窗帘一样从两侧吊起，造成半高的堆褶并有细碎的褶皱饰边，这种裙形据说是从波兰传入的。另外一种据传是画家华托亲自设计的女裙，被称为华托裙。华托裙的主要特点是，从后颈窝处向下做出一排整齐规律的褶皱，向长垂拖地的裙摆处散开，使背后的裙裾蓬松。这种裙服大多采用图案华美的织锦和闪闪发光的素色绸缎做成，不强调过于琐碎的装饰。它所体现的罗可可风格女服的造型特征是：上衣为袒胸的领口，自然倾斜

图 35　罗可可时期法国女性独立式头饰

的肩线，窄瘦的袖子至肘部，在袖口处呈喇叭花形或漏斗形，在袖口上面有些花边装饰或露出衬衣袖子的一层或多层花边。

另外，曾一度减小乃至去除撑箍的女裙，在这时又出现了拱形裙撑的势头。这种裙子的特点主要是将裙子向两侧撑起。

在服装图案和佩饰上，18世纪的女服最有特色的便是大花纹饰和立体的缎带系扎的大花。而不再像16世纪时缀满了宝石。在当时贵妇人的画像上，可以看到领口上、衣领上，甚至头发上都装饰着花。

在服装如此精美、奇特而且款式多变的形式下，妇女的头饰异军突起。人们为了使发型能够高高地直立起来，就用大量的粗布和假发裹在里面，然后再连同自己的头发一起用面粉糨糊浆硬，形成一个高大的发冠。〔图35〕

八、完善化期服装

公元19世纪，在人类历史上是个不寻常的年代；在西方服装史上，更显得举足轻重。因为，它标志着人类文化的真正成熟。在这一时期之前，西方服装曾走过辉煌的历程；而在这一时期之中，各国、各民族所创造的服装文化都已达到完善程度。与此同时，发端于欧洲的工业革命，也将服装引入一个新纪元。特别是欧洲各国的服装，代表着服装史的一个灿烂时期。

（一）民族特色服装

民族不同于种族，民族也不能以国界截然分开。民族是人们在历史上形成的一种具有共同语言、共同地域、共同经济生活以及表现于共同文化上的共同心理素质的稳定的共同体。民族是人类历史文化发展到一定阶段上的产物。因此，通过各民族服装的生成和淡化过程，可以强烈而鲜明地体现出各民族文化的丰富与广博。

从世界历史角度来看，1830—1914年的特征之一就是民族主义蓬勃发展。每个民族的着装形象，在这一时期都已经基本成熟了。至20世纪50年代，这些现代民族在人们心中的印象，已有很大成分是依据服装形象来认识和区别的。

下面介绍的主要为各国在19世纪时保留并形成传统服装文化特色的

民族服装。为了关照一下西方服装史追溯源头时的地中海地区和美索不达米亚地区的服装，特将北非和西亚古国形成特色的民族服装与欧洲（主要是西欧）各国的民族服装放在一起来作为民族文化的研究资料。

1. 埃及人的服装

埃及人也称"埃及阿拉伯人"，聚居尼罗河流域，为非洲最大的民族，至 12 世纪，皈依伊斯兰教，从而成为阿拉伯世界的最大民族。埃及人多穿宽大长袍，既可挡住撒哈拉大沙漠的风沙，又便于光照强烈时流通空气。这种长袍长到踝部，颜色多为白色或深蓝色，里面穿着背心和过膝长裤。不论寒暑，男子都扎着一条头巾，或戴着一顶毡帽。妇女们则以黑纱蒙面，在符合伊斯兰教教规的同时，又能适应居住区域的气候。

2. 波斯人的服装

波斯人也称"伊朗人"，主要分布在伊朗的中部和东部。波斯的男子主要穿长衫，肥大长裤，缠头巾。过去根据头巾的颜色和式样，就可以知道其人的社会地位和籍贯。典型的礼服是长外套、宽大的斜纹布裤子和一双伊斯法罕便鞋。新郎则要穿上一件带金丝穗，用金线绣花的衣服，被称为"会面袍"。

3. 土耳其人的服装

土耳其男子，一般是穿长袍、灯笼裤，头戴红色的土耳其高筒毡帽。女子穿黑长袍、灯笼裤，面蒙黑纱。土耳其灯笼裤是土耳其人典型服装之一，对欧洲各国服装产生过影响。当土耳其服装趋向于西方化时，在穿着西服上衣的同时，依然保留并穿着灯笼裤这一传统服装。

4. 贝都因人的服装

贝都因人是阿拉伯人的一支，分布在西亚和北非广阔的沙漠及荒原地带。"贝都因"在阿拉伯语中意为"荒原上的游牧民"。

贝都因男子一般穿肥大的长衫、长到脚踝的灯笼裤，冬季外加斗篷，腰间常插一把弯刀或是短枪。女子的长衫、外衣、斗篷都要绣花，喜欢佩戴各种饰件和胸饰。

5. 苏格兰人的服装

苏格兰男人的典型全套服装是：上穿衬衣，下穿长仅及膝的裤子，裤外罩有褶裥的方格呢短裙，再披上宽格的斗篷。头戴黑皮毛的高帽，帽子左侧插一支洁白的羽毛。腰间配上一只黑白相间的饰袋。穿黑鞋，白鞋罩，短毛袜。其中，最有苏格兰民族特色的就是著名的方格短裙，是用苏格兰著名的毛织品格子呢制作的。

6. 爱尔兰人的服装

爱尔兰人主要居住在北爱尔兰，自称"盖尔人"。爱尔兰人无论男女都喜欢毛织品制成的斗篷。斗篷加上披肩是爱尔兰人典型的传统装束。斗篷用缎带系在前面，形成一个黑蝴蝶结，成为爱尔兰人喜爱的装饰。女裙普遍以绿色为主，但结婚时的斗篷，姑娘们一定要置办一件红色而且厚实耐用的，以此象征吉祥。头上向后系扎的围巾富有全欧洲的首服风格。

7. 英格兰人的服装

英格兰农民的服装特色，还带有撒克逊时代服装的遗俗，其中最突出的是长罩衫。这种长罩衫是以方形、长方形布料缝制而成的，没有弯曲复杂的线条，有时前面、后面都一样，所以两面都可以穿。长罩衫的色彩因地区不同而有所不同，如在剑桥是橄榄绿，而在其他地区则是深蓝色、白色、黑色等，质料大多是亚麻布。

8. 法兰西人的服装

法兰西民间服装，可以作为法兰西人的民族服装风格来看。虽然受到历史上宫廷服装流行、演变的影响，但由于很多偏僻地区，特别是农村的乡土服装毕竟保留着自己纯朴的服装风格，所以仍可以从中看出法兰西人传统服装的痕迹。

民间女裙衣的袖子大多是长而宽松。袖口有时是翻折的，并饰以折裥。奥佛尔良地区的农妇除了穿着装饰丰富的衬衣和裙装以外，还把巨大的手帕折叠挂在肩部，就像披肩、围巾一样。布莱登地区的男子在浅色的长筒袜上也饰以刺绣。至于男衬衣的衣领、袖口、口袋处饰以刺绣，就更普遍了。法兰西人中无论男女，都非常讲究首服。那些饰以花边的帽子以及用花边制成的头巾，约有几百种式样。

9. 瑞士人的服装

自 17 世纪、18 世纪，瑞士便以丝绸、缎带、穗带、刺绣而闻名于欧洲。因而瑞士的民族民间服装也十分丰富多彩。妇女的紧身围腰、披肩式的三角围巾都饰以花边。本色的麦秸草帽以及用金属丝作为框架的黑色花边双翼帽在瑞士西部也很流行。甚至于麦秸帽、小黑帽的后部都要饰以缎带。男子服装，式样较为简练，在白色亚麻布衬衣的外面穿上红色的背心，脚上是粗糙的亚麻长筒袜和黑皮鞋。

10. 奥地利人的服装

在奥地利人的传统民族服装中，妇女们穿着宽松的衬衣，还有用棉布、丝绸、天鹅绒制成的紧身围腰，上面饰以花边和银纽扣，肥大的裙子里面一般要穿上白色的衬裙，脚登皮鞋。男子们则穿用布或丝绸制成的衬衣，下穿用羚羊皮制成的灰色和黑色的裤子，并排列着许多刺绣花纹，腰间扎上一条精致的皮带。

11. 荷兰人的服装

木鞋，是荷兰民族服装中一个重要组成部分。男子上穿衬衣，下穿肥大裤子；服色较为单一，大多数是黑色的；女子上穿衬衣，下穿多层的裙子；上衣有红、绿相间的条文，外面再套上一个紧身围腰，围腰上绣满了花纹。最为醒目的是妇女们都戴着白色的风帽。这是荷兰人通常穿用的主要服装形式。

12. 葡萄牙人的服装

葡萄牙人是个乐观、活跃的民族，喜欢明快而且丰富的服装色彩。妇女们的衬衣大多有着长而宽的袖子，袖口、衣领处都饰以蓝色刺绣纹样。紧身围腰大多为红色，上面也饰以彩色的绒绣。裙子多用自家手工纺织的亚麻布和毛织物制成，有红色、黄色、白色、绿色。有时饰以黑色的宽大边缘，再在黑底边上以白色毛线刺绣图案，围裙上也饰以彩绣。项链、首镯、脚镯、胸饰等佩戴十分普遍。

13. 西班牙人的服装

西班牙人的民族服装，与西班牙人的宗教、舞蹈和斗牛等有着密切的关系。例如，通常在舞蹈中适合快速急转的短式女裙，就不仅仅是舞蹈时穿着，日常出门或在集市上也可以穿着。

西班牙女子的衬衣，大多是在边缘上饰以白细布制成的折裥花边，头发上也装饰着带花边的头饰或是鲜花。西班牙男子的服装也饰以刺绣，但民间的服装风格大体是简练而朴素的。男子们上穿白色的衬衣、无领背心和外衣，下穿黑色紧身裤。宽阔的刺绣纹饰腰带系扎在腰部。另外，因为斗牛是西班牙的传统习俗活动，斗牛时所穿的斗牛服也是西班牙民族服装的一个特色。

14. 意大利人的服装

意大利人的民间服装，保留了许多古老的传统，所用质料有亚麻布、天鹅绒和丝绸。即使是较为贫困的农妇们，也穿着丝绸的衬衣、内衣，并且饰以花边和刺绣，连亚麻布制成的围裙上也饰以彩色的窄条装饰。

西西里男子的服装，以白色为主调。他们穿着白色的衬衣，衬衣领子是竖起的，并饰以刺绣。紧身裤也是白色的，有时罩上红色的背心和外套，上面也饰以刺绣花纹和穗带。白色的皮鞋上还装饰着红绒球。

15. 德意志人的服装

德意志人是个爱好音乐、舞蹈的民族，同时又是个热爱并尊重传统艺术的民族。即使在 20 世纪以后，德国巴伐利亚和黑森林地区的农民们，仍然在喜庆节日或城镇集市时，穿着严格的传统服装。妇女们大多是在白色或彩色衬衣外，穿上黑色天鹅绒围腰，上面还饰以穗带和玻璃珠。德意志男子们的典型服装通常是白色衬衣、白裤子和黑裤子，外罩深色外衣，脚登皮靴。衣裤上都有绣花。

16. 瑞典人的服装

瑞典男子的传统服装是上身穿短上衣和背心，下身穿紧身齐膝和长到踝部的裤子，头上戴高筒礼帽或平顶帽子。女子则穿饰有各种花色的长裙，有的腰间拴有荷包和小袋，上身通常是坎肩和衬衣。

瑞典人服装特色之一是穿木头鞋。之二是各种花边、编结、刺绣、抽纱等工艺广泛应用在服装上。

17. 拉普人的服装

拉普人是北欧民族之一，自称"萨阿米人"。主要分布在挪威、瑞典、芬兰等国。由于居住区域内气候寒冷，拉普人长年离不开帽、靴和外氅，多穿用驯鹿皮等动物皮毛质料的外衣。拉普外氅镶绣很讲究，男外氅一般在前襟和肩部镶红边，绣图案；女外氅从前襟到领口则镶着圆形或方形银质饰件。女子长裙的胸前和领口、袖口、底摆也绣有很宽的装饰花边。头上围着方头巾，从前面蒙向脑后，然后在脑后系扎。

18. 丹麦人的服装

丹麦的服装上大都有优雅的刺绣，特别讲究的是在白色或本色的亚麻布外施以网绣。女衬衣、无檐女帽、头巾、披肩上一律有网绣。妇女们平时穿耐脏的深色女裙，裙外腰间再罩围裙。喜庆节日的盛装是带有折裥的精致女裙。丹麦男子服装与北欧其他民族相近。

西方各民族服装，在完善过程中，都传承着本民族的文化，因此特色鲜明，反映出本民族风土人情，至今仍受到各民族的喜爱。

（二）工业革命与服装改革

18 世纪，西方的资本主义随着西欧各国对外扩张的加剧而进一步发展。而产生于 18 世纪中叶英国的工业革命，更加速了西欧资本主义的进程。实际上，工业革命的影响一直延续到 20 世纪。一般把 1860 年前归为第一次工业革命，而把这以后到 1914 年的阶段称为第二次工业革命。我们在这一节中涉及的工业革命，指的是第一次。

工业革命正是从与服装有关的纺织业开始的。1769 年，詹姆斯·哈格里夫斯发明了多轴纺纱机；1769 年，理查·阿尔克莱特发明了水力纺纱机；不久又由爱德蒙·卡特莱特发明了水力织布机，至 1820 年左右，机械化的织布机取代了原有的手工织布机。

机械工业的大发展，对服装款式和纹样产生了巨大的影响。便于工作的工装式样的服装开始出现。王公贵族的服装也随着工业化时代的到来，而简化更适于活动。工业革命改变了人们的生活方式，也必然会改变人们的穿衣方式。人们有了新的交通工具，开始热衷于各种新出现的户外运动，资本主义的扩张性使得战争时有发生。这一切导致了 18 到 19 世纪欧洲服装大刀阔斧式的改革。

1846 年，伊莱亚斯·豪为自己发明的缝纫机申请了专利。到了 1855 年缝纫机臻于完善，而且能够批量生产，投放市场，这意味着服装制造业一个大的跨越。从此，服装制造业克服图样设计、裁剪、熨烫、操纵机器等诸多困难，开始向成熟迈进。

1. 男服

男服在 19 世纪的发展总趋势是，比女服变化大，而且就世纪初和世纪末来看，前后差别非常明显。

拿破仑·波拿巴曾有意提倡华丽的服装，这使 19 世纪初法国大革命时期的古典主义服装样式和革命前的宫廷贵族服装样式同时并存。宫廷贵族仍然穿着长到膝盖的马裤，而平民男子的裤长则向下延伸到踝部。1815 年时，男裤造型一改过去的紧贴腿部，变得宽松。19 世纪 20 年代，男子上衣中有一种是前襟双排扣，上衣前襟只及腰部，但衣服侧面和背面徒然长至膝部。这种窄的衣尾，后来被人们称为"燕尾"。这一时期，礼服大

图36　法国大革命时期男子服装

衣与燕尾服是流行的日常服装。〔图36〕

这以后，男服经过几十年的演变发展，到19世纪将结束时，欧洲典型男装的样式形成了。具体是：头上礼帽，上衣有单排扣、双排扣之分。里面是洁净的衬衣，衬衣领口处系有一个宽大的活结领带。领带结是整套服装中十分醒目的一处装饰。裤子的尺寸更加趋于以舒适为标准。如果出门，要穿上双排扣礼服大衣，佩上带链的怀表，有人还拿着手杖，但手杖已不如以前那么普遍了。这种男子着装形象，就是19世纪风靡全世界各地的"西装"样式。

2. 女服

进入19世纪，女服在相当一段时间里没有什么变化，仍然保留了希腊式的古典风格。开得很大的领口，腰线很高，除了长裙下摆处的皱褶花边，全身的装饰并不多。印度大围巾代替了希腊的长外衣后，短上衣开始流行。相对于简洁的服装，首饰和帽子的变化却是花样翻新。在这以后，女服经历了宽大而又趋适体的变化，至19世纪50年代时，撑箍裙再度复兴，只不过裙子里的撑架使用了轻型材料，比过去轻软了许多。直到1868年，撑箍裙仍被使用，但样式上有所变化，裙子前部是平展的，只是后部膨起，并在后腰上堆积着众多织物打成的花结。与此同时，镶有黑缎带和大玫瑰的白缎鞋，以及悬垂的耳饰、成双的手镯和各种式样的项链十分流行。

九、时装化期服装

20世纪，现代时装设计概念形成。于是，优秀的服装设计开始以作品领导世界时装新潮；由于艺术风格的多样，自然形成了若干个有影响的流派；因为某一地区荟萃时装大师，具有流行发布权威性，因而出现了几个世界上有着夺目光芒的时装中心。

（一）时装设计师

时装设计师的称谓，是随着现代时装一起来到这个世界的。每一个时装设计者都有自己的艺术风格，没有独立个性的不能称其为设计师，没有鲜明艺术风格的难以在时装设计史上留下一抹令人难忘的光辉。近现代的服装史，有相当一部分是由他们书写的，他们的艺术风格与成就为我们现在和今后的时装设计提供了一个个优秀的楷模。

在这里，只能选取国际时装界公认的，有独立个性和鲜明艺术风格，并对 19 世纪中叶以后的世界时装设计作出突出贡献的设计师，已使大家了解到著名时装设计师以及作品的精华部分。

查尔斯·弗雷德里克·沃思（Charles Frederick Worth 1825—1895）生于英国林肯郡的伯恩。他设计的服装总是与时代潮流相吻合，曾抛弃多余的褶边和花饰，把帽子推上额头，重新设计裙撑和腰垫，是西方服装史中的一个私人女装企业家，也是第一个来自民间的专业女装设计师，同时也是第一个使用真人模特来展示服装的设计师。由于"他规定了巴黎时装的风格和趣味，同时也从巴黎无可争辩地控制着世界上所有王室贵族和市民们服装的美好风格"，因此，从服装的意义上，19 世纪被人们称为"沃思时代"。

珍妮·朗万（Jeanne Lanvin 1867—1945）生于法国的布列塔尼。她最初设计帽子，受到顾客喜爱。设计时装时重视装饰效果，强调浪漫气息，她所设计的袒领、无袖、直廓形的连衣裙，再配上绢花和缎带，使女性穿起来仪态万方。

玛德琳·维奥内（Madeleine Vionnet 1876—1975）出生于法国。她倡导废除传统的硬骨衬高领和紧身胸衣，使人体轻松自如地展示自然的美感。创造斜裁法，曾以优美的露背式晚礼服为代表作，闻名于西方世界。

保罗·波烈（Paul Poiret 1879—1944）出生于法国巴黎。波烈曾经完全抛开了沿用多年的基本胸衣款式，在设计中尽可能将妇女从束缚中解脱出来。1909 年，他推出了缠头巾式女帽、鹭鸶毛帽饰物和穆斯林式女裤等，并在结构简单的服装上，运用丰富的质料。还推出中国大袍式系列女装，命名"孔子"装。而后，叫做"自由"的两件套式套装也吸收了东方服装的剪裁方法。东方风成为波烈的设计特色。

让·帕图（Jean Patou 1882—1936）生于法国诺曼底。他设计服装的特点是，强调简朴，突出自然的腰围线和清晰的线条。20 世纪 20 年代早期，他成功地设计了（立体派）运动衫，同时还以设计浴衣而闻名。帕图可谓"时装世界"巨匠。

可可·夏奈尔（CoCo Chanel 1883—1971）原名布里埃尔·邦思·夏奈尔，生于法国索米尔。1920 年，夏奈尔根据水手的喇叭裤，设计出女子宽松裤。两年后，又设计出休闲味道很浓的肥大的海滨宽松裤。整个 20 世纪 20 年代，夏奈尔接二连三地构思出一个又一个流行式样：花呢裙配毛绒衫和珍珠项链；粗呢水手服和雨衣改成的时新服装；小黑衣套装镶边、贴袋的无领羊毛衫配一条齐膝短呢裙……她当时的创新还有黑色大蝴蝶结、运动夹克上镀金纽扣、后系带凉鞋、带链子的手提包和钱包。她对珠宝业也有很大影响，是第一个提倡佩戴人造宝石首饰的设计师。由于夏奈尔设计时装追求实用，因而推动了服装设计新概念。20 世纪 20 年代也常被人们称做"夏奈尔时代"。〔图 37〕

图 37　可可·夏奈尔经典式样时装

克里斯托贝尔·巴伦夏加（Cristobal Balenciaga 1895—1972）生于西班牙圣塞巴斯瑟附近的哥塔利亚。他设计的服装通常是正式的：端庄、和谐、严谨。色彩上，他喜欢用黯淡的颜色，譬如深绿色。可是在后期作品中也出现了鲜艳的黄色和粉红色。另外还利用黑白对比，突出优雅的设计，曾被人们称为"配色师"。巴伦夏加有自己的独特设计方式。他将织物直接覆于人形上进行立体裁剪，并在时装设计中融入了建筑和雕塑般的曲线力度和结构变化。

克里斯汀·迪奥（Christian Dior 1905—1957）出生于法国的格兰维耶。迪奥所设计的裙子，常在裙上打褶并制成一定的褶皱状，或者用各种颜色的布镶拼；有时还缝上长条的绢网，使之产生丰满感；各种各样的帽子侧戴头上，再配以硬高领的上装。1947年，迪奥推出的"花冠线条"轰动了时装界，被誉为"新风貌"。1952年，迪奥设计的三件套——羊毛夹克、线条简洁的帽子和柔软淡雅的绉绸短裙，多年来一直成为时装设计的样板。他享有"流行之神"的美誉。他的时装设计创造了一个"迪奥时代"。〔图38〕

图38　克里斯汀·迪奥设计的时装

皮尔·卡丹（Pierre Cardin 1922—　）出生于威尼斯附近的桑比亚吉蒂卡拉塔。他设计的剪片状、太阳式外套以及他常用的镶饰大口袋对时装的发展产生过巨大的影响。1964年卡丹设计的有编织短上衣、紧身皮裤、头盔及蝙蝠式跳伞服组成的时装系列，被冠为"宇宙时代服装"。卡丹的设计洗练简洁，构思大胆，轮廓线常呈不规则形或不对称形。其本人是一位难得的颇具理性思维的时装设计师。皮尔·卡丹对中国文化有着深深的热爱之情，他不仅很早来到中国举办时装展，而且受天安门上翘造型启发，设计出"宝塔风情"的宽肩时装。

纪梵希（Ginvenchy 1927— ）生于法国的博韦。他曾先后进入包豪斯艺术学院和巴黎艺术大学进修，这对他以后的设计起到很大作用。1955年，纪梵希以船型领口和平板式前襟为特色，给人以既纯朴又优雅的感觉。用色上喜用奶油黄、辣椒红和亮丽的粉红色。这些方面显然是受到巴伦夏加的影响。20世纪70年代开始，纪梵希的时装设计更加注重简洁、明快、舒适，使之适应节奏逐渐加快的社会生活。

瓦伦蒂诺·加拉班尼（Valentino Garabani 1932— ）出生于意大利北部佛杰拉城的近郊。他早先在巴黎一所高级女子时装设计学校就读，并在设计中显示出独特风格。1959年回到祖国，为多位社会名媛和电影明星设计时装。1967年推出的"白色的组合和搭配"系列时装成为其代表作。

玛丽·匡特（Mary Quant 1934— ）生于英国伦敦。匡特的风格完全属于20世纪60年代——明快、简洁、和谐，是英国青年时装的概括。她推出的迷你裙，彩色紧身衣裤、肋条装、低束腰新潮皮带等曾经风靡一时。另外，她还发明了用PVC塑料制成的"湿性"系列服装和短至腰部的无袖女上装。

乔治·阿玛尼（Giorgio Armani 1935— ）生于意大利皮亚琴查。他的时装始终保持着一种简朴风格。1982年，他以设计简单的裙裤，造成了令人瞩目的影响。他以垫肩为道具，使女装肩部宽大挺括，从而在20世纪80年代，创造出一个全新的宽肩时代。阿玛尼钟情褐灰、米灰、黑灰等沉稳的颜色风格，并使风格不断变化，不断更新。

伊夫·圣·洛朗（Yves Saint Laurent 1936— ）出生于阿尔及利亚。洛朗17岁时曾参加了由国际羊毛秘书协会主办的服装设计比赛，他以独特的设计荣获一等奖。20世纪70年代，他的一套最著名的时装，被称为哥萨克式或俄罗斯式农装，包括宽松长裙、紧身胸衣和靴子。洛朗的时装剪裁严谨、娴熟。由于洛朗的设计作品中，色彩、纹饰极富艺术性，特别是创意的新款，往往为他人所不及，因而洛朗被人们誉为整个时装新时代之父。〔图39〕

第三章　服装艺术历史教育

图 39　伊夫·圣·洛朗设计的时装

　　卡尔·拉格菲尔德（Karl Lagerfeld 1938—　　）生于德国汉堡。他设计的时装，讲究不带衬里，无明显缝线，饰物简练，色彩柔和典雅。但是他所设计的服装上，又喜欢采用精致豪华的图案，或是用珍珠等串成服装商标。这些巧妙的构思，表现出拉格菲尔德富于活力的创造性和非凡才能。

　　维维安·维斯特伍德（Vivienne Westwood 1941—　　）她的时装设计充满叛逆风格。20世纪70年代中期，她与马尔科姆·马克拉伦携手创作出"朋克风格"的时装。1981年又推出"海盗服"，再后接着是"美洲先驱"。以其怪诞、荒谬的形式，赢得了西方颓废青年的欢迎。她的作品一次次冲击着世界时装界。

　　卡尔文·克莱恩（Calvin Klein 1943—　　）出生于美国。20岁时毕业于著名的纽约时装设计学院。当20世纪70年代时装界一哄而上地推出套装时，卡尔文已预见到新型的运动热潮将主宰美国人的生活，于是不失时机地推出休闲服装。卡尔文·克莱恩是以成衣起家的，最初的目标就是对准普通的消费者，无论是套头毛衫、宽松外套，还是长裤、吊带裙全部都是基本的日常服装，不负累任何装饰，一显美式自由、随意、舒适的风格。因此也有人说他的服装体现了一种美国现代精神。

吉安法兰哥·费雷（Gianfranco Ferré 1944—　）出生于意大利莱尼亚诺。1967 年，费雷已经成为一名合格的建筑师，但他却热衷于沃尔特·阿尔比尼公司的珠宝设计，其中一些服装佩饰品设计使他一举成名。他常用图解法设计服装，式样健美潇洒，色彩鲜艳夺目。费雷原有的建筑学方面的知识，使他的时装设计更具有立体感，同时更能绝妙地表现出造型美。他不仅涉足女装，从 1982 年开始设计的男装，也充满了不同于他人的优雅与端庄。

詹尼·范思哲（Gianni Versace 1946—1997）生于意大利南部一个生活贫苦的小城中，米兰是他事业起步的城市。成衣业的兴旺，范思哲的热情、机智和无所畏惧使他在时装界站稳了脚跟。范思哲设计顶峰的标志是 1989 年在巴黎推出的"Atelier"系列。这是范思哲不满足于称霸意大利而毅然决定打入法国高级时装业的第一步。范思哲崇尚积极进取，宁可因过激的言辞而表现出唐突、鲁莽，也决不落入平庸之辈的行列。他在设计中竭力表现出复杂的细节和光辉的整体，这是对梦想的写意，更是把设计升华为艺术的写实。

让－保罗·戈尔捷（Jean-Paul Gaultie 1952—　）他主张男女可穿同样服装，而看起来仍不失各自特征的服装新观念。戈尔捷身体力行，他这样反性别着装风格给时装界带来一股新风。1996 年，他曾以低腰喇叭裤、通花皮裤、迷你裙以及珠链装饰等营造出一种传统与现代巧妙结合的风格，受到时装界瞩目。

缪希卡·普拉达（Miuccia Prada）的普拉达皮革公司 1913 年在意大利成立，时至今日时尚的女子们都愿意使用 Prada 尼龙手袋。缪希卡·普拉达 1978 年全情投入家族生意，推出更多样化的设计——鞋子和成衣。1988 年，当她的第一组成衣系列发表以后，获得极大好评。普拉达的设计风格自然朴素，极具内敛气质，因此服装色彩与质料的搭配成为创意以外的重点。她认为人体自身的颜色与橘色、栗色较为接近，而略带灰色调、浅淡朴素的色彩更易于与生活融合。她寻求的是一种生活的体验与感觉，并使这种气息弥漫于时装界。

汤姆·福特（Tom ford）现任意大利著名品牌 Gucci（古姿）创作总监。汤姆的加入使这个老品牌焕发了青春，崭新的古姿拥有性感迷人的款式、鲜艳跃动的色彩，成为经典优雅的代言人。

拉尔夫·劳伦（Ralph Lauren 1939—　）生于纽约市的布朗克斯区，曾攻读商业课程，虽然他从未接受过设计方面的专业训练，但他乐于接受挑战，勇于创新。他从不气馁，从一点一滴做起的精神，创造了时装界白手起家的神话。劳伦是在男装界打下根基后，才将兴趣转向女装设计的。1971 年劳伦先推出采取男装模式的女衬衫，1972 年又陆续生产出套装、毛衣和外套，这些可以互相搭配的便装，吸引了许多职业女性。

约翰·加里亚诺（John Galliano 1960—　）出生于直布罗陀。他善于从服装发展史中汲取精华，然后运用到自己的时装设计之中。加里亚诺的斜裁法非常有特色，以致使女装突出了别致的螺旋式袖身。1985 年末，他崭露头角，1994 年 10 月推出的 1995 春季时装系列，使他的名字和他的作品一起轰动了时装界。

纵观世界著名时装设计师生平和成绩，就会发现为时装设计作出卓越贡献的设计师，活动年代集中在 19 世纪末至今；出生地和造成巨大影响的地点主要在欧洲和美洲，特别是法、英、美、意等国。这与时装的发展和时装中心的确立是一致的。20 世纪 80 年代以前，整个世界服装业的蓬勃发展主要在法国巴黎和英国伦敦。80 年代以后，对世界服装发展起到重要作用的几个时装之都才逐渐显示出来，但仍以欧洲为主。说 20 世纪是时装的成长、成熟乃至高峰时期，实不为过。

（二）时装设计流派

时装设计是艺术创作，因而也和其他艺术的发展规律有着某些相似之处，如设计流派的形成与确立，是时装设计中不可忽视的一种倾向、动力和现象。

普通艺术对于流派的解释是：思想倾向、审美观点、艺术趣味、创作风格相近或近似的一些艺术家所组成的艺术派别。一般说来，当某种艺术处于低级发展阶段时，从事该艺术创作的富有独特个性和艺术风格的艺术家也很少出现，难以形成一个大体相近的艺术家群体。只有当艺术发展到比较高级阶段，出现了大量的艺术家和艺术作品，其中某些特别突出的艺术家以其独特的风格和重大成就为人们所注目，被人们仿效；社会环境又允许艺术家具有相对自由的创作思想和理论主张，各种不同的创作倾向得到存在的权利和发展的机会，各种不同的艺术思潮大量涌现，各种不同的艺术风格可以自由竞争，这时，艺术流派才有可能形成。

时装设计流派就是在这样的基础上形成的。我们从中选取几个影响较大的流派作以介绍，有助于大家对时装设计的全面了解。

1. 新艺术派

新艺术派可泛指欧洲装饰艺术流派，主要表现在建筑、室内设计和家具设计方面。但是新艺术派在珠宝和织物的设计中也有所表现。新艺术派表现在时装设计中，以优雅而夸张的线条为特点。19世纪末，英国人阿瑟·利伯蒂在伦敦开设出售东方丝绸和受东方灵感启发而设计的家用装饰品和服装。他专门从印度进口手织丝绸，从伊朗进口开司米，从中国和日本进口丝绸和缎子，并出售手绘佩兹利漩涡纹花呢和机织的上等细麻布、亚麻布和呢绒。他委托设计师设计希腊和中世纪风格的睡衣、金属质或编织服饰品。利伯蒂被认为是时装设计中新艺术派的倡导者和具体实施者。新艺术名称的由来，一是因为这些时装设计有新意，二是由西格福里特1895年在巴黎开的新艺术商店首先造成影响而得名。

2. 野兽派

野兽派的称谓，起因于20世纪初绘画界中的野兽派。活跃于第一次世界大战前的时装设计师波华亥，是巴黎高级时装业的创始人。他在时装创作中，受益于野兽派画家马蒂斯的地方很多，所以被人们称为"时装界的野兽派"。例如以黄色作为外套的基调，再配以红或蓝的腰带等饰物。而在此之前，时装设计中总是尽量避免大面积地使用黄色这种强烈色调的。可以这样说，野兽派艺术家在色彩应用上的风格对时装和纺织设计产生过重大影响，因而在时装设计上也显出这种特征。

3. 超现实主义派

超现实主义派，指的是两次世界大战之间的一种艺术与文学运动，旨在反对当时占支配地位的国家主义及形式主义，主要兴趣则在于梦境基础上的幻想与理想重建。代表画家有达利等。20世纪30年代多用这个词来形容奇异的或从心理学角度看具有暗示性的服装。时装设计师艾尔莎·夏帕瑞丽，受立体派和超现实主义影响很大，她设计的服装清新、高雅，但总有些离奇古怪。作为一个杰出的服饰色彩艺术家，她曾选用一种"贝拉尔粉红"，并把这种颜色叫做"令人振奋的粉红"。以艾尔莎为主的时装设计师，在服装设计中发展了超现实主义。

4. 立体派

立体主义于 1908 年产生于法国，它的出现标志着现代派艺术进入一个新的阶段。这是一个比野兽派更为主观的流派，毕加索说立体派基本上是处理形体的艺术。无疑，立体派的影响是深远的，1981 年法国著名时装设计师伊夫·圣·洛朗从毕加索及朱安·格里等人的绘画艺术中得到启发，设计了具有现代派艺术风格的时装，这种带有小提琴图案的上衣及贴有饰边儿的披肩再现了画家的画意。〔图40〕

图40　立体派风格时装

5. 未来派

未来派是 1911—1915 年广泛流行于意大利的艺术流派，主张未来艺术应具有"现代感觉"，应表现现代文明的速度、暴力、激烈的运动、音响和四度空间。反映在服装设计上，主要对服装造型、色彩面料图案造成影响。皮尔·卡丹可以说是时装界未来主义的大师。1966 年在巴黎秋冬时装发布会上，他利用织物结构和印染图案产生的光效应，抽象派绘画的意念，科幻的意境，设计出太空服装，或称"宇航风貌"时装。这种具有突破性的时装开拓出了一片全新领域。

6. 视幻艺术派

视幻艺术又称"光效应艺术"或"欧普艺术"。其特点是利用几何图案和色彩对比造成各种形与色光的骚动，使人产生视错觉。20 世纪 70 年代，绘画上的光效应艺术衰落了，但它在其他领域却获得了新生。最忠实的捍卫者来自时装界，许多设计师将"视觉学"应用在面料上，极大地发挥其具有的优势。一是它的图案形式无规则排列，利于面料大批量生产；二是图案分布的无限性，应用于服装仍能完整地体现其艺术魅力；三是图案的具体造型体现了时代特征，隐喻了高科技、超信息、机械化、快节奏的生活。进入 20 世纪中后期，随着人们心态与观念的不断变化，欧普艺术又多了几分实用性。视觉艺术成为设计师们反复演绎的主题。

7. 波普艺术派

波普艺术又称"新写实主义"或"新达达主义"。它是一种现代艺术，反对一切虚无主义思想，通过塑造那些夸张的、丑陋的、比现实生活更典型的形象表达一种实实在在的写实主义。表现在服装设计中是大量采用发亮发光、色彩鲜艳的人造皮革、涂层织物和塑料制品等来制作时装。

8. 浪漫派

服装史上，将浪漫主义的艺术精神应用得得心应手的是巴洛克和罗可可时期的服装。在现代时装设计中，浪漫派的风格主要反映在柔和婉转的线条，丰富多变的浅淡色调，轻柔飘逸的薄型面料，循环往复的印花图案，以及各种花边、滚边、刺绣、镶饰等装饰上。瓦伦蒂诺、拉克鲁瓦克堪称浪漫派代表人物，经典优雅的款型、富有意趣的装饰把浪漫主义诠释得淋漓尽致。

9. 极少主义派

20 世纪 90 年代，时装形式被定名为简约主义，欧洲的时装设计师乔治·阿玛尼、简·桑德拉，美国的卡尔文·克莱恩、唐纳·卡伦等一些时装设计师都不约而同地举起 20 世纪 60 年代简约主义的旗帜。此举掀起了世界范围内服装简约风格的热潮。简约主义最早出现于 20 世纪 60 年代，

第三章　服装艺术历史教育

来源于欧洲结构主义、至上主义等现代艺术，它削陈去繁，只留下不能再简单化的单纯几何形，或常常只有唯一的造型单元。简约主义的宗旨是艺术应该是构成艺术品的物质材料本身，它的意义就是这个材料本身。这种艺术态度反映了 60 年代弥漫于艺术界尊重生活、尊重事物、摈弃人的心智作用的思想潮流。〔图 41〕

图 41　设计简洁的晚装

10. 构成派

提起构成派对服装的影响，就不能不提及其流派的代表人物画家蒙德里安。他把立体主义的形式净化，只强调物体外围的线条，以几何的直线及多种主要色调结合进行创作。这种艺术形式被后人誉为构成主义艺术。

在服装设计上，把构成主义诠释得最完美的是 20 世纪 60 年代法国时装设计师伊夫·圣·洛朗的作品，这也成为他享誉世界的佳作。

11. 后现代派

在西方，随着科学的发展，相对论、量子力学的一些专家们已不再支持存在一个普遍明晰的宇宙整体，从而导致以结构主义为代表的现代科学思想体系的坍塌。后现代主义取而代之，明晰地论证了本质的不存在，整体的不可能，结构的可解构性。后现代派时装设计师以解构为手段，追求一种自由模式。活跃于巴黎时装界的亚历山大·麦克奎恩、川久保玲是解构主义的杰出代表。他们的时装特色用川久保玲的一句话就可以概括"我想破坏服装的形象"。

（三）时装设计中心

20 世纪，时装的盛行形成高潮，不断涌现出来的时装设计师竞相推出自己的得意之作。而时装也形成了几个中心，或说策源地。世界公认的几个设计中心，首推巴黎，与其基本齐名的有纽约、米兰、伦敦，还有位于东亚的日本。下面论及的主要属于西方服装史范畴的四个时装中心。

1. 巴黎

法国首都成为时装中心是有其雄厚基础的。早在 15 世纪，法国在地理上就成了西班牙艺术和意大利艺术的汇合点。实际上，从这时起巴黎就不仅是法国的政治、经济、文化中心，而且还是整个欧洲的文化中心。由于法国无论从王公贵族还是普通人都有崇尚浪漫、钟情艺术的天性，使得很多有作为的画家、建筑设计师、雕刻工艺师云集在这里，同时，也使得巴黎的音乐、舞蹈、服装艺术蓬勃发展。再加上，进入 20 世纪以来，法国政府有意识地支持时装中心的确立，如投放巨资，鼓励时装设计，设置如金顶针奖来奖励有才华的设计师，对缝纫业者给予艺术家和文学家同等的荣誉等等。这一切自然为巴黎成为时装中心创造了艺术和技术的条件。

进入 20 世纪末，人们的着装越来越强调个性，网络业覆盖全球。但巴黎时装中心的地位已经稳固，而且能够更便捷地将最新设计传遍世界。可以这样说，在所有时装中心中，至今仍以巴黎为中心之首。

2. 纽约

尽管美国最先开始服装的成衣化生产。但在二次大战之前，时装潮流的中心仍然是欧洲的巴黎。20 世纪 20—30 年代，由于战争使巴黎与外界断绝了关系，使美国的一批有实力的时装设计师得以在本土崭露才华。1941 年，纽约举办了一次隆重的时装表演盛会。这时候，能够体现美国本土文化的自由随意的"加州式便服"引起了人们的关注。在经过一段时间的艰苦摸索之后，美国时装业才从黑暗中走出来，确定并稳固了属于美国的服装风格——简洁、实用。纽约在时装界的地位也从此确立，成为生产成衣的中心、美国的服装重镇。

1950 年左右，美国设计师的名气即已远播欧洲。相对于欧洲时装界过于贵族化的设计风格，美国的设计风格更趋向于平民化、大众化，使普通人都能负担得起。这一设计观念影响了欧洲的时装设计师，也决定并成为美国服装发展的新方向，加速了美国迈向工业成衣王国的步伐。时装设计师们在此基础上，更加突出美国味，不断进取，大胆革新，直至 20 世纪 60 年，美国纽约终于夺得了时装中心的一个席位。

3. 米兰

意大利是个有着悠久历史文化的国家，文艺复兴的光辉使意大利始终光芒四射。这样说来，意大利米兰成为时装设计中心，有它坚固的艺术基础。米兰是意大利仅次于罗马的第二大城市，位于北部的波河平原中心，是一座现代化的工业城，更是商业、艺术与设计的中心。它的纤维制造业最兴盛，丝纺制品业也颇负盛名。20 世纪中后期，位于意大利的时装设计师们充满活力。米兰时装通常偏重于设计干净利落的日常装，把盈利性和创造性结合得极尽完美，设计师以理性的手法，为时装界开发出新的领域。世界共有八大设计公司，意大利占了五个，其余三个在法国。巨大的实力、潜力和惊人的发展趋势，使得米兰的时装博览会与流行趋势发布会能够与巴黎齐名。

4. 伦敦

工业革命是从英国起始的，是英国最早发明并应用了纺织机。虽然从时装中心的位置上来看，英国不如法国、意大利，但时装之父查尔斯·沃思是英国人。沃思的时装生涯主要在巴黎，但沃思永远是英国人的骄傲。另外，伦敦的男装以其庄重优雅而享誉世界，这也形成伦敦的特色。而且以迷你裙在世界时装界造成影响的玛丽·匡特也是生于伦敦，这些无疑都为伦敦赢得了荣誉。

（四）时装潮流

自从查尔斯·沃思开创了时装新世纪后，20 世纪时装潮流便是以时装设计师的作品来推开的。当然，还包括一些有影响力的社会名人，如演艺界名人和政治名人等的穿着而引发潮流的。

从历史发展和社会现实的角度来看，每一个时期的时装流行趋势都是有其社会文化背景的。即使从表面上看某一潮流源于某一位设计师的作品，但实质上还是迎合了社会发展的需要。否则，逆社会而行，是难于推动其时装潮流的。

20 世纪初的时装潮流，是以巴黎王室为主，兼有其他欧洲王室以及一些当时的演艺界名人为流行源头的。工业文明的飞跃发展和社会宽容度的增大，使女性获得了较大的自由。一些衣食无忧的女性可以旅行、骑马、打高尔夫球，而且可以参加社会工作。这种新女性的现实导致了"新女性"服装风格的出现。所谓"新女性"服装，最主要是抛弃紧身胸衣，尽量使女性的胸部在束缚中解放出来。这种胸衣被称为"健康胸衣"。另外，这种服装还有一个特点，即是女装具有男服的风格。在此期间，也曾由美国的艺术家吉本孙设计过紧身、拖曳在地的长裙，因大胆显示女性形体线条之美而风靡一时。

1914—1918 年，第一次世界大战的炮火，势必使服装产生变化。大战结束后，女装发生了较大的变化。首先是战后需要建设，大批妇女参加工作，她们在服装上更多地追求自由和舒适。在这种社会形式下，以服装来显示身份地位的功能已不重要。女裙进一步缩短，由踝部以上改为至小腿肚处，而且非常宽松。女装廓形直线条，不再收紧腰部也不再夸大臀部。尤其是流行"男孩似的"风格，导致发型也随着剪短。1920—1952 年期间，女裙逐渐短到膝盖处，这被认为是最标准的式样。这时好莱坞的电影明星已取代了世纪初的歌剧演员，成了能左右潮流的榜样。

20 世纪 30 年代，女装"男孩似的"风格开始消失，直线被曲线所代替，女性身体的优美线条又重新显现。美国发明了松紧带和针织女装，这种针织织物具有丝绸般的质感，拉链也已广泛地应用在女装上。

第二次世界大战以后，现成时装开始普及，这与经济复苏关系致密。一方面，生产规模和生产技术不断扩大、提高；另一方面，企业之间的竞

争更加剧烈。这样，统一的、标准化、规格化的时装更加符合大家的着装需求。20世纪40年代，"新外观"风格的女装引起轰动。在经历战后紧张、劳累之后，妇女们急切地想摆脱掉简陋。这时，一种强调圆而柔软的肩部、丰满的胸部、纤细的腰肢以及适度夸大、展宽臀部的新外观女装应运而生。领导这一新潮流的是著名的设计师迪奥。到50年代，女装更加趋向随意、自由。这期间，除了出现腋部宽松，袖口收紧的"主教袖"外，直立衣领重新出现。女裙仍到小腿肚中间，而且比较宽松。工装裤开始在女性中间广泛流行。1850年由李·施特劳斯创造的牛仔裤也得到普遍的认可，成为流行元素中不可或缺的一部分。

20世纪60年代，匡特女士设计的超短裙在美国受到了空前的欢迎，由于超短裙充满了旺盛的青春活力，所以至今也深受女性的青睐，成为女性展现性感的重要武器。而到了70年代，面料、款式、色彩更加丰富，人们的着装观念也更加肆无忌惮。正规、严肃的着装意识正在受到冲击。这一时期，服装加工的自动化流水线已经应用多时，电子计算机也开始应用于服装工业上，科学技术的飞跃发展使服装行业迈上了一个新台阶。

进入20世纪80年代之后，时装设计进入多元化时代，随着人们观念的不断更新，题材的不断丰富，时装界可以说越发异彩纷呈，令人目不暇接。如伊夫·圣洛朗、皮尔·卡丹在80年代都曾设计过以"中国风"命名的高级时装。到90年代末期，迪奥公司的加里亚诺又以中国上海为主题设计了有"中国风"的时装作品。一时间，由此引发的东方热、民族风情顿时席卷国际时装舞台，克里斯汀·拉克鲁瓦、瓦伦蒂诺、哈姆内特、高田贤三纷纷以"民族"为主题抒写时装狂想曲。〔图42〕

到了20世纪90年代，人们开始关注环保。"回归自然，返璞归真"成为这一时期的主要思潮，在此思潮影响下，体现在时装上，就是各种天然材质的织物受到欢迎，如各种自然色和未经人为加工的本色原棉、原麻、生丝等，代表未受污染的南半球热带丛林图案及强调地域性文化的北非、印加土著、东南亚半岛等民族图案亦成新宠。在服装造型上，人们又一次摒弃了传统时装的束缚，追求一种无拘无束的舒适感。休闲服、便装迅速普及，内衣外穿和"无内衣"现象愈演愈烈。伴着环保的热潮，人们的消费意识、审美观念有了很大改变，一是强调新简约主义的实用性与机能性，二是所谓"贫穷主义"时装的出现，如露毛边的衣服，用流苏装饰

图 42　民族风格时装

的服装，故意做旧的裤子等等。

21世纪是全球一体化的时代，世界服装的演变及发展也因此走进具有以多元为特征的国际化时期。在当代西方时装潮流中，已汇聚了太多的民族服装文化元素。人类之所以创造出服装，而且服装之所以绚丽多彩，再加之人的着装方式五花八门，这些都在揭示一个道理，就是人在着装过程中总在寻求一种价值。同时又在共同的前提下去寻求差异。这是从自然的与社会的人的角度去反映了现实世界中服装国际化的多元特征，或许这也正是"时装"得以生生不息和愈加兴旺的根本原因。

第三章　服装艺术历史教育

服装作为构成社会人、文化人的必要条件，是人的制作、选择、穿着，又为人去观赏的特色使其成为艺术，而艺术又必然成为人的社会文化素质的综合表现。同时我们应该看到，人的社会文化素质又是社会文化熏陶影响的结果。可见，服装所具有的社会性、文化性，及它标志的文明程度，是受社会文化与个体社会文化素质决定的。着眼于服装艺术教育，对服装与社会文化的相互依存的互动关系的研究，正是为了探寻服装艺术所蕴涵和呈现的社会性与文化性的成因，并预测其未来走向，特别为了正确认识服装艺术的社会文化功能效应和价值意义。

第四章 服装艺术与社会学教育

第一节　服装社会性的外因——总体环境

人的创造性活动，包括一切维持生命和维护秩序的创造以及保持繁衍后代的可能，都需要一个与之相适应的社会基础。服装，这一贯穿并真实反映人的世界观的创造物，它的风格、它的产生与发展演变都直接受制于总体社会环境，而服装的风格与流行，在很多时候也会反作用于总体环境，从而改变其环境、氛围及其中的某一部分。总体环境具体应该包括社会生产力、伦理道德、社会制度、宗教信仰、国际交往以及其他的一些社会需求等。下面将就这几个方面来探讨服装的社会性。

一、服装与社会生产力

人的物质生产与精神活动，构成了社会活动。社会生产力是一个最基础的构成部分，它体现出不容动摇的社会地位。反映在精神生活和为了维持某种群体秩序的事务中的物化的意识形态，直接标示着社会生产力的水

第四章　服装艺术与社会学教育

平。由于衣服和佩饰既属于物质产品，又属于精神产品，因此在这一点上表现得尤为鲜明。

　　服装是利用一定物质材料，经过构思、设计、制作完成的具有实用性兼装饰性的物质产品。在开发自然界、利用自然资源的劳动中，显示了人类文化的进程。自然界为社会生产力的发展提供了物质的资料，当然也成为用于工具加工的劳动对象。人类在生产过程中以自然物为劳动对象而取得的诸如服装等物质生活资料，无一不是从自然界中获取，又经过人类制作完成的。当由社会生产力总体水平决定的玉石加工工艺技术达到一定高度时，才能出现经过琢磨的精美玉饰品。没有养蚕缫丝，就不可能有中国的丝绸制品。工业革命的产生，大机械工业的异军突起，使大批量生产成衣成为可能。社会生产力的不断发展，一次又一次地推动了服装的发展变化。

　　在社会生产总体水平决定服装制作工艺与风格特征的同时，服装在人的社会心态中所自然形成的热点转移，又会刺激社会生产力的提高。因为人类在劳动中创造生活，不断改善劳动条件和生活条件的过程中，从来也未满足过现状。因而在此需求之上，经过偶然发现或艰苦探索而得出的对新事物的新尝试与新体验时，会激发人们为此做出的新的努力。服装的款式、质料、色彩以及上面的图案，所有这一切的加工工艺都在随着人类新的寻求而得到新的表现或重新构成。从古代军服的演变可以看到，取决于社会生产力水平的兵器的更新换代，促使与之抗争中起防御作用的军服质地也相应改善，而且，反过来也必然促进兵器的进一步提高。

　　服装装饰在人身上后，就成为一个区域（可小至家庭、社区大至国家）的物质外貌的真实反映。因为它是社会生产力水平的最外露的又最不容易隐瞒的表现形式之一。一个刚经历过战争的国家，生产力遭到破坏，它的国民不可能有华丽的衣饰。而在经济发达、社会生产力得到极大解放的时代，如中国的盛唐时期，欧洲工业革命之后，服装的制作工艺都会达到前所未有的高水平，质料和款式、纹样也都呈现出高贵、豪华的趋势，出现瞬息万变的流行时装。当然，这其中也会有诸如开放的政策、统治者重视文化交流作用等因素，但是能左右服装总体风格的物质基础还是社会生产力。

二、服装与伦理道德

伦理道德是抽象的概念，是人们自觉用来控制社会生活的行为准则，反映或标明一种社会风习和崇尚。千百年间，服装一直受到社会伦理道德的制约，文明程度越高，伦理道德在人头脑中越是根深蒂固。一般来说，服装可以在一个区域内直接反映出道德标准的规范化，整体着装形象甚至可以说是伦理道德的产物。

在人类社会关系中，伦理关系是道德思想的客观源泉，道德思想则是伦理关系的理论表现。在着装形象的塑造中，始终贯穿着伦理道德观念，并始终发挥或抑或扬的强大制约力和驱动力。人脱离动物以后，由动物本能意识过渡到人的有目的的改造自然的活动意识，因为客观条件和人单独个体的能力毕竟有限，所以不得不结成一个个群体，互相依靠，彼此交往，因而必须循着一定的生活轨道前进。所有一切由此而形成的社会关系和社会意识，就为道德的发生准备了条件。而伦理思想主要是在人类社会发展到一定阶段时才出现的，它主要是由执政者、文人和其他有影响、有号召力、有权威性的人所提出的，即道德理论和学说。之后逐渐深入人心，最终成为固执的观念，很难在短时间内扭转它，表现在着装上，所受的这种干预更加明显而且更加频繁。

把服装与伦理道德联系起来，是文明的象征，有一定的积极意义。但是，过分强调服装的伦理道德功能，往往又会阻碍社会的发展。中国古代的伦理道德深深地融入中国古代的服饰制度之中，道德在服饰穿戴上所起到的不成文的规定是严格的，它左右人们着装观念的力量丝毫不逊于法律。在固守服装道德伦理的同时，人们的思想也被禁锢了，创造力在枯竭，社会在退步。因此中国古代每一次服装形式的巨变，都会预示着新变革新思想的产生，甚至还会有朝代的更替。中国古代第一位服装改革家，战国的赵武灵王的胡服改制就是冲破层层所谓道德习俗壁垒，最终实现了富国强民的目的。魏晋南北朝是学术思想比较活跃的时期，因此也奠定了以后唐代的盛世，这一时期的人们的着装也同样受较少限制。像有名的竹林七贤，完全以叛逆者的形象示人，有意背叛传统道德和儒家的正统思想，故意穿敞领衣，袒胸露怀，披发跣足，梳儿童发髻。这种情景放在礼教严格的时代是不可想象的。更不要说唐代女子的着装了，就是在现代都

是开放大胆的。另外，西方的服装发展史中，也有这样的情况。俄国彼得大帝的剃须改服，采取向西欧学习的举措使得俄国摆脱落后面貌，一举成为欧洲的强国。18世纪末的欧洲，由于原来的"非马裤阶级"——贫穷阶层成为法国大革命的主力军，过去被贵族阶层所不齿的穷人装束一时竟成了时尚。一场革命所引起的地位转换、服装改变，也扭转了世人的道德标准。

塑造着装形象时考虑伦理道德因素的做法是恒常的，但是具体到某一标准，如袒露身体哪一部位，袒露到何种程度，出门做客穿衣礼仪等等又是不同的。因为就伦理道德对着装观念的约束来说，各个时期各个区域的人有很多不尽相同之处，甚至有天壤之别。

对于世界上大部分的文明社会而言，用服装来遮住人的性器官是主要的。而在一些原始部落，却恰恰相反，往往裸体是纯洁的象征。在西方的某些场合里，十分讲究着装礼仪，如女性只能穿裙装，不许穿裤子。但是对于裙子的长短却并不在意。西方女性在隆重的宴会上穿着十分暴露的晚礼服被看做是体面的有教养的，可是对于中国人来说却有不雅之嫌。由此可以看出，伦理道德在着装的反映上有时是模糊的，不具备某种严谨性，更多的是根据某种传承性，而且不同的文化有着不同的着装道德标准。所以似乎可以这样认为，着装是否符合伦理道德标准的本身，有极大的伸缩性，关键的一点是要为社会所容。

三、服装与社会制度

社会生产力是服装产生的物质基础，决定着服装工艺的水平。社会伦理道德是服装形成过程中潜在的社会行为准则，而国家制度则是以硬性条例规定出服装在人们穿着中的规范。尽管这个法约不同于法律，但在强制性上有时甚至超过法律。只有在相对宽松的氛围中，服装的放任和含蓄才可能在一定程度上突破法约。

国家制度的含义是广泛的，它既可以指整个社会实体的精神约束，又可以指一个国家的具体制度，故也可以统称为社会制度。社会是人类生活的综合体，是各种关系的总和。而所谓社会制度，就是这些关系的规范体系。因为有什么样的社会关系，就会有相应的社会活动，服装作为人的装束的基本物质，自然在社会生活中，起到各种强化意识的外在力。因为人类自产生社会制度以来，服装以及具体穿着方式就与其有着不可割裂的密切关系，而且较之伦理道德要明确得多，较之法律又要灵便得多。无论从概括性还是从强迫性方面，都有自己的特点。

当希腊处于奴隶民主共和制政体的时候，希腊的政治和文化生活气氛空前活跃，重视学术思想自由。苏格拉底、柏拉图、亚里士多德等一大批哲学家、科学家和艺术家为探求宇宙、认识自我、创造美的人生做出了伟大的贡献，从古希腊的雕塑人像来看，它们像普通的古希腊人一样穿着爱奥尼亚式或多利亚式"基同"，一种既不紧紧裹住躯体，更不会紧紧束缚思想的潇洒浪漫的服装款式。在古希腊社会中，服装没有分出等级的必要性，因而，大同小异的"基同"完全可以作为所有国民的服装款式。

中国较为完备的冠服制度产生在奴隶社会中，而周代是中国最典型的奴隶制社会。从现存的周代青铜器铭文、《诗经》、《周礼》等史籍和口头文学中可以发现，当时的等级观念十分严格，在"别内外，辨亲疏"礼制范畴之内的冠服制度开始建立。冕、旒、十二章等具体表明仪式性质、内容、气氛以及等级的标志初步确定在冠服上，以后成为后代，尤其是宋、明冠服的蓝本，直至封建制度彻底的消亡。

社会制度是无形的，只有通过人的行为才能表现出来，而这种种行为中要属服装与人们日常生活关系最密切，因而也就最具有集中的典型的意义。马林诺夫斯基说："任何社会制度都针对一种基本需要；在一切合作的事实上和永久集结着的一群人中，有它特有的一套规律和技术。制度并不是简单地和直接地与它之功能相关联的。一种制度也并不是满足一种需要。"社会制度对服装的制约以及因此产生出的相应的服饰制度的关系，正可以用这段话来概括。服饰制度的生成，既不是完全凭借某一个人的主观武断，也不会逆当时的时代潮流行动。这与因某一统治者的好恶而引起的服饰审美习尚的变迁还不同。社会制度的推移与彻底改革比某一统治者的影响要客观、全面得多，因而范围与科学性也更广阔而强烈得多。

不过，从宏观角度上考察，服装因社会制度所引起的变异只是服装社会性的外因之一。

四、服装与宗教信仰

在原始社会时期就非常盛行的巫术活动中，巫师的衣服与佩饰有着举足轻重的作用。而且在各民族所信仰的各种宗教中，服饰往往成为神的象征、崇拜物或者是所有信仰者的一种虔诚心理的寄托。

（一）服装是巫术中最能强化神性的物质实物

早期信仰仪式和信仰需求在巫术活动中反映得最自然最充分。由于巫术是人们试图利用超自然的力量，通过一定的仪式诱导甚至企图强迫自然界按照巫师的意志行动。所以，道具在仪式中必不可少，而衣服和佩饰又是道具中最能强化神性的物质实物。

1. 巫师的形象塑造

北美的祖尼印第安人崇拜多达百种的精灵，有的精灵可以用木刻的形象代表，有的则需在各类仪式中由穿戴着特殊而神秘服饰的人扮演。中国的楚辞中描绘巫师身着"青云衣兮霓裳"，以象征太阳在蓝天白云间穿行，就是基于现实以便于给人们以短距离的联想，以增强感染力，使人们产生身临其境，恍然若遇鬼神一样的感觉。

2. 巫术参与者的服装

除了巫师以外，巫术参与者也有相应的衣服与佩饰。一方面，他们希望通过与这一有特定含义或特殊需求的信仰活动性相适应的服装，表达自己的参与意识，使自己和众人都共同沉浸在这种与往日不同的氛围之中，以取得心灵的共振和理念的默契。另一方面，又处于一种减弱恐惧的消极动机之中。他们唯恐由于自己在着装或装饰上的些许疏忽从而触怒了神灵鬼魅，引得降祸于己身。中国儒家经典《中庸》中记："鬼神之为德，其盛矣乎？……是天下之人，齐明盛服，以承祭祀。洋洋乎，如在其上，如在其左右。"都强调的是所有参加仪式的人严肃着装的必要性和自觉性。

3. 服装作为原始信仰的象征物

服装有时也作为原始信仰中的象征物。如秘鲁的羽毛斗篷，非洲的木梳，中国很多地方都应用很广泛的傩面具等，在经过了肃穆隆重的宗教仪式后，这些服饰事物就具有了超自然的属性，或是在信仰者心目中，以区别于日常服装和佩饰的物件。近东很多民族都相信"神宠"，认为凡能接触一下圣人的衣服，便会得到美好的祝福，而罗马天主教则相信圣徒衣服及物品之中皆会有灵力的存在。就在人们对这些神圣象征符号膜拜崇仰仪式中，连同舞蹈、音乐、牺牲等内容，自然增强了一个区域内民心的凝集力，并因此揭示出含在象征符号之中的对该地区文化有概括性和提纯性的深层内蕴。

（二）神的创造与着装形象

宗教创始人或受崇拜的偶像的服装特色，在宗教信仰中所起的作用至关重要，但是，他们的服饰远远不及带领人们膜拜他们的仪式主持者的服饰考究。无论是佛教的释迦牟尼，基督教、天主教的耶稣和圣母玛丽亚，还是道教的老子等，一般都穿着与平民日常装大致相同的衣裳。这说明，宗教创始人深谙民众心理，在整个宗教的传播过程中，始终不忘吸引民众，以获取更多人的支持。总之，人们从创始这一宗教形象时就注意到服装，这一最容易取得信徒信任的外在物质与精神混合物。

服装与宗教信仰的问题包罗万象，内容很多，但总起来可以看出，宗教信仰是服装社会性必不可少的外因之一。服装与宗教信仰，始终贯穿在人类文化活动之中，它使神接近了人，使人靠拢了神。

五、服装与国际交往

服装的社会性的外因之一——国际交往不是单向的，也不只限于国与国之间，实际上，历史上的国际关系有相当一部分是民族之间的关系，况且国家的确立与分界线也不是一成不变的。因而，要以不割断历史的观点去分析服装与国际交往，实质上就是民族、地域与社区服装文化在较大范围内的交流、碰撞与融合。这种社会现象的表现形式主要有以下几种：

（一）积极交往

服装的积极交往的典型例子，就是有名的"丝绸之路"。由于中国的丝绸在很长一段时期内仅为中国所有，对丝绸的热爱使得中国以外地区的人们千方百计地寻求丝绸和它的制作方法。公元6世纪左右，古波斯就有两位国王派使者专门来中国学习蚕桑技术。拜占庭的查士丁皇帝为了能够更多更随意地穿上中国丝绸衣服，竟在皇宫里建起丝织工场，并且请中国人来传授技艺。西域的于阗国甚至用通婚的办法来获取蚕种。

中国清代末年，一些激进青年远涉重洋去欧洲学习新文化，自然也包括西洋的服装。时至当代，亚洲青年仍热衷于学习、穿着欧美的流行服

第四章　服装艺术与社会学教育

饰，借助电视、网络等现代化的传播工具迅速掌握流行动向。这都表现出在服装积极交往中的主动心绪。

（二）消极交往

强大一方对弱小一方所采取的带有强制性的交往过程，应该说是消极交往。遍布于世界七大洲的殖民主义统治是最普遍的消极交往形式。所占区域的服装虽然在短期内还能保持本民族特色，但在各种社会制约中，人们为了求得生存环境或者说寻求较好的生存环境，就必须违背自己的意愿穿上殖民者国家的衣服，严格遵守殖民者国家的服饰规范。如殖民主义者禁止殖民地土著文身，八国联军瓜分中国时，其属地明令不准男性穿背心上街，也不许将衬衣的下摆放在裤外。不管其结果是否促进了人类的文明，这种交往形式也应该是属于消极的。

（三）自然交往

自然交往是无意识的，既没有主动去谋求他民族他地区新的服装，也没有被强迫接受异国服装。服装上的自然交往，往往是在平和气氛之下，不知不觉之中的交流。从社会学来看，表明了社会文化变异与交流的必然性。以欧洲为例，由于欧洲国家在文化上的相近性，使得各国之间服装的交流也是一种和谐的自然交往过程。西班牙撑箍裙在这种自然交往中风靡全欧。东欧各国农村少女肥大的花裙，一眼望去差别很小，连细碎而鲜艳的花纹都很近似，也是自然交往、互为影响的结果。历史上民族的大融合（例如过去的苏维埃联盟共和国）或民族的大分裂（如奥匈帝国），也都属于服装方面的自然交往。

国际交往作为服装社会性的外因之一，较之宗教信仰、社会制度、伦理道德和生产力来讲，更有不可预见性。因为它很难摸索出一条必然的趋势，所受的影响也是来自四面八方。

六、服装与其他社会需求

服装的社会性，根源于人类社会生活为其提供了必要的生成条件。而服装作为一种文化事象又从始至终以满足人们各种社会需求为前提。服装在人们的日常生活，不只是满足生理功能上的需求，更重要的是人们从事各种社会活动，需要服装发挥社会功能。因为经验表明，社会交往中的成功与失败，也会与服装，即一个人的整体着装形象有关系。

现代社会出现一种新职业——公共关系。公共关系要求从业人员要有良好的整体形象。而其整体着装形象是否得体，不仅代表了这个人的修养和仪表，往往也代表着一个企业，甚至关联着企业的命运。这是服装社会性在新时期中的新表现。服装的社会性在个人谋职之中也有重要的体现。在谋职过程中，求职人的仪表，往往很重要，而且会成为成败的关键。仪表中除礼貌、微笑外，最重要的自然是着装形象。有的征聘企业根据征聘职务，需要服装华丽，有的需要整洁，有的需要简朴，谋职者的服装形象如果不相适应，就可能会导致应聘失败。这种着装形象的调适，从另一侧面映现出社会需求。

社会需求方面很多，在此只举两个较为现代人关注的例子。服装在这一类社会交往中所起到的作用，主要是要创造一种良好的首因效应，即初次见面或在短时间接触中，首先给对方一个好印象，这样才有助于事业的成功。

服装的社会性的外因——总体环境，是社会为服装的生产与发展所提供的土壤，本章节中所谈到的社会生产力、社会制度、伦理道德、国际交往等都是主要方面。构成这种总体环境的因素还很多，但有一个共性，就是这里涉及和未涉及的服装社会性外因，都是客观的，却又是人为的客观条件。其他的有关生理、心理、民俗和艺术的起因与演变总是首先取决于服装的社会性，而且首先是服装的社会性外因。

第二节　服装社会性的内因
——潜性判断标准与有意教育

构成服装社会性的因素，除去上节所论及的外因外，还有一些潜藏在社会个体之中的对服装的评判意识。由这些在一定范围内为大多数人所共有的意识，再形成一种潜在的服装评判标准，以此评判出服装的优劣。在此领域中所论述的优劣取向有时是经济上的，有时又是美学上的，当然有时还针对是否有时代感，或者是兼而有之。

有了一定的服装评判标准以后，社会的责任促使长辈千方百计地教育后代。以尽可能顺应历史潮流而又维护固有的文化传统。这种教育方式是继承发展传统文化并保持社会文明所不可缺少的，但利中之弊显然是注入了大量上一代人评判标准中的固有模式，如果有不适于新时代的标准，就会为以后成人期教育增加难度。

各种传播媒介是成人期教育的主要渠道，凡执法部门，一般总要以文化界和教育界人士为主要力量，极力推行带有一定倾向的教育，其目的不外乎是在提高全民族甚至上升到全人类文化素养的同时，又能巩固其政权。否则，会为社会所不容或不提倡。

一、潜性评判标准的依据

对服装的评判标准，社会的人总不是从单一的角度去审视，而是在其中包含了来自于各方面的复杂因素。首要和必然的审视点，往往集中在服装的实用性、审美性和科学性上。据此分析判断的结果便成为评判标准的依据。人对服装的评判标准大体分为三方面，即感觉的、情绪的和理性的。

感觉在社会中，是最直接的社会知觉。对社会生活事物予以接受并做出反应，就是人的感觉最明显的特征之一。由于服装本身产生视觉形象，同时兼具听觉、嗅觉和触觉。所以，人与服装之间会因人的多维的感觉触角而敏锐地、真切地感受到。诸如，"这件衣服给人感觉怎样?""这种衣服的整体感觉不好"等种种意念。这种种感觉判断，所解决的首先是实用性问题，即人体器官（皮肤、四肢、眼睛等）是否觉得舒服、适体。它不需要高级神经活动，就直接为服装评判提供了基础。确切说，感觉评判只是一种感觉（主要是触觉、视觉）反应。

服装评判标准的第二层次，就是情绪评判，是根据受客观环境影响而活动起来的主观感应、情绪振动而去对服装进行的深刻评判。感觉评判只得出服装穿着后的器官感触反应；情绪评判则反映出心灵振幅，即情感反应。如"我不喜欢这种颜色的衣服"，"我不觉得这件衣服好看"等。情绪评判标准反映到对服装的观察和衡量上，带有相当强度的主观性。这种强度深受社会总体环境的设定和制约。与感觉评判标准相比，情绪评判标准带有更多的社会性和更多的人的后天情感的印记，因而也就自然更多地倾向于人的社会属性。只是，这种情绪评判标准极易出现误差，有时还不如直觉更能反映实际。当时的社会观念总趋势，以及当时的社会对个体的限定，都会流露在对服装的评判当中，这以后才会涉及标准的科学性的评判过程。

理性，一般指概念、判断、推理等思维形式或思想活动。在服装审视评判的构成中，我们将理性列为第三层次，即在凭直觉和以个人情绪两种评判的基础之上，又加以客观分析而形成的较为全面的逻辑评判标准。如"这种衣服有些像18世纪的服装"，"这样的色彩已经过时"，或者是"我穿这件衣服不适合，尽管它本身很美"。这就很清楚地看到了人们的评判维度正在向纵深发展，再深入，就会得出很多似乎是不可更改的十分具体的结论："这件衣服很是时髦，只是做工有些差，算不上高档时装"，"他很漂亮，衣服也很漂亮，但是人和衣服并不和谐"。这种理性评判标准的高低，取决于单体人的文化修养，更取决于一个社团群体意识的成熟程度。

感觉评判是直接的、即时性的；情绪评判是主观的、感情色彩浓重的；理性评判则是综合性的，包含着分析、比较、归纳与联想，包含着自然推理与科学（比较科学）鉴定。这三种评判都是由社会的人来进行的；而服装所塑造的着装形象，一出现就是处于社会生活中，因此，社会的人与社会生活（包括意识形态）是三种评判的前提条件，离开了社会性，也就没有什么评判标准。

二、服装社会效应与大文化背景

社会的人不可能将自己长期封闭在一个不与外界接触的空间之中，他必须以完整的着装形象进入社会圈内，从而在社会群体之中寻找到自己的位置。如政府首脑、演员、律师、教育界人士更会以严谨的态度考虑自我着装形象有可能引起什么样的社会效应，因为这种社会效应的范围要比普通人要求的广而深，而且也关系着自身事业的成败。基于这种原因，就使得看似服装社会性外因的社会效应，在决定服装选择的规范行为全过程中，特别是社会效应在群体意识中的映象，成为服装社会性的内因之一。

大文化背景与服装的社会性之间存在着因果关系。大文化背景作为综合的社会意识，作为凝聚在一个民族的世世代代的人身上的灵魂，它必然对服装社会性起到决定性的作用，这里探讨的即是当大文化背景作为服装潜性评判标准的基础和约束形成以后，如何成为服装社会性的内因。

（一）大文化背景定义

人类学家泰勒继承了人类学始祖摩尔根的传统方法，把人类文化作为人类学的研究对象，他把文化规定为"是包括知识、信仰、艺术、道德、法律、风俗以及社会成员所获得的能力、习惯等在内的复合体。"泰勒之后的文化人类学家林顿把文化概括为"社会的全部生活方式"，并接着下了一个定义："一种文化是习得的行为和各种行为结果的综合体，构成文化的各种要素为一定社会的成员所共有的"。

参考世界著名文化人类学家的有关论述，再从服装的社会学角度去看大文化背景，就即可以基本上得出这样一个结论：一定区域内的人们的各种行为方式和思考方式的整体，通过精神财富的创造表现出来，其结构和功能恒常且涵盖范围广泛，因而形成影响面积的文化氛围与文化定向。当服装作为社会性文化物质置于总体文化氛围之中时，这种复合体就成为服装社会性形成的背景。因其包含内容极其丰富，历史积淀又深厚坚实，而且穿透力强，决定作用显著，这就是服装的大文化背景。

（二）大文化背景由外向内的作用转换

大文化背景在社会生活中所表现出的诸多形式是外在的，但是当它作为人脑中的信息、概念、思维模式和行为惯性被调取出来时，实际上是内在的了，是外在综合形式在人类大脑中的一种折射。决定人类行为的是这种折射的光点聚集，而且由于它侧重于背景，即综合体，所以又绝对区别于心理学研究。

从社会效应和大文化背景两方面综合地看服装社会性的内因，就可以清晰地感受到其中的辩证关系。一方面，大文化背景决定服装社会效应的取向和水准，然后自然而然地贯穿到人们的着装意识和着装行为中，从而作为一种社会现象成为服装社会性的内因。另一方面，人们表现在服装选择和自我着装形象塑造上的主观能动性，总是想方设法创造一定的社会效应，当然最好是理想的社会效应，进而去适应大文化背景。

大文化背景是全社会服装美育教育的前提，服装的存在，着装者即群体反馈的审视、评判，都是在社会大文化背景下进行的。

三、群体反馈的形式与结果

一个群体内部的互为反馈的形式和结果，其实就是一个社会美育的过程，是一定社会历史阶段，同一个社会群体内的自我教育的不自觉的手段。就服装美育来说，我们可以将其称为社会群体内部的无意教育，以区别社会大范围和社会小单位如家庭对人们所进行的有意教育。这种无意教育必须引起我们的重视，因为着装水平直接关系到大至一个国家的意识形态，小到一个科室的人们的伦理道德观念，因而带有不容忽视的特性。

（一）良性循环

人的文化素养及其直接表现在服装选择上的欣赏水平是后天形成的，它不同于人的体质和智商，也不同于反应能力和概括能力。良性循环即指在某一个群体中一个或几个文化素养和欣赏水平较高的人，会在日常言谈举止中特别是会通过他的整体着装凸显出他们与众不同的精神内涵，而群体内部其他人会因受他感染而不由自主地想要模仿他，这从一个侧面激发了他为了有意显示自己高于旁人的欣赏水平而更精心于研究和表现的意识，实质上也就起到了提高这一群体整个欣赏水平的作用。这样一来，势必在群体内部产生一种服装选择和自我着装形象塑造上的良性循环结果。

（二）恶性循环

与上述的循环流向相反，毫无疑问也会产生相反的结果，中国古语有"近朱者赤，近墨者黑"之说，可很好地说明群体内部反馈的形式和结果。

在一个成员文化素养普遍不高的群体之内，由于他们的欣赏水平过低，他们根本就没有敏锐的观察力和良好的吸收能力去学习外界文化性很强的新事物。内部的互相议论和评判过程，又都限于不高的文化素养而容易满足，其结果造成一种恶性循环，不用学习，以丑为美，对自我着装形象有着自以为是的认知偏执等等，这都是这种恶性循环的结果。这是服装社会美育中很可悲的一种现象，需要引起人类文化学者和普通百姓的高度重视，以免造成小范围或危及大范围的欣赏水平下滑现象。因为它不仅直接关乎整个社会的着装水平问题，而且还关乎一个国家一个民族整体的素

第四章　服装艺术与社会学教育

质问题。

四、有意教育的社会化作用

有意教育的形式，属于服装社会性的外因，有意教育在培养人们社会化中所起到的作用，也就是它对服装适应社会的潜意识所起到的导引作用，却属于服装社会性的内因。人为了使自己的着装形象适应所在社会并顺应时代发展，而有接受教育的需求，这种需求成为人类不断进步的动力，它在主动接受教育的同时，自然会促进有意教育的改进和发展，于是在相互之间积极的活动之中，矛盾双方得到辩证统一。接受教育的需要和有益教育的结合，就成为人的社会化实质。具体到服装上来，完全可以体现出有意教育对服装社会性所起到的社会化作用。

所谓有意教育，是区别于社会群体内部不自觉的反馈所形成的无意教育过程，因而它的内容是有所依据的，采用语言教育和行为教育两种教育形式。有意教育的教育者，一般来讲，主要是家长、师长和有关专家。其重要教育源分别为家庭和社会。受教育者的范围相当广泛，每一个生活在正式社会中的人都是受教育者。有意教育的最终目的，是试图使受教育者在掌握一定的行为规范之后，再通过实践使知识内化变成自己的观念思想、动机和行为，从而形成独到的见解。

（一）家长和师长的有意教育

无论人的幼儿期、学龄前期、少年期直至青年期对服装有意教育的态度如何，接受程度如何，家长对于子女的着装意识的形成都应负有责任，家长的关于服装社会化的有意教育的作用都是不可低估的。如，对于服装，人们首先知道的应该是它的遮羞功能，而这一认识就是最先得自于家长在我们幼年时的有意教育。在走入学校之后，有关服装社会化的有意教育便有相当一部分来自于师长，包括学校内外授课的老师和对本人有教益的非亲属长辈。中国儒家启蒙教材《三字经》中有这样两句话："养不教，父之过；教不严，师之惰。"就是强调的这种家长与师长并行的有意教育。同时还应看到，社会总是在不断向前发展，特别是当社会发生急剧变革时，年轻的受教育者极易与较年长的有意教育者发生意识上的冲突，即形成所谓"代沟"。这时就需以科学的态度去看待这种差异，因为没有下一代对上一代的否定，就不会有社会的进步。青年人是社会延续的自然接替者，他们对新生活新文化的兴趣和探索精神总会首先表现在服装上。

（二）文学著作和传播媒体的导向

文学著作对人的着装观的影响从人的童年期就开始了，甚至会在儿童幼小的心灵中留下深深的烙印。特别是服装色彩，它会对人一生的服装审美水平起到难以想象的奠基作用。

一般来说，文学著作的水平越高，描写人的服装的语言越生动，它给读者的印象也就越深，当然所起到的影响也越大，某些家喻户晓的典型人物之所以长时期活跃在社会人群之中，相当一部分原因是其鲜明性格已经和特色服装密不可分。中国的玉皇大帝就是冠冕齐整；能七十二变的孙悟空就是围着虎皮裙；林冲的宽檐帽大披风；林黛玉的浅衣素裳……当这些文学著作中典型人物的特定着装形象在读者心目中不可磨灭时，势必影响人们的着装观。

比起文学著作来，传播媒体在服装社会化方面的导向作用更显示出其快捷的优势。报社、电台、电视台、网络都可以以现代化通讯手段，在非常短的时间里，根据人们对服装需求，对服装社会化的敏感性问题的探讨做出及时的反映。与服装有关的盈利或非盈利部门也都十分重视传播媒体的时效和导向作用，因为它是现代社会中最有效的传播中介，拥有无数的读者和观众。对知识的渴求和从众心理使得无数的读者和观众热衷于从信息传播中汲取新知识和新观念，对新闻媒体在服装方面的导向尤为关注，并愿意快速顺应或迎合，以免成为服装新潮流中的落伍者。

当代各种传播媒体，除去信息快速以外，最具强力的突出点，是能提供服装图形或人的着装形象。这种形象资料由于具有可视性，较之文字的抽象表达更直接更实在，当然也更受一切有意接受者的欢迎，也更对一切无意接受者施行强烈的影响与教化。在此情况下所提高的人民大众对服装社会化的认识能力，是促进服装社会性的重要内部因素之一。

服装社会性内因中，潜性评判标准和有意教育之间的关系是互为的，既相互制约，又相互致动。长久以来，人类在社会生活中所表现出来的着装意识明显受到潜性评判标准和有意教育的所谓潜在性影响，尽管其方式是显在性的。

第三节　服装是社会角色的标志之一

社会是由多种构件纵横交错构组起来的复合体，也就是由不同角色的社会成员所构成的。社会角色的确立需要具备很多内部素质，但是仅仅有内部素质显然还不是一个丰满的鲜明的角色形象。服装，因此成了必不可少的表明社会角色和特定身份的装潢和标志。以致当各种角色的服装形象在头脑中形成定势以后，竟很难改变。

社会整体为了生活秩序，为了使所有成员便于工作和生活，往往首先从执政部门制定一些特定服装，分别穿在不同类别的人员身上，这实属社会的需要。这里的社会，可以广义地解释为社会制度、社会关系、社会意识和社会控制手段，也可以狭义地解释为所有社会成员的组合体。除了社会总体需要以外，还由于活跃在社会中的众多着装形象认为有这种标明和区别的必要，这就使整体与个人，社会制度与社会成员的设想达到一种默契，从而得以延续下来，并在现代生活中显得越发重要起来。

本书将从最常见的标明性别差异、标明社会地位、标明社会职业、标明政治集团和标明信仰派系几方面，再加上艺用服装这一点去分析服装在社会学中的又一个重要作用。

一、标明性别差异

男女性别差异的第一个层面，是生理的不同。由于人尚有精神活动并属于社会文化的创造者和继承者，因而必然在性别差异上带有明显的不容悖逆的社会属性，这就决定了人们不仅认可这种不同的生理存在，而且还在此基础上使其差异更进一步强化，进而上升为一个新的层面。强化的目的是确立人们在社会中所分别承担的性别角色；强化的宗旨是从心理、行为上都要以对方所欠缺的为己方所补充；强化的手段则首先是塑造明显区别于对方的外部形象。

（一）强化体态

人是自然的产物也是社会的产物，男女不同的体态，也不完全是自然的而是社会的产物。服装就被人们利用来显示这种体态的不同，从古代衣服与佩饰的造型来分析，已经不难看出，人们以服装宽肩和笔挺的前胸显示男性的肩部和胸部特征，又以长裤和长筒袜显示出男性充满韧性和力度的双腿。相比之下，女性的服装多为夸张窈窕的身姿，特别是突出富有女性魅力的胸部——腰部——臀部的三点一线的曲线美。体态与服装的相互适应与相互补充，等于为男女性别角色的确立制定了对后世影响深远的特别服装模式。

（二）强化性格

体态是外在的，性格是内在的。性格本身就由社会生活的特质所决定，尽管它可能带有先天的因素，那也是人类创造社会生活的精神结晶体。用服装来强化男女性格的差异，较之以服装来强化男女体态要更加含蓄。男性的体态不是立方体，但男性服装却多为见角见棱，线条峻峭；女性的体态并非是圆形的，但女性服装却多突出圆润、柔和与曲线。这就是强化与蕴涵着性别的性格差异。可以看到，就在这含蓄之中形成了人们对男女性别差异的一种固定的文化期待。从而将男性角色的服装形象恒定为阳刚之气或称壮美，将女性角色的服装形象恒定为阴柔之气或概括为优美。同样是裙服，苏格兰男裙鲜明的色彩和大方格，显示了男性的朴厚大方、英气勃勃的风采；法兰西女裙柔和的色彩与圆浑的造型正衬托出女性的纤丽丰满、仪态万方的内心。普通的裙服体现出多么不同的性格差异与内心世界。性格加之体态这一表里兼之的整体形象，就由于服装的衬托而得以起到标明和确立社会性别角色的作用。

作为只有男女两性共同建构的人类社会来说，以服装来首先标明性别差异，无论对于维持社会秩序还是强调服装美化社会人生来说，都是至关重要的。

二、标明社会地位

自从人类社会中有了财富的拥有者和权力的拥有者以后，每个人在社会中的地位就开始出现了高低贵贱的差异。以服装来标明身份，是人们从远古时期就萌动的一种意识，随着服装日益繁复，价值在社会交往中显示地位的重要性越来越为人们所认识，于是服装就充当了标明人们社会地位的显而易见的物化了的精神必需品。

（一）局部具体显示

服装与地位都是客观存在，但是具体到以服装来标明社会地位时所选用的方式和方法，却常常有许多人为的、主观的认识渗透在里面。中国的古代官服就非常典型。

根据中国汉代舆服制度规定，官员平时要将官印带在身边，将官印的绶带垂在外面。于是印绶就成了汉代官阶的重要标志。唐代贞观四年（636年）和上元元年（647年），唐皇两次下诏颁布服色并佩饰的规定。到了明代，开始在官服上缝缀补子，以所绣图案和禽兽形象区分等级。而且朝服用色和朝服面料上的花纹都有明文规定。服装和佩饰在中国就是礼制中的重要组成部分，以服饰来区分地位、身份、等级是社会统治的需要和必然组成部分。

（二）整体含蓄显示

现代社会中的地位显示，大多已不再利用古代社会中惯用的服装款式和具体图案、色彩等。这种古老的区分等级的遗韵，只是还保留在军服和警服上。这些部门一是为了严肃纪律，二是为了命令的快速传达与执行，因此仍然以服装质料和款式、徽章来区分等级。

除军警以外的人士欲标明社会地位，在现代社会中多通过整体含蓄的显示方式。如，富人会穿着一般人买不起的名牌服装，戴昂贵的首饰，用名牌产品等等。服装如何标明社会地位，并没有明确的区分条例。这些档次的显示是根据当时当地情况下人们所普遍认同的模式而出现在社交场合的，很难找出详细的法则，却极易为人们所敏感地意识到。

再有一种情况，社会地位的高低也是相对而言的，只有在角色相互关系中才能明确自己的地位，同时认识到对方的地位，这不仅说明人们需要不断地进行自我心理调适，而且说明以服装来标明社会地位也不能仅仅停留在表层上的具体指示，有时是通过着装形象所隐现出的全部气质和风格所表现出来的。

三、标明社会职业

现代社会的职业装相当普遍，但是以服装来标明社会职业却不是现代社会的发明。如古代的戎装，就隶属于职业装的一种。

早在中国的汉代，即开始有以服装来标明职业的记载。如汉代首服之一——巾帻，在色彩上就曾经标明过职业身份，车夫戴红的，轿夫戴黄的，厨师为绿的，官奴农人为青的。到了宋代由于城镇经济的飞速发展，职业装更显示出服装社会化的必要性，张择端的《清明上河图》就如实地描绘了当时各行各业的服装特色。

以服装标明社会职业，必须掌握两条原则，否则，即使服装再讲究，再醒目，也等于虚有其表，失去了实际意义。

（一）符合职业需要

为一定职业人员设计的统一服装，首先应该符合其职业性质，如饮食行业的售货员、招待员和厨师等，都应以浅色服装为职业装，可给人以干净卫生的视觉感受。风行全世界的厨师帽之所以为全世界所接受，首先就是因为其符合职业的需要。选用白色面料，看上去洁净，一尘不染。造型上全部遮住头发，防止头屑脱落。而且质薄透气易于洗涤，因此十分理想。与此相反，有些店家忽略了这种美学和社会学的客观要求，从业者衣着颜色灰暗，穿戴不整，这些都会使人有厌恶感，从而影响了正常销售额。

（二）体现职业特征

人对社会事物的认知是有一定惯性的。如果某一职业装已被大家所认可，以至人们想到这一职业眼前便会浮现出这一行业人员的着装形象，或是凡看到这种标准的款式和色彩的服装就能很快联想到这一职业形象。如穿绿色制服的邮递员会被人们亲切地称之为"绿衣使者"。而医生则被习惯地称为"白衣天使"。

如今，伴随着现代工业、现代都市的兴起，世界规模的职业装也正在越来越多地被人们所利用。因为工人穿上统一工作服，不仅有利于工作时的效率和安全，而且还会增加凝聚力，加强责任心。售货员穿上统一的店服，有助于提高商店的整体风貌、文化形象和商店经营者的气魄，因而受到全社会的重视。

以服装标明社会职业，体现职业精神，突出职业特征，应该说迎合了社会发展总体趋势的客观需要。

第四章　服装艺术与社会学教育

四、标明政治集团

政治集团以某种服装来作为规范的外化，本身就体现出人的社会化的过程，而由于政治集团往往是有宗旨、有纪律特别是负有一定使命的，因此利用服装使其突出形象的意义，更显得格外重要。

（一）明确行为宗旨

大凡一个集团，当它选择衣服和佩饰时都是带有目的的，或者是明确行为宗旨，鼓舞战斗士气，或只是为了统一行动，为了醒目，便于分清你我，并使自己的旗帜（集团的意向）高高飘扬而且鲜明耀目。

中国清王朝灭亡以后，北洋军阀张勋，为了表示忠于清廷，所部仍留发辫，着有满族式样的军服，因而被人们戏称为"辫子军"。张勋以这种着装形式来表明复辟的决心。类似的例子很多，中国清代末年"太平天国"起义军，旨在反清，所以不穿满族传统服装，打仗时穿有汉人服装特色的戏装，以表达反清复明的决心与意志。另外，中国共产党领导的工农红军，一直将红星戴在帽子正前方的中央，就是为了体现出自己的宗旨——建立红色政权。

（二）有利于行动统一

占相当比例的政治集团，从建立伊始，便面临着武力斗争的考验。因而用某种服饰作为行为标志，无疑是有利于行动统一的绝好措施。中国西汉末年，由于王莽篡权，国内大乱，一支农民起义军用朱铅将全体成员的左眉染成赤红色，被当时人们称为"赤眉军"。东汉末年，张角所领导的起义军全部以头缠黄色头巾为起义标志，史称"黄巾军"。直至近代，美国三K党在举行秘密仪式时，用白袍罩住全身，只在面部露出两只眼睛和口形，用这种衣服产生的神秘感和恐怖性来威慑黑人。这说明以服装标明政治集团，除了明确行动宗旨，有利于行动以外，还可以用可怖的形象造成特有的骇人的效果。由此可见，服装标明政治集团，是极易感染人并给人们留下深刻印象的。

同时还应看到，集团规范会对集团成员形成一种压力，以使成员遵从规定，服从规范。这个时候，统一的有特色的服装就会时时提醒着装者，即集团成员，使他自觉地去遵守与服从集团规范。

五、标明信仰派系

信仰是一种精神活动。对于生活在社会中的成年人来说，每个人都有信仰，只是这种信仰是广义的，从某些方面看有些类同或近似于世界观、奋斗目标等等。只有其中一部分对某一社会事物有着虔诚的崇拜和极度的信任。这个崇拜和信任的对象可以是某种宗教，也可以是某种主义。当他们以此作为自己一生的行动准则的时候，崇拜和信仰就占据了整个心灵中最重要的位置，自然会产生一种强烈的情绪和行为：排他。

信仰中的派系，就根源于以上论述的社会特殊精神构成体中的情绪反应。那么，除了宗教之间的教义内容有所差异甚至相悖以外，还有什么最能体现出这种极端思想呢？那就是服装，即每个信仰者都不能离开，又同时可以警戒对方，坚定个人信念。

下面将就各教中不同派系的服装，来说明服装在标明信仰派系时所起到的作用。

佛教中教派很多，其中藏传佛教的派别之一——"噶举派"的僧人因穿白色僧裙和白上衣，被俗称为"白教"。另一派，"宁玛派"的僧人则一律戴红帽，而得名"红教"。"格鲁派"僧人以戴黄色僧帽作为区别其他佛教派系的标志，因此也被人们称为"黄教"。古代阿拉伯伊斯兰教之内的派系之间的不同，有时更是直接以服装颜色来区分，同时人们以此命名。如黑衣大食、绿衣大食、白衣大食等。另如，天主教本来就是基督教中的一个分派，其修士一般穿黑色长袍。但是也有穿白袍的，被称为"白衣修士"，穿灰袍的称"灰衣修士"，戴尖顶风帽的称为"尖帽修士"。

以服装来标明信仰派系，是最容易诉诸视觉感官的，因此容易辨认，也就促使宗教主持者重视服装，以服装塑造鲜明的派别形象，在区别于其他派系的同时，宣扬自己的教义。从这个角度来看，宗教乃至其中的各派的服装，是格外注重社会效应的。

六、艺用服装的形式美感与典型性

舞台和广场表演艺术中的服装，属于艺用服装。

艺用服装细分起来，包括戏剧服装、曲艺服装、电影服装、舞蹈服

第四章　服装艺术与社会学教育

装、演唱服、乐队服、杂技服装、马戏服装等。如果连广场艺术也算在一起的话，那各地区各民族欢度佳节的庆祝仪式上也有一些属于艺用服装的，尽管他们的本意可能是自娱自乐，但实际上也成为供人欣赏的节目中的演出服。

演出艺术给人的美感，固然是依凭了演员的表演能力和舞台环境，但是艺用服装本身所给予人的美感也绝不能忽视。中国京剧服装的彩绣加绘配金属件的工艺之美，京剧脸谱及须式的绘画艺术和手编工艺的概括、归纳的造型之美，都是能够独立完成的。也就是说，艺用服装本身也可以算做一件艺术品。京剧中表现穷苦人的衣服，采用菱形、方形和不规则形状的彩色布缝在黑衣，表示衣着褴褛，但不脏不破，而且独具艺术匠心。角色是穷苦人，所穿这种衣服却名"富贵衣"，真是艺术创造的极致！即使欧洲杂技服装已发展到三点式，但是那立体形式美感和光灿灿的特殊的质料之美都显示了表演艺术是综合艺术，除了动态美之外，还有静态美的成分在内。而静态美中主要是服装，它远比演员容貌更能在远距离外形成视觉效果。而且由于艺用服装本来就是为舞台表演设计的，所以经过灯光的照射，它往往会产生诱人的或是扑朔迷离的艺术效果。

在艺术中，典型的力量是无限的。典型的性格、举止、习惯和日常用语可以在读者或观众的心里留下恒常的深刻的印象。那么，具有典型意义的服装所构成的不同于其他人的典型着装形象更会使人难以忘怀，甚至在日后的交往与研究中，典型的着装形象会给人以联想，给人以启发和灵感。相对来说，一个人物如果只有某些情感方面的直接描写，而缺乏服装衬托其典型性格，也极易使形象显得单薄。

以一种典型服装来映现剧中典型人物的性格，这在中国京剧中可谓十分成熟。原始设计构思在经过历代人们不断地继承发展，如今已达到炉火纯青的地步。靠背旗凭着插在背掌里的四面三角形缎质小旗，就将统率三军、英勇善战的武将气势表现得淋漓尽致。文官头戴乌纱帽，生角（正派人物）的纱帽翅多呈方形，丑角（反派人物）的纱帽翅多现圆形。属于化妆范畴的脸谱更具典型性，脸谱艺术也成为京剧艺术的精华。如老年正面人物勾十字门脸，水白脸则用来刻画那些阴险狡诈的奸相权臣等等。

另如俄罗斯传统芭蕾舞剧之一，柴可夫斯基作曲的《天鹅湖》，因为善良的奥杰塔公主身穿一身纯白色的舞衣，致使这一着全身白芭蕾舞服的少女形象成为不变的奥杰塔公主的典型形象，再加上一同起舞的白色小天鹅，使人一望便会感受到纯洁与率真，意识到典型形象的强烈固着力和穿透力。

第四节　时装流行的流向与流速

既然流行一词中首先强调了"行"，再定之以"流"，这就毫不含糊地点明其本意是呈动态的，是一种事物由一端向另一端，或向四面八方扩散的过程。流而行之，是一种新气象、新模式、新格调，能引起众多人推崇、喜爱、追随，进而自上而下、自下而上或是横向推移。在这里，我们就以时装的几种常见流行为脉络，去探视时装在流行过程中的方向选择。

一、垂直运动形式

垂直运动意味着其运动方向是向上或是向下的。服装的垂直运动，意指上层社会的时装影响到了下层服装的更新，或者是原本被上层社会之人为不屑一顾的平民服装却以强大的气势冲击了上层人士，使他们欣然接受。

时装流行垂直运动时呈现的状态，被人们作出富有诗意的描绘：自上而下称为"向下细流"；自下而上称为"向上渗入"。法国社会学家塔尔德将自上而下的传播，形容为"瀑布式"，它是以欧洲近代社会的传播方式为依据的，认为在当时，上层社会或称上流社会是时尚的主要信源。现代社会就不同了，人们的生活半径不断扩大，社会生活愈益丰富多彩，因而，时装作为时尚的主要内容，势必在流行的信源和信道上发生变化，这就是即可以竖传，也可以横传。

综上所述，时装在垂直式纵向流行时，可以将其分为自上向下逸散和自下向上浸润两种流向。

（一）皇族、贵族为时装源，向下逸散

这是古代和近代服装流行中最普遍、最常见的一种流向。因为皇族和贵族拥有的权势使他们有能力，包括财力和闲暇时间去为服装的新颖而绞

尽脑汁。

中国南朝时，宋寿阳公主有一日卧于含章殿下，忽然树上飘落一朵梅花，正巧落在寿阳公主两眉之间，拂之不能去，宫女们见了觉得十分好看，便纷纷仿效以胭脂涂在额上。最初也画成梅花样，后来就不拘一格了。被人们统称为"寿阳妆"或"梅花妆"。以致遍及黎庶，成为女子必不可少的面妆式样。这样的情况和全过程以至结局，在欧洲以完全相同的形式表现出来。法国路易十六的玛丽王后，曾成为她那个时代服装新潮流的领导者。她喜欢各种新头饰，并热衷于头饰的创新。每一种新头饰创造出来以后，便立即在贵族乃至平民之中流行开来。20世纪60年代，美国肯尼迪总统的夫人经常出现在公众场合，她的着装成为女性着装的模仿样本。

（二）社会崇拜偶像为时装源，向下逸散

现代非宫廷皇族，也非贵族但又被全社会崇拜的人，是某一时期被瞩目的对象。尤其在青年人心目中，往往是超过一切亲属，甚至父母师长的偶像。这些人包括体育运动明星；当红的影艺明星；社会知名人士等等。他们的一个共性是其容貌、体形和技能上具有某种魅力，甚至被称做"大众情人"。再一点共性是都有宽裕的金钱。所有这些条件，使他们在有意无意之间成了时装潮流的主宰者和带头人，同时又以居高临下的优势使某一时装，或某一着装习惯牵动这无数追求时尚的人的心。英国演员莉莉·兰特里小姐在演出时穿的一种运动衫和折叠短裙，很快就被各种年龄和体形的妇女所效仿，热潮一直传到美国。美国网球冠军海伦·威尔丝，曾设计出一种眼罩来替代常规的网球帽，结果使得那年夏天的眼罩大为流行。

（三）下层民众服装向上浸润形成的冲击波

一般说来，下层民众的服装款式变化不大，这主要是因为一是劳作的需要，使他们的服装多是短打扮，再有就是财力有限，使得他们对服装的要求仅为能蔽体御寒。然而，事物发展中不是单一的，时装流行也同样不会只限于上层对下层的波及与逸散。

众所周知的例子莫过于牛仔裤。1850年美国的巴伐利亚移民李·施特劳斯在淘金热中用帐篷布制成工装裤，卖给西部淘金工人。后几经改进，

牛仔裤很快成为受广大下层劳动者喜爱的服装。直到 20 世纪 50 年代，牛仔裤在美国还只是穷人的服装，不能进入上层社会。但是，年轻一代似乎以一股逆反心理来向社会正统势力宣战。终于，在马龙·白兰度主演《欲望号街车》之后，牛仔服作为电影主人公的特色服装，与现实社会的青年人思想产生了共鸣，于是风靡全世界。到这时，原本为重体力劳动者穿用的裤式成为上层人士所热衷的时装。最能说明时装自下而上流行，也有相当强力的冲击波的，是 1993 年 1 月 20 日宣誓就职的美国总统克林顿，他在当选总统之后仍旧穿着牛仔裤和 T 恤衫。而且他还不是第一个穿牛仔裤的美国总统，在他之前有卡特，之后则是小布什。事实证明，不管上层人士是主动的接受还是被动地接受，有些服装的兴起并不只是来源于上层。

二、横向水平移动形式

横向，即抛弃社会成员等级区别的流向。在这里专指时装在水平面上所发生的变异状态。可这种状态既然无所谓高低、上下，也就直接可以按人们居住的方式进行分流的动态区分，如：中心向四周辐射、沿交通线向两侧扩散、边域向内地推演、临近地区互为影响渗透。总之，这种种服装流行的横向水平移动，可以突破人们着装习惯的一些分支系统之间的界限，使整个社会生活中的着装习尚和审美水平取得同质性增加与提高。

与时装的垂直流向相比，水平流向更显示出形式的多变与圈层的不稳定，因而也就更加表现出时装社会性的必然与必需。

（一）中心向四周辐射

这种时装流向的普遍特点是从首都向周围小城市，从小城市向周围乡村的辐射。无论国之大小，首都总是一国的心脏，是政治、文化、经济的中心，对外交流的集中和融汇都出现在首都，国内的特产和文化传统也都汇集到首都。

中国古代的首都，称为"京师"，是衣冠文物荟萃之所，是主要的服装变异的策源地。《后汉书·马援传》写道："城中好高髻，四方高一尺。城中好广眉，四方且半额。城中好大袖，四方全匹帛。"虽寥寥几句，但

第四章　服装艺术与社会学教育

非常形象地描绘了流行服装横向移动，即从中心向四周辐射的特点。在现代欧美国家中，有巴黎、纽约、米兰、伦敦四个时装中心，以其别国难以匹敌的实力和号召力，起着时装流行自中心向四周辐射的特殊作用。其中"花都"巴黎是法国的首都，而法国进入 17 世纪时已经发展为一个专制制度极盛的国家。宫廷服装和贵族服装那种登峰造极的奢侈与豪华，为巴黎成为世界时装的中心奠定了基础。

（二）沿交通线向两侧扩散

交通线，是人类各区域借以沟通的网络。从部落与部落之间、村庄与村庄之间的通路，到跨越洲际、串联十数国的文化经济商道，只要是有人来往并从事有意交流的通道，都构成交通线。

古往今来，在时装横向水平移动的形态中，交通线两侧居民受其感染，进而引起服装变化、发展的例子非常多，最有代表性的可谓闻名世界的"丝绸之路"。丝绸之路东起中国的古都长安，分南北两路过阳关和玉门关，越过帕米尔高原到印度，也可横穿伊朗，从伊拉克出叙利亚，终止于土耳其。丝绸之路不仅是一条经济交往之路而且还是东西方文化交流之路，在交往过程中，文化交流和经济交流的结晶首先反映在沿途人民的服装工艺上。新疆民丰古墓中不仅出土了东汉时的锦袍，而且有一块迄今发现最早的蓝印花布。布上既有中原人所崇拜的龙形，又有袒胸露臂的典型印度犍陀罗风格的菩萨像。另外一些织物上的猪头、怪鸟等纹饰则吸收了中近东国家的题材，这些都被作为新的带有纹样的服装被沿途国家和地区人民首先使用，然后才蔓延到各地。新疆吐鲁番阿斯塔那地区唐代墓葬中出土的织锦、鞋子等衣物都属中原样式，是服装沿交通线向两侧扩散的典型例证。

（三）边域向内地推演

对照交通线来讲，边域相当于一个面的边缘。当沿着交通线在两侧形成无数时装光点时，这光点便如同光束一样向远离交通线的区域延伸，进而将时装的新款式、新风貌推演到更为闭塞的内地。而且，边域的服装往往具有鲜明地方特色，甚至保有其传统的和与新事物融合的风格，因此极易吸引内地人。于是，又形成一个时装水平移动的星罗棋布的新局面。

除了以上提到的贯通欧亚大陆的丝绸之路之外，还有一条自中国东南沿海广州、扬州起始，终止于非洲索马里和坦桑尼亚的海上丝绸之路。由于所到之处都是沿海地区，因此，不是向两侧扩散，而是主要影响了沿海地区，再由沿海地区向内地蔓延。在现代文明社会，时装的流行也有相当一部分是像这样由边域向内地推演的。沿海地区由于海上贸易的繁盛，比内地更经常看到新鲜的事物和接触到新的服装款式，然后再传播到内地。

（四）邻近地区互为影响、渗透

相比邻的地区，包括大至国家，小至村庄的人们互相学习，互通有无，是非常自然的事。且不说欧洲各国在时装流行中，总是某一种新款式在一个国家刚刚出现，便会迅速传到比邻和靠近的国家。就是一个国家以内，也是临近的城市或乡村的人首先受到影响。

历史上，中国和日本就因为相邻而很早便开始了文化交流。为服装的传播和渗透确立了有利的地域条件。如众所周知的日本民族服装——和服的样式就几乎完全仿效唐代的服装样式。当然交流也是双向的。与此同时，在中国《魏志·倭人传》中也记下了日本衣料传入中国的事件。这种服装上的影响与渗透，中国除了与日本，与周边其他国家如朝鲜、越南、老挝等国家也都存在着。

具体说来，这种邻近地区的影响与渗透还会呈现出两种不同的方位和路线上的差异，一种是块状或圈状的，一种是直线或曲线的。前者如上述的东亚各国的相互影响，后者如国内沿海岸线的时装流向：广州—上海—青岛—大连。当然也会在流行之势中出现相互影响的现象。

三、循环流动形式

时装流行过程中不只限于竖向垂直运动和横向水平移动，还有一种立体的流向，它是呈循环流动的路线，可以是立体交错的，也可以分别为垂直的往复和横向的回转。其中最明显的一个特征，即为它几乎没有起点与终点，无论高低与远近，都不是单向进行的，总是进行到一定区域或程度或等级时又回转来，往往不顺原路，却沿着也许是原始的起点又重新进入了流行的轨道。

阶层之间，即竖向的流行中出现循环流动的最形象的例子，莫过于民间总结的一句俚语："贫学富，富学娼"。一般来讲，下层人士的眼睛总是盯着上层人士那日新月异的服装。但是，当富足的上层人士穷奢极侈到极点时，又会从下层社会的人们特别是出卖色相的人们身上，发现新奇的着装方式或具体服装饰物。再转化为上层社会的主流服装，然后再来影响下层社会。如此循环往返，永无终点。

再一点表现为区域间的循环流动。即一种服装样式从一国流传出来，经过若干国家的流行又会再传回第一个国家。不过这种时装在沿途已经融进各种文化与技术，当它再回到发源国时，虽然还保留着一些影响痕迹，却已不是刚刚从发源国传出的造型与款式了。欧洲的西服上衣被日本引进后，改制成立领的日本制服。中国人又在日本制服上改立领为立折领（融进清代领衣式样），改胸前三袋为四袋而成中山装。原本从欧洲西服流向而改造的中山装，作为中国特色服装，又令欧洲青年感到新鲜。

循环流动不仅表现在阶层和地区上，具体到一种特定款式，更会出现循环的态势。如20世纪70年代的喇叭口裤很是风光了一阵子。之后，便被筒形裤、萝卜裤等瘦形裤取代。不过，进入90年代，女青年又再次穿起了与喇叭口裤大同小异的肥形裤，而且男性着装者们的裤形也有增肥增大的趋势。

循环流动中还会出现一种流程中的往复现象，即所谓的螺旋式上升运动，涉及时装流行中的周期循环现象及因素，是一个值得深入探讨的社会心理问题。

四、时装流行的流速及其特征

在时装流行过程中，其流速并不是始终如一的。根据时装流速的特点，我们将其分为渐变、突变、跳跃之后趋缓和变异之后反弹四种形态。

（一）渐变

渐变是时装流行中最自然又最普通的一种流速了。它是由服装的部分改良和美化而形成的，一般出现在社会相对稳定的文化背景下。人们在较为平和的气氛中接受新事物、新模式，又在没有强大外力冲击的情况下进行选择。因此出现了一种表现在服装流行上的循序渐进的态势。这样一来，流行在动态社会中完成了在静态社会由习俗来完成的社会功能，它使人们在缓缓的渐变的时装流行趋势中，取得了同步性。

欧洲的女裙和中国的旗袍集中体现了时装流行的渐变过程。欧洲的女裙在两千多年里一直是长裙拖地，不露出腿部。直到 20 世纪初，这一情况才有变化，裙子开始逐渐向上发展，露出腿部，到 60 年代达到极致，出现了超短裙。与过去相比，这确实是一个惊人的变化，但这个变化不是忽然出现的，也是经历了一个渐变的过程。而中国的旗袍渐变过程与此大同小异，从最初由满族女性穿着的宽大直筒式的旗袍发展到现代的旗袍，经历了两百年的发展、改进的渐变过程。在古代旗袍的基本样式上糅进了许多现代风格。从而既保证了现代女性的快节奏生活、工作，又不失原有传统服装的美感，也体现出渐变在时装流行中的纤弱却又有力的推动作用。

与社会相对稳定不同的是，如果社会长期动乱，人民生活困苦，文化停滞，服装的流速也会缓慢，因而在一个阶段中变异很小。

（二）突变

时装流行过程中的突变，其主要社会基础或原因是发生了大的社会变革或事件，如国际战争等，从而导致时装突然涌入某国、某地，以铺天盖地之势弥漫了这一区域。当然，在流行高潮后，它也许很快就会销声匿迹。但是仍将以残存痕迹遗留下来，作为以后服装的某一个结构组成部分而永远记下那快速的一瞬。像第二次世界大战前期，德国党卫军制服，后期苏联服装对东欧国家所产生的影响。再如政治运动，中国在"文化大革命"中普遍穿着的军便服也是一个很好的例子。

最明显的时装流行突变现象与对外交流密切相关。特别是闭关锁国多年，突然对外开放。这时，外界的新奇服装往往会令人眼花缭乱，原有的服装样式很快就会被放弃。如中国在 20 世纪 70 年代末敞开国门后，代表西方文化的牛仔裤、喇叭口裤几乎是一夜间风靡了全中国。

时装流行中的突变现象不如渐变现象普遍，但它作为社会化的产物既不可避免也无法抑制。

（三）跳跃之后趋缓

时装流行过程中的跳跃属于突变，其性质与表现也与事物突变一致。

第四章　服装艺术与社会学教育

但跳跃不是恒常的，它只能说明一次时装流行中的大的变动，绝不会持续跳跃。跳跃之后必然有一段相对稳定的趋缓阶段。如，20世纪40到60年代欧洲的"新外观裙"、"夏奈尔套装"和"超短裙"都一度冲击了原有传统，引起大的轰动效应，影响了欧洲时装界几十年。当时的新式样待到时装临界线后也变成了传统的款式，或者说变成了古典的设计。中国国民革命时的中山装，中国"文革"时的军便服至今还为某些人穿着。

趋缓是渐变性的积累，长期趋缓以后必然会有新的跳跃，再趋缓，再跳跃，这几乎成了时装流行中亘古不变的真理。

（四）变异之后反弹

在纵览时装的造型变异上，人们会惊异地发现，某种新潮服装在大面造型上竟是前代服装的再造或重现。其中一种是顺向推移，如法国路易十六时代的高跟男皮鞋，使20世纪80年代青年足下生辉；法国贵族妇女的花边袖长裙，为当代女性所欣然穿着。另一种是性别转移，如中世纪欧洲公爵男式紧身裤，令今天青春女性模仿而增加健美气息；20世纪初的男子斗篷，也披在几乎百年后的少妇身上。这都是旧装（古装）一变而为时装的现象。我们可以称它为时装流行过程中的变异后反弹。

旧有的时装经过变异以后，重又反弹回来成为新的时装，这在时装流行过程中是很难总结出确切的流速的。但是这种时间过程，与其说是潜性演化过程，是变异反弹过程，还不如说是曾有一段遗忘过程。忘记了过去的旧，也就成为今日发生的新。"推陈出新"可以构成时装，"用陈出新"同样可以构成新潮服装。

变异后反弹的时装现象，看来是复古，实际是创新，它在时装流行过程中，也占有一定的比重。

（五）流行周期

时装流行过程中，无论流速怎样变异，但最终总会表现为一个流行周期。我们可以称其为螺旋形上升。把它说成"螺旋形"，是因为它经360°大转弯以后，又回到原来的相近立足点。把它又说是"上升"，是因为这种回归不是落到原来的始发点，而是具有了新的前进与提高。期间需要一个过程，这个过程所经历的时间，即为流行周期。美国加利福尼亚大学的克罗伯教授，经过研究分析，认为时装周期间隔时间是一个世纪。欧洲的古典式拖地长裙在 20 世纪新时代几乎绝迹。但在世纪末又复兴起来，成为冬裙和夏裙的流行款式。20 世纪初，迪奥风格的时装以体现自然和纯真的直角式形成有代表性的时装。到了 20 和 30 年代时，迪奥时装达到巅峰。经过人们极度的喜爱和推崇之后，于 80 年代进入中国，重新成了十分引人的时装。事实上我们看到这些都经过了将近一个世纪的周期循环。当然，这是从大处着眼。再有一点不容忽视，那就是如果社会节奏在加快，时装的流行周期自然会相应缩短。

服装的永不休止的运动状态，及运动中的每一变异，都形成了时装——虽然有时它在渐变，有时它在突变，有时在趋缓，有时又在反弹。

时装的日新月异与社会生活的斑斓多彩同步。

第五节　服装对社会语言的影响

语言是人类交流思想的最重要的工具，是思想的直接现实。人类的语言是在劳动过程中，同抽象思维一起，经历了漫长岁月逐渐产生的。语言是一种特殊的社会现象，随着社会的产生、发展而产生和发展。

基本词汇是"语言基础"的一个方面。中国汉语的词汇非常丰富。汉语的一般词汇，几乎处在经常的变动之中，迅速地反映社会生活各方面的变化。人的不可或缺的物质与精神产物的服装是生活的要素之一，因而与汉字汉语有非常密切的关系。

由服装而生发出的语言，表达形式大体上有两种：一种是直接形容服装的字词，被作为日常生活的基础用语，还有一种是以服装用语为基体，注入其他概念或思想内容，以阐明某种道理或凭借服装用语加以延伸、转注而予以运用。

在中国这个儒雅大国，服装和文学巧妙组成的词语，更为人们须臾不能离开。即使大字不识的人，也会在闪烁着智慧之光的口头语言文学中，达到一种情绪体验的共通与互动。而且常常会妙语连珠，语出惊人。

在中国成语中，冠冕堂皇、衣冠禽兽、张冠李戴、两袖清风、纨绔子弟、正襟危坐、拂袖而去、削足适履、衣锦还乡、穿红挂绿、一衣带水等俯拾皆是。据不完全统计，仅上海辞书出版社出版的《中国成语大辞典》就收集了这类成语九十余条。另外，在汉语的单词中：裙带、裙衩、巾帼、袖珍、连袂、连襟、布衣、华簪、左衽、粉墨、便衣等也都成为某些生活角色或现象的代名词，其所指远远超过了词语的原意。再如，袍泽指部下；后裔指子孙；紫衣喻高官；布衣指平民；袖刃和袖剪，喻暗藏杀机；绅士源出于古代大夫束在衣外的大带叫绅带；襟带却用来形容地势的回护萦绕，中国唐代年轻诗人王勃在《滕王阁序》中奋笔写道："襟三江而带五湖"，或许觉得不用服装术语实在难以准确描绘那万里河山的气势。

口头俚语中更不乏生动之例：甩大鞋、穿新鞋走老路、贴身小棉袄、光脚不怕穿鞋的、小辫大褂子、三个臭皮匠顶个诸葛亮、新鞋旧袜子、好得穿连裆裤、穿衣戴帽各有所好等等。甚至于大人先生狂热地爱上自己所倾慕的女子时，也会不顾身份尊严，自称"拜倒在石榴裙下"。历史证明，与服装相关的词语总在不断地得到补充和更新，不断地被用来形容某新领域的形象和现象。特别是俚语，有些又反弹到上层从而成为政治语言。如中国"文化大革命"期间的"戴帽子"，被堂而皇之地作为政治术语而充斥在大会小会上。另外还有"抓辫子、打棍子"和近些年的"土老帽"、"盖帽儿"等，都活灵活现地反映出群众对生活的敏感性及对捕捉事物本质的能力与把握性，同时不失幽默感。在表现中国人软幽默的歇后语（俏皮话）组合中，服装更是常用的语言材料。按照中国汉语修辞学的一般解释，歇后语主要有比喻和双关两类。以服装做比喻的歇后语，如：懒婆娘的裹脚布——又臭又长；老虎戴珠子——假充善人；猪八戒照镜子——里外不是人等等。由服装事象出发而生发出双关意义的歇后语有：卖布不带尺——瞎扯；绱鞋不用锥子——真行；张飞纫针——大眼瞪小眼；可着屁股裁尿布——不富裕等等。以上种种用语表现了一定历史阶段上的社会生活，传递了文化信息，强化了语言的表达效果。

欧洲语言尽管没有中国语言这么富有形象性和寓意性，但是服装专用词也渗透在文学作品和口头语言中。18世纪中叶，法国的文学家、女诗人常常在家里举行文艺沙龙，与会者着晚礼服、戴长手套、穿一种蓝色羊毛袜子。而当时以模仿巴黎社会风尚为荣的英国伦敦贵族妇女们，也举办这类晚会，也穿上蓝袜子，但通常不着晚礼服。于是有人就讥讽这种模仿沙龙活动为"蓝袜子夜总会",此后便流传一个词——"蓝袜子",喻卖弄学位和附庸风雅的人。这种把有关服装的语言转化为带有特定内涵的生活语言,在各国很多。如"皇帝的新装"喻自以为是,自以为荣;"身穿重孝"喻深深悔恨;"保住腰带"喻夺得锦标;"拾起手套"则意味着应战。在《伊索寓言》、《旧约全书》和希腊神话中,叙述到的有关服装的故事,很多流传开来,至今仍作为成语或警句,如武装到牙齿、秃头武士(自打圆场的人)、泥足巨人、蓝胡子(凶残的男子)等等。还有一些是引用古代服装事象,隐喻某种势力,如希波利特女皇的腰带(众人争夺的宝物),依利亚的袍子(接受衣钵)以及"拿走你的内衣,连外套也给他"(《马太福音》,教人勿抗争)。这表明,服装在生活中占有相当重要的地位并为民众所异常熟识。而这些语言又具有强力的表达效果,因此才会影响到人们的观念和语言文化。

当然,根据涵盖面的大小还有一定的区域性,如希腊神话为世界大多数人所熟悉,因而"桂冠"所指尽人皆知。但"勒紧裤带"在欧洲喻为准备行动,在中国却是指渡过饥饿难关。还有一点确确实实的是,服装产生的年代久远,当人类有了衣装时,还未见"河出图,洛出书",因此语言形成后,特别是文字成熟后,转用、仿用服装习惯用语,也是顺理成章的。由于历史悠久,某些词语已经深入人心,即穿透力强。在中国,只要说一句:"衣冠楚楚",听者头脑中马上就会出现一个服装整齐漂亮的人物形象;而一句"新鞋旧袜子,小辫大褂子"立即就会使人联想到可笑的失败的着装效果,进而引申为新旧搭配,不伦不类;见"红妆"几乎无人不想到美女,而"捉襟见肘"则足以使人感受到顾此失彼、手足无措的窘态。用最普通的服装名称作最高级的使用,那无可争议的就是"领袖"一词了。

第四章　服装艺术与社会学教育

服装需要穿在人的身体上，服装成立的最基本条件，是必须与人体相结合，必须适应人体结构。如果在服装创作中忽视了着装者负载服装的躯体，也就是说不考虑人体结构的话，那么服装就不成其为服装。再有，由于社会文化的驱动力，使得服装在与其自然人体结合中一度或说直至如今仍存在着逆反现象，甚至是对人生理上的摧残。这里包括束腰、穿鼻、穿耳、凿齿、黥面等无计其数的以人体残伤为手段，寻求着装形象上畸形美行为。这种种异化行为表现在服饰形象创作中，应该说起因为社会文化因素，落点却在人体——纯自然形体之上。尽管我们现在提倡回归自然，还人以本来完美形体，但服装文化中的这种畸形追求依然存在。这是值得研究和认真对待的。

第五章　服装艺术与生理学教育

第一节　服装与人种体形特征

服装生理学要涉及人体形与服装造型的关系，可是人类的体形各异。为了研究方便，我们对服装与人种体形特征的探讨，将建立在人类学将人类划分为三种——尼格罗人种，蒙古人种，欧罗巴人种的基础之上。各个人种体形的特征以及与服装造型的关系可以在三大人种及其他人种中同时体现出来。

一、欧罗巴人种与服装

在全球人中，欧罗巴（或称高加索）人种约占43%，主要分布在欧洲、美洲、大洋洲、北非、西亚和北印度。

欧罗巴人种的体形特征是身材较高，一般身高相当于7个—8个半头的长度。无论男女，都是肩相对于其他人种为宽，而髋部偏窄，以至于男性的背影，显示出明显的扇面形，女性也基本相同，只是比例略小一点。

腿长是欧罗巴人种突出的体形特征，普遍来说身体颀长，四肢丰腴且又结实，肚脐部位位置很高，全身给人以挺拔的感觉。

欧洲人在服装造型上的探索与成就，形成了适合欧罗巴人种的服装风格。欧洲古代的长筒袜和立体拖地撑箍裙，都只有在长腿的欧罗巴人种体形上才显得适合生理特征。以这种加大横向伸展和占据空间的裙形穿在身材不突出的蒙古人种身上，是无法显现服装的效果的。因此，大凡能够在一个种族中长期延续穿用的服装，一般都具有适合本种族人生理，特别是体形的特点，只有这样，才会在穿着者感到舒适、观赏者感到悦目中，得以存在和发展。欧洲人惯用的高领毛衣，就是因为适合欧罗巴人种的小头长颈的生理特征，而同样的高领穿在蒙古人中的中国人和日本人身上，就远没有前者舒适、爽目。另外，欧洲女性常以服装造型来突出乳房，女子乳房形状直接影响到女性身材的标准。于是，女性拥有浑圆而富有弹性的高挺的乳房，成为发育成熟的象征。为此，服装的领型、胸襟、腰围以及颈项间垂至两乳之间的饰物等，无一不在衬托、加强和炫耀这种健美的生理特征。

二、蒙古人种与服装

蒙古人种约占全球人口的41％，主要分布在东亚、东南亚、西伯利亚和美洲。蒙古人种体形特征是身高中等，一般身高相当于6个半—7个半头的长度，男女的头与身比例相等。肩宽也属于中等，男性较之女性略宽。髋部则女性较之男性宽得多。腿部的长度，较之欧罗巴人种和尼格罗人种都显得短。在全身比例中，头部较欧罗巴人种要大，但较尼格罗人种要小，基本取中。蒙古人种的体形特点是敦厚、健壮、结实、匀称，只是较之欧罗巴人种体形，整体显得粗壮而不够挺拔。

以服装历史较长的中国、日本、越南、朝鲜等国的蒙古人种来看，多少年代，人们创造了适合这种形体的衣服与服饰，如高髻、高冠（可以加高身材），比甲、和服（可以使身材显得修长），长而不阔的基本成平整垂直状态的长袍、长衫和长裙等（可以使粗壮的身材显得飘逸），因而以服装构成了与人种体形特征相和谐的关系。

蒙古人种的男性不夸张双腿结构，女性也不强调过细的腰和过肥的臀，尤其不强调乳房，甚至要遮盖乳房的隆起。因此，蒙古人种中的所有服装都不是在烘托躯体的性别特征，如果说也在以区别于欧罗巴人种的方式来强调躯体自然生理特征的话，就只能在铠甲、佩刀、相扑服和农夫短褐中去觅其踪影了。从各种有关人种体形的书中，中国女性的缠足和日本女性腰间的花带以及朝鲜女性胸前的飘带等似乎成为有代表性的服装形象，从而给蒙古人种之外的学者们留下了深刻的印象。

欧洲人在看蒙古人种的体形和服装时说，日本女人穿直身向下的长折衣服遮住了突出的臀部，掩盖了蒙古人种短腿的特征。赛伦卡说："人们可以使不美的乳房变样，却不能让宽宽的臀部变样。因此，日本女人就用一条又宽又厚的布，也叫带，缠在腰部，使臀部不那样突出"（转引自《世界各民族女性人体》）。需要说明的是，腿短和臀宽是相对于欧罗巴人种而得出的结论，不能像旧时的欧洲人那样对蒙古人种特征存有任何偏见。倒是可以这样认为，蒙古人种的服装形象不强调束腰阔臀的性感形象，相反，是以服装来千方百计地遮掩它，再以其衣服的款式、色彩、纹饰去展示其民族的文化性。

另外，欧洲人总是不无遗憾地评论蒙古人种女性的乳房过于干瘪、瘦小，这也是出于欧洲人对人体美推崇备至的结果。不能不相信，抛却美与不美的因素，就以乳房大小的问题来讲，有可能是以服装长期束胸而给这一种族女性体形的发育带来影响的。

三、尼格罗人种与服装

尼格罗——澳大利亚人种，约占全球人口的16%，主要分布在热带非洲、大洋洲、南亚及东南亚部分地区。16世纪以后，一部分被欧洲殖民者强运至美洲。

尼格罗人种的体形特征是，身高中等，一般身高相当于6个半—7个半头长。尼格罗人种腿部结构较之蒙古人种要长，只是头部较之蒙古人种和欧罗巴人种都要大，不过，几代混血以后的尼格罗人种头部已明显减小。尼格罗人种女性的乳房普遍大而长，而且臀部上翘，较之欧罗巴和蒙古人种都为甚。

尼格罗人种的服装与他们的体形相互适应，却无清晰的形象范围。这与尼格罗人种的服装艺术相对贫乏和居住区域多属热带不无关系。

尼格罗人种的传统服装简而又简，有的用一块布随便将身体缠裹起

第五章　服装艺术与生理学教育

来；有的用两块方布，上身斜披一块，下体横围一块；有的索性只有草裙；还有的只有饰品、涂身、涂面而无衣服……热带区域的居住环境当然不能忽视，但是，很重要的一点乃是这个人种以躯体的健康，特别是发达的四肢和富有力度的肌肉为完美体形的典范，所以不必用衣装将躯体严严地包裹起来。只有表皮文饰，而少束缚躯体的服装风格是与尼格罗人种强健的体形分不开的。

纵观全球三大人种的体形，可以发现，施特拉茨在 1901 年时所讲的："男性的个性可凌驾于种族特征之中，而女性却从属于种族特征。" 是有一定可信任性的。正因为女性的种族特征在体形上反映出明显的差异，才使得各种族女性服装形象也格外鲜明。各种族中男性生理特征与服装的关系，则侧重在皮肤、头发和五官上。

第二节　服装与人体异化行为

由于种种原因，人往往以符合社会标准的服装形象来对自然的人的躯体进行人为塑造。这一点听起来似乎是不可能的，但实际上却是一种事实。当来自社会文化方面的因素将人的正常发育的躯体看做是不完美的形象时，人毫不犹豫地选择了社会美。所有经过人为塑造的躯体，在实施者即所联系的群体眼中，无疑是美的。正是因为这种美，这种对美的赞赏，使人对躯体的加工一步步走向极端。这种对人的躯体的人为塑造手段，多数是属于自残行为，违背了生理学自我保护的意旨。不过，人的这种自我异化行为从古代直到今天，从未停歇过。某些原被认为是野蛮人装饰手段的美容行为，今日又被高度发展的文明人重新拾起，而且手段更甚。人体异化行为具体可分为三类，如起始于古代，现代仍在延续的可称为原始性；发起于现代，带有原始性质的，可称为继原始性；纯属于现代发起的可称为现代性。这些都属于人根据社会美的标准，人为地进行自身的服装形象塑造的异化行为。

一、原始性人为塑造躯体的行为与结果

（一）髡发、文面与涂面

人的头发不管是什么颜色和什么形状的，诸如卷曲和垂直等等，都是与生俱来的。可是人们不但要把它盘梳成整体发型，还要不同程度地剪短它。剪短头发也许并不算对人躯体的人为塑造，可是，剃去一部分或全部头发，就应该说是对躯体的形象塑造了。

古老的中国中原一带汉族人，视头发为生命的组成部分，一生都不敢毁伤。因此，给罪犯剃光头发或是剃去一部分头发，就叫做"髡刑"。中国东北和西北的契丹族、女真族人都有剃去一部分头发的习俗，人们视此为正常。另外，佛教教徒中无论男女，也就是和尚、尼姑均以剃光头为标准僧人形象。印度的邦多人妇女终生都把头发剃光，目的是清洁易洗。东非坦桑尼亚马萨族妇女也要终生剃光头发，与同族男子牛血染发，讲究发型形成鲜明的对比。可是非洲的其他地方，一个妇女要是剃成光头，大多表明她是一名寡妇了。进入 20 世纪 80 年代，剃光头发又成为一种时髦，盛行于西方各国，很大程度是由于 80 年代一批服装人体模型是光头造型。看得久了，竟然也觉得光头女士更具时髦感。剃光头，又成为女性服装形象的一大"景观"，成为不同含义上的光头形象了。

文面，即指人以针和刀在面部上刺出花纹或刻出花纹。文面非纹面，意味着刺出花纹是文化现象，而不仅仅是指表面上的花纹。文面、涂面虽然也是艺术，可是针刺、刀刻、铁器烙，是要在人身的正常的肌肤如面容上施行，都要以人忍受痛苦为代价。因而，无论文面、涂面在人类文化上的价值如何，在自然人类学或直接说生理学中都是损伤了人的正常躯体。作为服装形象重要组成部分的文面和涂面，在世界很多个国家都存在过或仍然存在着，当然文面越来越少，涂面却有增无减，只是所形成的形象有些区别而已。

撒哈拉大沙漠以南的非洲人，非常讲究文面，其中苏丹南部的非洲人最具代表性。他们认为脸上刺花既是勇敢的象征，又是美的标志，同时还可以标明所属部落、社会地位和婚姻状况等。缅甸的妇女讲究涂面，她们常在面颊上涂一小块黄色，有的还把这块黄色勾描成别致的花纹。缅甸人

第五章　服装艺术与生理学教育

将这种化妆称做"达那卡"。如果将面部化妆也算做涂面的话，那么中国唐代女子可谓登峰造极了。额上涂黄、眉间点翠，双眉画成各种形状，或在双眉中贴金箔，太阳穴处画斜红，两颊画对称的花、鸟、钱样纹，唇上涂朱，唇两角外方各两厘米处再点红点，分不清哪些是原先长在脸上的，哪些是后来涂抹上去的。中国古代还有黥面之说。有的是针刺文面，有的是以金属印在面孔（额或颊）上烫烙。其目的是作为罪犯标记。这是残暴的人身侮辱。日本人涂面旨在改变肤色，所以常是涂上厚厚的白粉，以至看不出原来的肤色。

（二）画眉、画唇、染唇

眉毛是天生的，和头发、腋毛等，是人身上仅有的几处毛发。就因为它长在面部的重要部位，所以历来也成为人为重新塑造自我的着眼点之一。将自然眉形有意改变，首先需要修剪或拔去原来的真眉毛，这样才可能随意改形。中国唐代妇女极尽修眉之能事，把眉毛画成各种各样，古时唐玄宗一次就令画工画出十眉图。而直至现代，画眉仍是从西方到东方女性面部化妆必不可少的步骤之一，每个时期甚至每年都有自己的潮流趋势。

人的嘴唇本来是为了吃饭和说话时用的，只是因为长在面部正当中，因而成了醒目的部位。加之说话时，口之开合使双唇随之而动，更加显示动感，使嘴唇成为人的外部形象和内在气质外显形式的重要器官。因此几乎所有女性都曾经在唇上大做文章，至今也未停歇。人对于嘴唇的塑造古今中外有许多方式，这里仅选取两种有代表性的加以介绍，一种是画唇，一种是染唇。

西非贝宁的贝西拉人有一种唇画艺术，是用一种很柔软的鼠须笔，蘸上一种粉调制的颜料，精心地在嘴唇上勾画图画。唇画的内容可以十分丰富，有选自神话传说，有宗教题材的故事，也有表现日常生活的如爱情故事等等。现代的画唇与贝西拉人的唇画艺术相比较起来，就显得简单了，不过是颜色或外形上的变化而已。至于说到染唇，可就没有画唇这么轻松了。亚洲的日本伊努族女性直到如今还保留着传统的"唇术"。这种唇术，是由涂灰婆用锋利的小刀，麻利地在女孩的嘴唇上割出一道道不深不浅的口子，然后用艾蒿蘸上锅底灰，擦干流出的血，用食指蘸着配好的锅底灰涂在刀口上。数日后，刀口愈合，锅底灰浸入唇内，两片黑黑的嘴唇变成了美的标志。这种效果，与中国唐代妇女那"乌膏注唇唇似泥"的审美取向差不多，只是日本伊努族少女要经受肉体的痛苦。

嘴唇面积不大，但在人为塑造躯体时，手法显得巧妙且多样。

（三）穿鼻、穿唇、穿耳

穿鼻挂饰，虽说不算普遍，但是在少数民族中一直非常盛行。穿鼻的习俗几乎遍布各大洲。有的是从鼻翼处穿孔，有的则是从鼻梁骨正中，即鼻中膈穿孔。穿鼻不像髡发与拔眉，它已经有些手术的意味了。

印度人认为首饰比服装更重要，所以已婚妇女多在鼻翼上穿孔，以佩戴鼻环。鼻环大都由金银制成，因而，亮晶晶、光闪闪的装饰效果使他们忘却了穿鼻的痛苦。在尼日利亚的坎巴里部落，妇女使用长约6厘米的白色长棍，从鼻子下端横穿而过，小棍的两头从两侧鼻孔伸出。同时在下唇与下巴之间也伸出一根同样粗细的小棍。这些饰件穿肉而过，很容易使人想到初生的象牙。另外，澳大利亚土著人讲究穿鼻插针；坦桑尼亚北部山区帕雷族妇女穿鼻挂坠；非洲的各部落原来以羽毛、木棍和草秆插在鼻上穿出的孔中。后来，这些鼻饰的质料发生了变化，大都改为金属品了，可是穿孔挂饰的做法没有变。尼泊尔的民族服装中，也讲究在鼻子上穿孔带鼻环。

东部非洲坦桑尼亚东南沿海和莫桑比克东北部边境地区，居住着玛孔德人。玛孔德妇女喜欢在鼻唇间的人中沟处穿一个孔，以装饰唇饰。莫桑比克的马科洛洛人，女子讲究嘴唇上的装饰，都要在自己嘴唇上穿上1至2个孔眼，以挂上金属环。坦桑尼亚的帕雷族妇女除了带鼻坠以外，还在嘴唇上穿孔挂唇坠，也是惯常的一种装饰方法。

穿耳不分古今，不分区域，在很多地区也不分男女。在耳垂上穿孔所产生的痛苦相对要小，也安全一些，只是有些地区的人，穿耳后无限制地挂上超重的耳饰，致使耳垂变形或破裂，严重地妨碍了人的生理结构。

印度加罗人喜欢在耳垂上穿孔，带大型耳坠或耳环。由于数目的多少象征着一个人的社会地位，因而有钱的人就尽量多戴，以此炫耀财富，致使耳垂豁开。印度尼西亚苏门答腊西部海岸上的居民，则喜欢在每个耳环上带两个连在一起的耳环，这是当地人引以为荣的装饰物。西太平洋吉尔

第五章　服装艺术与生理学教育

伯特群岛上的土著居民们，女子不穿耳孔，也不带耳环，男子们却在耳垂上穿孔戴饰。他们这些耳饰倒不算沉重，只是在耳孔中插上花和叶。

（四）凿齿、锉齿与雕花齿套

牙齿的颜色，基本上是白的。中国古人常以"皓齿"形容美女牙齿的洁白；又以"含贝"形容牙齿白净整齐而具有光泽。然而，世界各民族并不都是以牙齿本身的自然美为美，因而又导致了在牙齿上大动刀斧。

南太平洋群岛中的美拉尼西亚人施行的是有等级的社会制度。妇女要想晋升到妇女社会等级中的第四级，就必须凿掉一颗牙齿。老挝卡族人一个分支，讲究在小时候就用铁锉把牙锉齐，认为这样才美观。同是锉牙，但热带非洲人并不像亚洲人那样把牙锉齐，而是把好端端的牙锉成各种形状。以上几种改变牙齿本来面貌的是在牙齿本身上进行装饰雕琢。还有一种就是在牙齿上套金属套。这种原隶属于修补病牙的做法，在 20 世纪 20 到 40 年代时曾被作为装饰。不用等到牙齿损伤，就做一个白金或黄金的牙套套在牙上，这个牙套上可以根据本人要求，透雕出"福"、"寿"、"禄"、"喜"等，也可以雕出本人名字。黄金牙套透雕直接露出牙面的谓之"金镶玉"，透雕花纹（如心形）与牙面之间加上一层绿色赛璐璐片的，谓之"金镶翠"。两个牙套大多套在门牙两旁的两个侧门牙上，如套四个则再加上下面两个侧门牙。

（五）环颈与束腰

以铜圈环颈，不同于一般的项饰。人们普遍佩戴的项链、项圈，实际上是以双肩为承重点的。

缅甸巴洞人由于以长脖为美，所以用金属圈着着实实地套在脖子上，将脖子人为地拉长。巴洞人是缅甸的一个少数民族，主要分布在缅甸的南部山区。由于这里四周高山环绕，交通闭塞，所以人们对外交流少，也就始终保持着自己的很多传统习俗。其中最奇特的风俗是女子颈间套铜环，这一风俗严重地扭曲了人的本来面貌。这种环颈的做法，不仅改变了脖子的外形，同时改变了锁骨和下颌骨的结构，大面积破坏了正常的生理发育。除却缅甸以外，人们发现南非恩特贝莱族妇女也有以铜圈环颈的做法，只是没有像缅甸巴洞人那样将脖子拉得那么长。

束腰最甚者不在偏僻山区，而在欧洲大陆的繁华都市中。长期以来，英法等国的上流社会中，淑女们都以细腰阔臀为美。为了使腰部显得纤细，人们就一方面借助服装夸张丰满的臀部，从而使腰部看起来纤细；另一方面就是从小以金属质紧身衣束腰，千方百计达到腰肢婀娜，真可谓受尽痛苦与饥饿。这种做法，也严重影响了人的正常生理机能。不过，束腰也不是欧洲的专利，中国春秋时代"楚灵王好细腰"，也曾使"国中多饿人"。从简短的文字记载来看，这是以节食为基本手段的。节食虽然不明显损伤人的躯体，但也在实际上影响了人的体内生理循环系统。

值得注意的是，节食至今盛行不衰。由于人们又以苗条的身材为美，于是不惜以各种手段来减去身上的脂肪。适度减肥当然可以减少高血压、心脏病的发病率，但过分节食减肥，时间一长也会对身体有害。与前不同的是，如今的节食不仅仅是为了细腰，而是求得人体的整体苗条。束腰作为一种强行改变躯体以助服装美的手段，仍然属于过去的年代。

（六）文身、瘢痕、涂身

文身、瘢痕、涂身，意味着不限于面部，而是对全身肌肤进行针刺，刀割以及涂绘的手段。这种彻底改变人体肌肤全貌的做法在全球范围内非常普遍。

非洲西部的妇女十分热衷于文身。她们一达到所规定的年龄，便在身上刺纹，而且往往集体进行，要举行一种隆重的仪式，各地还都有一整套完整的传统图案。其他地区的如居住在贝宁和尼日利亚的埃维少女文身，还有在肚脐下刺一个蜥蜴形花纹的讲究，当然综合来看大同小异。美洲许多印第安人部落至今还保留着文身的习俗，有的是刺上有纪念意义的事件；有的是说明已到成年；姆巴亚部落的妇女，则以刺纹位置区分社会地位的高低。中国古代少数民族也极讲究文身，《礼记·王制》篇里，就有"东方曰夷，被发文身……"明代小说《水浒》里的史进，又号称"九纹龙"，就是因刺青文身而来。

瘢痕，是澳洲和非洲深色皮肤土著常用的一种方法。有的地区使用火石、蚌壳或石刀，在皮肤上刻画，然后用一种白色颜料涂上去。还有的要瘢痕大一点，便时时将颜料填上去，或用一种植物的汁液掺进去。非洲一些地方的妇女不仅在面部、全身都做瘢痕饰，而且还在瘢痕上反复雕琢，以便成为最美的人。有的姑娘周身要用瘢痕表现十几套花纹，这种手艺可谓"超群绝伦"了。瘢痕的式样，有点、直线、曲线、马蹄形、半月形等。瘢痕的所在部位，主要是面、胸、背、臂、股等处。

与文身和瘢痕相比，在身上涂绘的痛苦要小一些。非洲丛林中生活的匹格尼斯人，认为往身上抹黑色，是一种吉祥与美好的象征，因此以黑色涂绘花纹来表示自己的各种情感。美洲沙罗特皇后群岛上的海达印第安人用红、黑、绿及青色颜料混食膏脂来涂身。他们常在面部涂绘上图腾标记。另外，美洲霍萨吉、巴达哥尼亚、火地岛等区域的印第安人都有涂抹全身的习惯做法。虽然涂身好像谈不到痛苦，但仍然是以油脂涂抹在人的皮肤之上，因而造成了人的皮肤，也就是人整个外形表面的异化，这与服装的生理学不无关系。

（七）环腿与缠足

在踝部上戴金属环，是一种普遍的装饰形式，但是那种略阔于踝部肌体的金属环，如脚镯，对人体生理影响不大。

居住在扎伊尔西北部热带密林地区的巴库图人，讲究妇女要有一副铜护腿。一副铜护腿有5公斤重，焊上它以后，明显影响了女性的腿部发育。而一旦被除掉，因为整个腿部肌肉已失去弹性，所以需要被人搀扶才能站立起来，走路只能靠拐杖，过很长一段时间才能基本恢复正常。

缠足，是中国汉族女子特有的风俗，也叫裹脚、扎脚，俗称小脚。关于女子小脚的起始，据元代人陶宗仪《南村辍耕录》上说："扎脚自五代以来方学之，如熙宁、元丰以前，人尤学之者少。近年则人相效，以不为者可耻心。"可见，缠足之风，起于宫闱，传于富贵之家，到宋末元初方在民间盛行。但在中国境内，除汉族以外的少数民族并无此风气。因此满族人入关建立清朝后，于顺治、康熙初年都曾明令禁止，但无实效。直到1911年辛亥革命后，才与男子辫发风俗同时被禁绝。

二、继原始性人为塑造躯体的行为与结果

在人的自我异化中，本书是将发起于现代，又带有原始性质的，称为继原始性人为塑造躯体行为。现代人文身、在身体上打洞以及在人躯体肌肤上绘画等，都是由现代文明社会中的人所兴起的。原始社会生活方式虽

早已离现代人远去，但这些人体装饰却明显带有原始性质。

（一）文身与人体绘画

在人类文明的演化中，文身流传时间最长，且流传地区最广。近年来，文身在现代社会中又有兴起的趋势，甚至有人文身成癖。

美国影星麦克凯，就是个有文身癖的人。她在美国有"彩虹妈妈"之称，全身三分之二的皮肤刺有花纹，其中有粉红色、黄色、绿色和红色，显得艳丽多彩。

现代文身尽管已采用电针来刺花，但与早先的刺花并无根本区别。只不过文身的动机已与前大不相同。现代人没有原始人那样的神圣念头，虽说也在忍受痛苦，但相当程度上是为了标新立异，为了寻求刺激，而不是像原始人那样为了标志部族，为了取悦鬼神。现代文身的艺术性大大超过了古代文身的巫术性，因而洋溢着现代派艺术的韵味。

人体绘画也许从原理上说与原始人涂抹身体有些近似之处，可是，现代人的人体绘画已经是被标榜为纯艺术的了。这样看来，那些出于普通人或匠人之手的以颜料涂抹身体的做法已是望尘莫及了。

现代人在身体上绘画，起始于时装模特儿。模特儿小姐曾在一次非正式时装表演上全身用颜色涂上衣服的形状，引起了轰动，从而激发了仿效之风。先是影视明星，然后是一些喜欢标新立异的艺术家们，现在一些商家为了推销产品竟也用起人体绘画作为促销手段来吸引顾客。

无论对人体绘画作何解释，也无论人体绘画用的是油彩还是水粉，更不用研究人体绘画的内容和题材到底包括那些，总之，这种被人们认为再新潮不过的大胆举止，实际上也不过是原始人以颜料涂抹身体的一种延续，或称复兴，或称翻版。我们就人的异化来看，人体绘画绝对是对人的躯体、肌肤、器官的一种涂抹性异化行为。它力图创造的服装感觉，是人为的改变了肌肤的质感和外形，从根本上遮盖了人的躯体的真实全貌。

（二）穿洞缀环

在洛杉矶，一些标榜"新原始主义"的团体，聚集在"法克俱乐部"，疯狂地表演自残，令人不忍目睹。他们尽量在身体上穿洞，然后在每一个洞上垂挂金属环。

第五章　服装艺术与生理学教育

一开始，先是穿耳环，随后便流行在舌头上穿洞，有人一穿就是5个或6个，舌头伸出来时，上面赫然拴着一排不锈钢环。后来又流行在腋下穿洞，当然，最时髦做法是在全身最隐蔽的部位穿洞，甚至一穿洞就会在全身多达三十多个。现代人不是曾经发起过解放躯体的运动吗？他们难道感受不出身体，特别是处于动态之中的生理的不适吗？不是的。他们是以自残为乐，是在以此来打破工作的紧张、内心的空虚。

全身穿洞缀环，是现代人将原始人的穿孔佩耳饰、鼻饰、唇饰的做法进一步推向极端，其损伤身体的行为比原始人有过之而无不及。

三、现代性人为塑造躯体的行为与结果

现代性人为塑造躯体的行为与结果，有自己的独特风貌。那就是起始于现代社会，而且往往是当认为人的躯体有所遗憾时，才产生了人为塑造的构思，并付诸于行动。例如，原始性人为塑造中传统因素起关键作用；继原始性人为塑造中个人意识起关键作用，但是现代性人为塑造中，却是由于社会交往、社会审美标准所引发的。

（一）现代美容术

现代美容术是现代性人为塑造躯体的一种行为方式。其产生的原因是为了适应现代人对自身完美追求的需要，采用基于现代医学技术的整容方法来设法达到美容者需求的美容目的。现代美容术包括有重睑、眼袋切除、隆鼻、面部去皱拉皮、丰乳、吸脂以及文唇纹眉等等。请注意，这里用"纹"而不再用"文"，是因为"文"更多地带有文化含义，而"纹"，主要是单纯地美容。

将本该有眉毛而未长眉毛的地方刺成眉形，填成眉色，也许可以算得上是一种弥补遗憾的办法。但只因不满意自己的眉形，就将原生眉毛全部拔掉了，而纹上自认为满意和时髦的眼眉，就不免有些勉强了，而且也是对人体生理以蛮横的态度去破坏。文眼线、粘睫毛、文唇线和纹唇等，都是人为地无来由的对人体施以手术，倒是磨面、增白、去眼袋，还显得有一些无奈的意味，也可以从健美角度上认为是具有美容的实际意义。隆鼻骨是痛苦的，应该说这种美容术破坏了人的正常的生理结构，而且给身体健康埋下隐患。当然人们为了美，觉得这点痛苦算不了什么。

（二）隆胸、抽脂肪和垫脚增高

女性乳房干瘪，被认为是人体的缺陷，于是，现代人不惜采用一切办法去人为造成乳房的丰满。除却定型乳罩，这种从外形上增加乳房高度和弹性的服装手段以外，人们又发明了隆胸术。

隆胸术的一般方法是在乳房部位植入石蜡、矽等物质，以使其丰盈。但是，有时初期较为理想，时间一长，植入的物质容易渗入其他组织之中，致使乳房变形，甚至发生病变。自然人体确实有些和人本身过不去，想凸起的部位没有凸起，是个遗憾；想平凹的部位没有平凹，同样是个遗憾。可是为什么要自然人体完全符合社会人的主观意愿呢？这正是自然与社会的千古矛盾。

人们希望自己的腹部平平，不要凸起；女性更希望有一个纤细苗条的腰肢，不要过粗。依靠现代医学科学的先进仪器，就可以把多余的脂肪抽出来。据说这样可以使细胞减少，而不像节食减肥那样，只使细胞干瘪。于是又有一部分人采用了这种抽脂术，以仪器去掉多余脂肪，从而恢复一个苗条的身体。

当人们感觉到自己的身高与某标准相比，有些矮了点儿时，就想方设法人为地增高。在这种需求下，电子增高器、增高仪、药物增高法等引起了人们极大兴趣。无论结果如何，人们都愿意去做一次可能成功的尝试。

自然与人为就是这么厮扭着，在利与弊之间摇摆。事实是很多人义无反顾地抛弃自然，牺牲自然，去靠近社会美。

不能简单地将人为塑造躯体的行为划入虚荣之列，因为社会是人所无法扭转的，而社会却能扭转人；人的自然生理虽是天生的，可是它却能经由人的手将其改变，这就是现实。人的自我异化——改变躯体，本身就是社会对自然的挑战与抗衡，这是迄今为止的人的一种观念。任何有意导引和有意阻止都无济于事，人总是力求重塑一个"我"，至于将来又如何，这只有等待时间去验证。

第五章　服装艺术与生理学教育

服装的心理学研究，当然要依托普通心理学，其研究范围包括人的心理机制、心理反应和心理过程等。但是，涉及服装方面的心理学有自己特定的研究对象，即必须限定在衣服、佩饰、着装者及其关系的范畴之内，在这里，普通心理学并不能完全具备解谜的作用。服装心理活动的载体，应该是着装者；而着装者是社会人、文化人，所以对于服装与文化心理关系的研究，需要结合社会心理学和文化心理学去进行，以求得对服装文化心理呈现及其功效的解释。

第六章 服装艺术与心理学教育

第一节　服装与三大心理环流体系

服装与人，在可以明确隶属关系却又难以断定主从关系之间，恰恰表现的是人的心理活动过程，因为毕竟只有一方存在心理意识的特质，而另一方本来没有。当服装与人共同构成一个整体以后，人的心理活动也就更加复杂，更加活跃，加之每一个着装整体并不是生活在真空之中，他必定是要接触自然，接触社会，接触其他的着装整体，因此，自然产生出着装心理中的环流现象。反过来看，正是着装中的三大心理环流体系决定了服装与人的整体性。

一、第一心理环流体系——人与人

人与人，既包括人与他人，也包括人与自我。这当中所产生的一系列影响，有些类似人际关系心理学，但是，服装的心理学还是有其相对独立性的，就是表现在人着装过程中的自我欣赏、扩散展示以及对反馈信息的

第六章　服装艺术与心理学教育

收集与采用。

（一）自我欣赏——由人本体回到本体

每个人心目中都有一个自我。美国人格心理学家罗杰斯认为："自我只是表征那些关于自己的经验，它们是能为个体所知晓的，所意识的。"因此有人称罗杰斯的自我概念为"对象自我"，即关于自己的态度和情感，以区别于弗洛伊德等人的自我概念，即行为的支配者，或者说"作为自我"。与弗洛伊德的自我概念最为相似的是荣格的看法。荣格认为，自我就是我们所能意识到的一切心理活动，如思维、记忆、情绪和知觉。自我构成了意识场的中心，负有实现日常生活机能的责任，并且具有使我们感觉到自身的同一性和自身存在的时间连续性的功能。表现在服装上，人是社会的人，服装更是社会的产物，因而对于服装的寻求与选择既有自然的人的一种生理需求（如御寒、防湿），又有社会的人的一种精神需求，所以，人类着装心理中占重要地位的个人意识，就是"自我"。

健全的人都有一种实现倾向的心理愿望与意识动机，而实现倾向正是生命的驱动力量。在服装的应用中实现自我着装倾向，使自己的整体着装形象更加异化，更加独立，这是人的正当的精神需求。不但这样，健全的人总是在自我结构与经验协调中取得一致，并且具有变化能力，以便同化新的关于服装美的标准。同时，健全的人以自己在着装心理中的实现倾向（成为一种个性强的效果，还是酷似某个人或接近哪一类）作为评判经验（既有来自社会的客观评价，也有来自镜面的反射形象）的参照系，因此他可以对强加于世人的有关服装的价值标准不屑一顾。不仅这样，他常常对自己的着装效果给予积极肯定，既不是盲目从众，又不是丧失信心，更不是一味清高。一些非条件的自我关注常常使他对自己的着装效果充满信心。

服装与人整体性的第一心理环流体系中的由人本体回到本体，实际上就是服装心理中的自我协调过程。人无论有没有自我欣赏的体验，但都有自我欣赏的要求。所以在着装者中时常会通过镜面的实际反射效果和个人感觉来不断地协调自我着装意愿与动机。

一般说来，认识生活都有一个自我觉知过程，在服装心理中表现尤为突出。在自我觉知状态下，人特别关注自己的思想和情感，诸如希望确立一个什么类型的着装形象。同时也十分关注别人对自己的反应。再一点，就是正常的人总能觉察到有关自我的信息。这种信息源既包括外界的，也包括自我感知与感悟，即自我总结。"穿这身衣服是否合适"、"穿这件衣服能否衬托出我的气质"都成为自我感知的内容。而"这件衣服穿起来总觉得不好看，毛病原来在领子上"，"穿这件衣服总显得胖，原来是花格太大的缘故"，如此等等，就成为自我感悟的内容。当着装者将注意力转而向内着眼于自我的内涵和成分时，他就处于积极的自我觉知的状态。"我穿这件衣服很好看"，"这身衣服对于我的体形来说，再适合不过了"。假设没有这种自我觉知，着装者将永远无法形成自我着装意识的观念，也无法规划出自己的着装行为。在此基础上，着装者有了更高一步的要求，即着装中的自我表现与自我美化心理。人希望通过良好的着装效果使自己更美。在日常生活中，往往一次"镜中我"的美好形象就足以令人兴奋，令人神往不已，并激动异常。而且这种由"镜中我"的美好形象所引起的愉悦心理会保留较长一段时间，对以后的着装心理产生积极的影响。

这种影响，就是由此激发着装者对服装的更为浓厚的兴趣，从而自然地充满积极地要求以及成功地塑造着装形象的欲望。事实上确实是这样，成功欲望的强弱程度甚至能够决定今后的着装效果。无论从哪方面看，着装过程中由人本体回到本体的环流现象都是顽强地显示出自我意识，而且逐步确立其较为成熟的着装心理中的自我意识。表现在着装形象上，就是塑造出服装所衬托的"自我形象"，或是服装所影响、促成的"自我形象"，当然，其中失败也不乏其例。有时失败，即不尽如人意的着装形象会使着装兴趣减弱、消失，着装情绪低沉，甚至导致着装者对自我形象的失望。但是有时候也会引起着装者的思考和进一步开拓，也许是更深层挖掘，也许是另辟蹊径。其中着装的自我意识对态度转变起着决定性作用。

（二）扩散展示——由人本体辐射到受众

除去非正常处境以外，人是群居的高级动物，在社会生活中已经证实这种人类群居而不可分的重要性和必要性。也许正是由于人群之中的相互依托与影响，才使人类文明更快速进展，同时使人的着装意识逐步强化，着装追求得到升华。

着装中的自我表现除说明人在服装心理中所具有的自我意识之外，更多的是一种强烈的表现欲，是力求通过服装，或者说通过人和服装所构成的整体着装形象去进行扩散展示，即由人本体辐射到受众。因为从一个独立的着装形象出发，所有能够看到自身服装效果的直接感受和间接感受，甚至包括主动感受和被动感受的人群，都是"这一个"着装形象的受众，尽管它们的关系可以互相为之，角色也是相对而言。只要是从"这一个"的角度而言，那么接受者的数目总是会多于"一"的，因而称为着装形象受众是必然和确切的。本章节的题目定为"由人本体辐射到受众"，"辐射"一词，正反映了这种关系。这里用人本体，而未用着装体的说法，主要是为了剖析人的相对独立的着装意识，即着装形象主体的心理活动。这种着装意识是心理环流的源头、基点。

一般说来，着装心理环流中的由人本体辐射到受众，主要有三种动机，这里仅指绝大多数人和绝大多数情况下的最普遍的心理活动现象。

1. 显示动机

显示动机有些类似于普通心理学中的求成动机，实际上当然不完全相同。求成动机主要是指对成就的欲求，或者解释为不断克服困难，力图实现既定的较高目标的心理状态。而服装心理中的显示动机，主要是想创造理想的着装形象。并且总是希望通过着装形象来抬高人本体的全部价值，从而在着装形象受众面前，以至在着装者群中引起轰动效应，以显示自我的存在，显示个体的卓然独立，与众不同。需要说明的是，这种动机仅是人本体的一种曲折反应，是主观的，尽管他并不想违背社会意愿，但其中客观的成分毕竟只占少数。尤其是显示动机强烈的人，更不完全以客观的概率为基准。他们考虑更多的常常是以主观显示的概率为主，绝少有失望与畏惧心理，因此，这样的着装者心理表现往往是自信，甚至是百分之百的自我感觉良好，也正因此使他们在对受众进行扩散展示时，更加强大有力，富有诱惑力和带动力。相比之下，显示动机较弱的人，常会对自己的着装形象产生怀疑，动摇树立良好鲜明的服装形象的信心。

2. 融近动机

着装心理中的人本体作为辐射源，并不只是具有显示动机。根据所处场合的需要，根据面前的着装形象受众，他还会自行调整，转而为融近动机，即相当于普通心理学中的亲和动机。融近动机在着装心理中是与显示动机并立的，也可以由融近动机转为显示动机。这很大程度上取决于受众的条件，如地位、身份、对服装形象的关注程度以及与着装者的关系亲疏等。

人们在着装心理中的融近动机是基于受众而付诸于行动的。人们愿意融在日常活动的群体之中，或是愿意引起上司的好感，再便是有意靠近某个组织或某个人，总不会忘记以着装形象形成融近点，以增强对方的认同感，这也就是日常所说的投其所好。这种类似于取悦动机和亲和动机的着装中的融近动机，较之前两者，则具有更多的独立性，它并不一定要降低自己，也不一定想得到对方的好感，只是不想突出个人，想以服装形象的微妙设计成果使自己与受众接近，或融于受众之间。

这正是着装心理过程中心理环流体系中由人本体辐射到受众的基石。融近动机和显示动机是相辅相成、不可缺一的。它反映出着装心理中，人本体向四周受众辐射过程中的二元率。也正因此构成了服装心理中的第一心理环流体系的三种共同组成的构架。不过，这还并不完全，某些时候还会出现实验动机。

3. 实验动机

服装扩散展示心理活动中，也包含着另一种明显的趋向，即实验动机。这是人与服装组构成着装形象后，有计划有目的进行的一种精神活动，是属于经验认知的一种方法。这是很明显的。一定的服装由自然物经人穿着后，它就成为带有生命力与活力的服装形象，着装者（人本体）将这种形象光彩辐射到受众，才可以用感官考察其是否成功。在这里，人本体的着装行动，是一种实验，其中也包括观察。在服装模特表演时，这种试验动机表现得非常明确。无论是设置静态模特（塑料模特），还是安排动态的人体活模特，其动机都是在演示中进行实验动机（模特们的实验动机，仅是表演艺术的成败）。真正具有服装实验动机的是设计师。他们是服装扩散展示中的人本体。与此不同的，在社会生活中，直接的实验动机，都出自于普通的着装者，即服装扩散展示中的人本体。不过，它并非日常着装行为中的屡见动机；它仅仅出现在初试新装或旧装重新配套的时候，它是一种原始动机。

（三）搜集采用反馈信息——由受众体回到人本体

由受众体回到人本体，是服装心理环流体系的一个阶段。这段流动过

第六章　服装艺术与心理学教育

程是客观存在。然而，就着装者而言，尽管它是客观，但客体（受众）的心理活动，所反映的却是主观（受众心理）。而且一旦到达流动过程的终点——着装者，即着装形象的人本体时，便立即波澜迭起，引发无尽的心理活动。那么，作为一个着装体来讲，是被动地任由受众体的反馈信息所冲击呢？还是主动地搜集采用反馈信息？事实证明，后者是服装心理的正常反应。因为从着装的人本体来讲，首先是向受众展示、辐射。在此先决条件下，才会诱发出受众的态度表示、表白。如若没有前一阶段的展示，那根本就无从谈起受众对于展示的反应，所以无诱因的心理活动不可能引起任何心理刺激、反应，也不存在于服装心理环流之中。

当人本体将服装形象展示以后，无论其对受众反馈需求的态度迫切与否，都必然的想了解受众反应，以便对自己的服装形象进行调整。因为服装形象在社会上的确立，无论如何也离不开人——其形象的受众体。如此说来，由受众体回到人本体的流动过程是必然的，对人本体来说，也是十分重要的。所言"回"字则点明了这一阶段的流向，实际上也表达出主、客体的关系。这个时候，应该确认人本体是主体、受众是客体的关系。这个时候，应该确认人本体是主体，受众体是客体。而从另一角度观察，客体则是服装物件。

从受众一方来讲，反馈是基于所见着装体后而产生、融汇并发送的信息，其信息根源于社会认知经验。社会认知主要包括所见着装体的着装效果（是否符合社会规范、是否符合时代气息、是否实用合体等）、着装心理、特别是着装动机（为什么穿这种类型的、为什么选择这种搭配方法等）、着装行为意向（要塑造怎样的形象、追求一种什么样的服装穿着品味等）。因为受众体也并非是生活在真空之中，所以当他迅即或是缓慢地对着装体作出反应时，除带有相当大的主观成分，如个人好恶标准、个人当时心境、与着装体的关系亲疏程度等等，其他必定要自觉不自觉地运用社会认知标准来观察。

基于这一点，着装体认真地关注受众的信息反馈，不管表面上故作矜持，或者是真的泰然处之，还是急躁、畏惧，但是他们都希望当面直接或是辗转间接地收到这种信息。也无论是有益的还是无益的，着装的人本体在内心深处都希望广泛地听取来自各方面受众的发自真情的反馈，只有这样，才谈得上了解自身服装形象在受众之中的地位和受众认可情况。从这一段流动的流向来看，服装形象的人本体是终点，但既是心理环流，那就不可能真正到此终结。着装体之所以十分注重搜集和采用来自受众体的反馈信息，其真正目的，还是为了回到人本体，调整自我的着装形象，使其完全或基本符合自我的服装心理需求。这一点，也就是 20 世纪 80 年代中风行一时的信息论中的反馈。

二、第二心理环流体系——人与物

严格地说，人与物不可能产生心理环流。因为人有心理活动，物却没有。尽管我们在这一节中要涉及自然万物、人为环境中的诸物以及新事物，直至服装，但是他们都不可能存在心理活动。那么为什么也会出现这要绝对属于正常的心理环流现象呢？

这是因为人的心理环流现象有两种：一种是人的心理活动反射到接受体后，接受体既接受信息，又注入反应信息，并在融合后，中心回到人本体，是为有反应心理环流。还有一种，是在人的心理活动反射到客体后，客体既不能接收信息，也不能注入反馈信息；但是人的心理活动反射到客体后，却展开自我反应活动，然后依然复归到人本体，是为无反应心理环流。人本体在主观上具有这种能动的活动完全是自觉的。

（一）适应外部环境的心理

外部，指着装体所处环境，包括自然环境与人为环境。自然环境不仅指气候、地理、动植物构成的空间，还应该包括属自然现象的昼、夜、晨、午等时间。服装形象不可能脱离这些环境。前者说明了服装所必须遵循的自然规律，后者则更多的带有人文物质的色彩。对于构成世界来说，二者缺一不可，对于服装的心理认识来说，哪一个也不可或缺。只是在服装，或称着装体，实际上是人的心理深层对于这些环境的适应力有强有弱，有诚意有虚伪，有积极态度有消极态度，其结果也必然有成功有失败。

1. 自然环境——空间

大自然是万物之母。人类必须同周围的自然环境，保持一定的平衡、和谐关系，以维护个体和整体的生存发展。服装是一种物质与精神的创造。这种创造基本上遵循一种原则：合目的性平衡感。

第六章 服装艺术与心理学教育

当狂风袭来的时候，飞沙走石，连那残落的树叶也被裹挟着由一方吹到另一方。尤其是海面上，往往会顿时卷起惊涛骇浪。人不能说没有畏惧心理，但是同时也从中发现了风的力度与美感，全世界海军士兵帽子上的飘带，是最生动的人与风进行心理环流的属于服装范畴的杰作。山的苍翠，水的清湛，都曾使人产生无限的遐想。斗笠的造型很难说没有受到山形的启发。中国江南那处于烟雨蒙蒙中连绵的不算突兀的山，引发了中国南方斗笠的原型。水的流逝、流速不尽相同，于是自古以来水就与人类结下了定位于服装的艺术之源。无论是月牙州的幼发拉底河与底格里斯河，还是横贯美洲大陆的亚马逊河，都为两岸人民的服装提供了波纹（裙的竖线与项饰的形状）的外形特点和光滑的手感效果（织物和简朴的款式）。

大自然确实存在人类需要并能感受到的美，人又将对自然万物的钟情倾注在服装上。中国有句古诗："云想衣裳花想容。"其实云和花不会有这种心理活动，但是经过人与物的接触后在环流至人的心理时，便使物有了情感色彩，进一步落到服装上。于是，使服装上带有很多自然万物的痕迹，从而使人的心理得到了满足。服装色彩也是这样。20 世纪 90 年代初流行色中有一种特殊的绿色，受到人们的欢迎。它是受大自然中森林绿色的启示而为人们所摄取的，因而得名"森林绿"。这也是人与自然心理环流过程中的产物。

2. 自然环境——时间

时间是自然规律。一天之内的昼夜晨午依据于地球自转所受到的太阳照射的程度。由于长期以来，人们根据这种时间来确定作息表，所以形成了人在着装意识上也产生出因时间不同而形成的差异。

随着时间的流逝，一件尚未上身的新衣也会显得陈旧。哪怕衣服上连尘土都没有光顾过，但是它的款式，它的面料，它的纹样，甚至连裁剪和缝制方法都已被逝去的时间带走了新鲜感。在这种情况下，即便是最不愿赶时髦的人，也深知这件衣服确实已经过时。这是就我们日常穿着的衣服与佩饰来讲，当然其中包括礼服，总之是我们自己的常服。

假如不是我们自己的常服，而是作为文物或古董的服饰，那就不会因时间的流逝而使人们渐渐对它减弱兴趣。相反，倒会因服装所经历的时间积累，而使它在人们心目中的价值与日俱增。不管是抛却经济成分，还是包括经济成分在内，四千年前的服装（出土物或传世物）总要比四十年前的服装更为人们所珍惜。即使不从考古学角度上去衡量，人们也依然认为远些年的服装要比刚刚流行过的服装更具魅力。因为刚刚流行过的服装已被明显异于它的服装式样所取代，而远去的服装倒有几分新鲜感，略略改动或是改头换面，都可以使它重新焕发青春。这也是为什么人类童年时代穿着的草裙，会令20世纪90年代的时髦女郎心驰神往，因而跃跃欲试。而且人类束发结辫之前的披发，也被如今的现代派激进者，诸如摇滚乐队队员们视为全新发型。

3. 人为环境

人为环境实际上是社会产物，诸如人的工作环境、社区与居住环境、娱乐社交环境与交通设施环境等都带有人的社会化的痕迹。它们在人类生存的大环境中自然不失物的性质，因而也就不可避免地以物的形态与服装心理中的人本体产生有关服装心理的环流，并直接影响着装者的服装心理。

（1）工作环境

对于工作中的一员来讲，处于工作环境之中的时间大约占据人生的三分之一。所以，工作环境对着装者的服装心理起着经常的，甚至是至关重要的作用。一般说来，工作环境的组织是人体工程学中的一部分，工作者的工作状态和效率，虽然说与他的身体素质和工作能力有关，另一方面也不能忽视与他的认识、情绪、意志和心理活动有着直接的密切的关系。

选择或专门设计制作同一款式、色彩的工作服，是出于企业和店家的需要。这就是在工作环境中其他物体处于排列有序的基础上，同样不能忘却工作者着装的秩序。因为有序状态可以激发人的美感，从而引起工作者对工作的兴趣和责任感，并在其间提高情绪状态，同时还有利于工作潜力的发挥和心理疲劳的缓减。而且由于工作环境的色彩效果不同，工作者对工作服的色彩也寄予一种调适心理感受的希望，力图利用暖色或冷色来提高和降低自我在工作期间的心理温度。

（2）居住环境

人与居住环境进行的心理环流凝滞在服装上，就是需要轻松、舒适、悦目，总之有利于休息放松。如今的人们，将这些服装以及服装之外的业余需要，叫做消闲文化或休闲文化。表现在服装上，就是所谓的休闲装了。休闲装一般宽松，着装者摆脱了笔挺的西装和豪华的礼服的约束，以

第六章　服装艺术与心理学教育

最大的可能使身体得到解放与自由，以此来达到心理上的解放与自由。

（3）娱乐社交环境

娱乐社交环境作为人为环境，被注入了更多的人的放纵与做作。不管是为社交而进行娱乐活动，还是为了娱乐而涉足社交圈，人们都愿意在这里见到引人注目，令人兴奋的着装形象。时新也好，典雅也好，总之不需要太严肃太刻板，因为娱乐社会环境对此一致认同。否则，就发生了人与该环境的心理环流的障碍。在这里特别需要强调的就是着装者与着装形象受众。

（二）与新事物同步的心理

服装是人类文化构成成分之一，而且永远是人类最新的文化构成成分之一。这是产生与新事物同步心理的基因。

从广义上解释文化，一般是指人类社会历史事件构成中所创造的物质财富和精神财富的总和。值得探讨的是，服装可以在人类文化的条分缕析的表格分类层中落实到一个较为合适的位置，但是它却不是孤立存在的。这种种门类与科目的划分都有其局限性，不可能将相近的门类以表格的形式截然划分开。就服装来讲，它不仅与相近学科，如丝绸印染等有着密切的关系，而且与建筑、陶瓷、戏剧、舞蹈、室内装饰、工业设计等学科都密不可分。同时可以明显看出与自然科学的发展有直接关联。这就使得服装心理活动中有着与新事物同步的心理趋向。说到底，实际上是姊妹艺术互为影响引发着装者群体的一种求"同外"而"异内"的心理。与此同时，人们又在服装的造型、质料和加工工艺上寻求一种环流激点，以期达到人与物的单向环形交流。

三、第三心理环流体系——人本体内涵与服装的统一

在第一心理环流体系的章节内，谈到了服装心理中"由人本体回到本体"人与人交流的现象与特征；在第二心理环流体系章节内又谈到了人受服装内部（即指服装原材料、加工工艺和款式、纹样等）事物趋动的心理特征。那么，为什么要一个独立章节专门论述人本体内涵与服装的统一呢？它们之间有没有必然的联系，是不是存在类似乃至与第二心理环流现象重复的问题呢？应该承认，这里始终是围绕着人与人、人与物的心理环

流现象展开研究的，它们之间自然有相同和相近的地方，但这绝非是一个问题。表面上看，人本体回到本体总不可能脱离开服装而虚设，因为既然是关于服装心理学的认识，自然要以服装为中介物，因而人本体回到本体的环流过程必当有服装作为重要成分存在着。而在人与物的环流中，更用了大量篇幅在谈人与服装的直接关系。需要注意的是，与本节内容相比较，前者为侧重人本体的内涵，而后者根本不涉及人本体的特质，它是将人作为一个广义的人去论述其普遍的心理特征的。

人本体内涵与服装的统一是直接谋求与服装环流，以及通过外在的实践与实验去谋求与服装环流的。也可以理解为着装者本身是在利用服装，它的很多主观意图是想利用服装来最终完成的。美国强调人格理论的心理学家罗杰斯认为："人类有机体有一个中心能源；它是整个有机体而不是某些部分的功能；也许解释这些能源的最好概念就是一种指向完成，指向实现，指向维持和增长的趋势。"事实证明，人在完成这些指向性计划的过程中，最便当又最不可缺少的利用对象就是服装。所以说，就每一个着装形象而言，人的思想、情感、理念与服装进行环流，并力求达到完美的统一，是服装心理学的必不可少的环节。

由于世界上五十亿之多的着装形象，并不是孤立地单独存在着，但又不是被集中安排在同一环境之中，因此就使得着装形象内部的环流也必然受到外在大文化背景的制约，在环流过程中呈现出千差万别的现象。众多现象累积起来所呈示出的一条规律，则是体现在主观意愿的环流方式时，实际上带有很强烈的客观性，并且显示出两条很清晰的脉络，即：人本体内涵向服装倾斜和服装向人本体内涵倾斜。这里既表现出人的本能的主观意志，同时又表现出不可抗拒的客观环境与社会观念对人的推力。抗争与制约使得人本体内涵与服装位置总在发生变化，高低的变换越发使得这种环流势不可挡；而且相当多时候是不能单纯靠主观意志来决定的。这里所说的"高低"，并不指价值的高低，也不是指位置的高低，而是指主动与被动。主动的（高的）一方向被动的（低的）一方倾斜，就流动态势来看，集中表现了其显著的与众不同的特征。

我们这里所谈的人本体，就是着装形象。有活力的着装形象类同于普通心理学中的行为者。如此看来，无论是着装形象，还是行为者，能不能把自己的目标求成行为同社会的目标求成联系起来，再赋予自己的目标求

第六章　服装艺术与心理学教育

成的社会价值，这是心理环流结果能否更切合人意，更具有积极意义的标志和分界线。

第二节　服装心理活动的三个层面

在服装心理环流体系中，着装者本人的心理刺激、反应，居于中心地位，而且，我们所要表述的是这种环流过程，即着装者与服装、着装形象受众、环境等物的关系问题。但是，表述心理过程并不等于剖析具体的服装心理。实际上，服装心理活动还存在三个层面，这三个层面与环流过程构成完整的网络。三个层面中以着装心理最为主动、最活跃、最鲜明，因而也就最为人们所关注。可以说人本体的着装心理是服装心理活动的重要构成部分。

一、设计心理

设计心理一般是指设计者在从事设计时的心理活动，包括设计过程之前的设计预想阶段和设计结束以后的总结和欣赏阶段的心理活动，总之是与设计工作密切相关的。

（一）追求理想

追求理想应该是服装设计者的最主要的设计目的。虽然可能不是所有设计者的设计出发点。那些追求理想的设计者对服装设计的追求是纯精神性的，是纯粹为了服装艺术。他们虽然不一定都达到具有为艺术而献身的高尚品德和纯正情操，但是他们确实是酷爱服装艺术，一直对服装设计如醉如痴，大有欲罢不能之势。在这些设计者心目中，经济利益是次要的。在某种程度上他们的创作过程更像画家、雕塑家，为了完成个人意志而努力去塑造自己心目中构思而成的完美形象。不过，他们也并未脱离实际生活，也未脱离开所处社会的意识范畴。只是在这些人的心理活动中，自我表现意识和求成意识都未沾染上更多的社会性以及由此而引起的追名逐利的指向性需求的痕迹。

（二）取悦他人

对服装心理有所了解的人无不承认着装者中有取悦他人的心理。其实，服装设计者更存有这种取悦心理，并且比着装者表现得更直接、更坦率、更具文化性。最典型的莫过于恋人之间赠送的定情物，因为定情物中不乏服装饰品等物。较为普遍的例如为恋人织毛衣和围巾等。中国一些少数民族也有姑娘为心上人精心设计、编织和绣制的挎包、帽子和手帕等服饰品。除此之外，有属下为上司或上司家属设计的服装，有交往双方作为获利辅助手段而专门为其设计的服装。凡此种种，不管是出于高尚的还是卑鄙的设计意图和宗旨，都在设计者心理活动中存有明确而强烈的取悦动机。

（三）装扮自身

在主要为装扮自身的这些服装设计者心理活动中，可以说其自我意识的落脚点主要放在了塑造自我形象这一点上，并且难以移动。他们考虑更多的是自我形象，尚不是服装设计。他们在服装设计中所花费的心血，主要是作为塑造自我形象的手段而成立的。这是相当普遍的现象，只要有人繁衍、生活，就有这种"爱美的天性"在服装上闪光。所以说，为装扮自身而苦心设计的服装设计者，有着双重的展示欲，即在展示个人作品的同时，也想展示个人的着装整体形象。这是一些爱自己胜过爱艺术的人，也是人群中最关注个人形象而不一定关注服装艺术全局的人。

二、着装心理

对于着装心理，人类中的绝大多数有自己的内心感受和深刻的情绪体验。每个着装者都有过或多或少、或强或弱、或深刻或肤浅的试图通过所着服装来更好地塑造自我形象的心理活动。由于着装心理变化多端，瞬息万变，很难全部把握，在这里只能从中选取一些带有普遍意义的典型事例，有意说明一下基本规律，避免以偏概全。

（一）符合行为需求

着装者首先考虑衣服要合体，佩饰不影响行为规范，这是人类脱离低级动物、直立行走并制造工具以后，特别是接受了体表外加物——服装以后，切实为自身思虑的一个最普遍的心理活动。但是值得探讨或加以注意的是，当人类社会的大分工形成以后，各阶层、从事不同工作的人对服装是否利于行动，就有了不同的标准。

1. 体力劳动者对于服装合体及便于劳作的需求

作为体力劳动者，着装心理中占突出位置的便是服装不影响其劳作时肢体的大幅度摆动。这是保证他们着装后能够继续高效率工作并减轻肌体疲劳的重要措施。

相对非体力劳动者而言，体力劳动者希望自己的服装长短适度，肥瘦得宜。因为太长显然不适于快速行动。除了对款式的特定需求以外，体力劳动者对服装，特别是衣服的色彩主观倾向鲜明，他必须认真考虑的不是艺术审美需求，而是带有强烈的实用和经济的意向。分析数千年世界上百余个民族的体力劳动者服装，我们就会发现，尽管跨越几百个世纪，但各民族体力劳动者对于服装的需求几乎是接近同一种风格，那就是衣服比当地非体力劳动者的长度要短。这样的服装样式，正好表明人对服装的社会性需求不同的微妙心理活动。欧洲女性讲求拖地长裙，体力劳动者中的女性也是在维持这种基本服式（因其具有民族特色）的基础上，尽可能地缩短长度，以离开地面或缩至小腿肚的裙长来适应自己，这就是基于实践而自然产生的着装心理。

2. 非体力劳动者对服装合体及利于社交的需求

非体力劳动者由于在工作中不需要四肢大幅度摆动，这就使得他们与体力劳动者对服装合体的理解不可能一样，由此而来的对服装合体的心理需求也与体力劳动者大为迥异。这是由客观世界造成的对着装形象主体主观意向的扭转与摆正。虽然如此，但并不等于他们不需要服装随肢体的移动而变换表象。这就需要服装的整体结构有相当的可供活动的余量，以便在静态时不失优雅，而在变为动态的展示或持续的一段时间里，又可以通过结构内部调整，在为人体提供活动可能时较之体力劳动者宽阔，而且，社会上层人物还格外需要这种以表现仪容为前提的服装适体，以保持风度为先决条件，就这一点说，与体力劳动者希望服装适体是以实用为主的心理需求趋向显然不相同。因此这两个阶层的人对服装款式需求的基本点就不一样，其他方面的需求也自然不同，因而双方不会取得一致的标准。

可以这样说，无论体力劳动者还是非体力劳动者，对服装符合行为需求这一点的意志指向，都有着强烈的实施欲望。

（二）显露超群意识

显露超群意识也就是显示个性。只有热切希望显露超群意识的着装者，才会尽最大努力利用服装"显示个性"。这些着装心理包括"求新"、"求异"、"炫耀"乃至"求怪"和"求随意"等。它们的共同点是都想使自己突出于群体之上，不同之处是在显示个性上，求新与炫耀的结果并不一定能显示出着装者真正的个性。相比之下，倒是求怪求异和求随意带有一些着装者本来的个性，只是有时怪得荒诞，有时又很荒唐，一种扭曲了的心态使其个性鲜明，本身就带有一种抗争式的逆反心理。总之，这几种着装心理都具有显露超群意识的共性，是超越本能的社会化的产物。

1. 显示个性（人格）——表现服装中的自我

个性在心理学中主要是指在一定的社会历史条件下具有的意识倾向性，以及经常出现的、较稳定的心理特征的综合。欧洲心理学学者将其称之为人格。

广义地说，每个人着装行为实际上都反映出内在的真实的人格，无论其主观上是否欲求体现个性。而狭义地说，是在着装者群中有那么一些人，总试图在个人的着装中，体现出不同凡响的个性特征。再有，如果仔细分析一些着装心理中个人倾向性强的着装者，就会发现，他们的着装习惯很大程度上是由性格所决定的。例如有的人热情开朗、活泼、外向，有的人却深沉、稳健、多思、内向。一般来说，以上这些性格特征较明显的人会在服装选择上也表现出相当大的差异。那就是前者喜欢宽松的、适宜活动的服装款式；鲜艳的跳跃式图案的花色织物；漂亮、醒目的佩饰品以及便捷的着装配套形式。而后者则喜欢平稳庄重的服装款式和不太突出醒目的佩饰。当然，这只是简单笼统的划分，因为着装心理异常复杂，任何划分都不免带有一定局限性。不同的性格类型，会在服装选择、着装、个人形象塑造上染上不同的性格色彩。

显示个性的着装心理，虽然可以通过真实人物的着装表现得以证实，但是，仍然需要承认，显示个性的心理是抽象的着装表现。它与求异是不同的，个性是从人出发，求异是落实于物（服装）。

第六章 服装艺术与心理学教育

2. 求新

对于所有着装者来说，求新已成为一种司空见惯的着装心理的展示。它与显示个性的着装心理并不矛盾，尽管显示个性是偏重独出心裁的装束，或是热衷于一种已经定势的服装效果。但是求新的最初动机也是想显露超群意识，想以超越周围着装者的服装形式，来区别于身边的小环境乃至大环境（社会着装趋势）从而显示出自己的个性。求新是同位向前超越，超群是同位向上超越。当然，求新的着装心理在很多时候是出现在众人身上的，因而，试图求新的着装者由于无法脱离社会意识的制约，极容易同时或稍分先后地追求同一种"新"。最终导致在求新的着装意识载体上发生撞车的现象。于是由不甘心与众人同伍重新再去寻求新的着装效果，希望再迈上一个新台阶而脱离开最广大的着装者群。

3. 求异

异与怪不同。怪是稀奇古怪；异是不同寻常。求异者着装心理只在一部分人的着装行为中有所反映。因为他们既非为了显示个性，也不一定是为了趋新。他只想通过一种与众不同的服装，寻求一般不常见到的着装效应。《服装心理学》一书中有一段话，恰好能说明这一现象。赫洛克说："服装的一个很重要的价值就是它能使人们在某种意义上获得他人注意和赞赏……人们希望得到称赞的欲望并没有因为人类越来越开化而消失。无论是在非洲的丛林里，还是住在纽约市的朋克大街，人们的这种欲望必须得到满足。唯一不同的是表达这种欲望的方式。"

4. 炫耀

虽然说"炫耀"一词在辞书中不外乎两种解释，一是光彩夺目，二是夸耀，即自炫其能。但是在服装心理学中，着装者以服装自炫其能的心理及相关行为，就不那么简单了。因为自炫其能在服装上，带有来自各方面的社会因素。例如，有的着装者以披金戴银来炫耀其财富；有的着装者以表明高级别的服装来炫耀其地位；有的则以奇装异服（新潮服装）来炫耀其超前意识；再有一种就是近年以名牌服装来炫耀其综合实力与意识。无论属于多么复杂的着装炫耀心态，但它们都有一个共同的特征，就是以比自己实际情况稍强的面貌出现，而且绝对是有意识、有目的地炫耀。

5. 求怪

说到着装心理中的求怪意识，人们一下子就会联想到现代嬉皮士。其实，服装生成早期，人们就曾有过求怪意识。恐惧自然，又不能战胜自然，远古人想象出更恐惧更不能战胜的东西，神怪便是这样出现的。它也是神怪服装形象出现的原因之一。

到现代社会，一些商家也会用服装的求怪来吸引顾客。进入 20 世纪中叶，首先由美国青年兴起的"嬉皮士"服装，和现在较为时髦的"朋克"也都是典型的怪诞服装。嬉皮士是一些我行我素、不愿受束缚的现代青年，再加上他们对现代生活的厌倦，又自然产生出一种消极抵抗的情绪，企图以服装之怪去发泄他们心中因无法适应而形成的哀怨。而"朋克"则是想通过这样的怪异服装来使心理上得到一种满足，或是一种平衡。由此可以看出，在着装中求怪的着装者，有一部分是属于自卑补偿，有一部分却是极度满足后的猎奇心理所致。

6. 求随意

在服装上求随意的心理，有些类同于求怪，但又没有发展到那样以稀奇古怪为崇尚，只是追求一种随心所欲。但不管怎么说，这样的求随意总是违反正常生活方式和正常人的修饰本能的。求随意的着装心理与其他在服装上显露超群意识的着装心理有所不同，那就是其他欲求在服装上显示超群意识的人，是想在"有意改变"中创造出某种服装或整体形象，以期达到显露个性的目的，而求随意的着装者则是在"有意改变"时尽可能对服装报以冷淡放任的态度，在冷淡放任之中显示出他们的与众不同。

在现代着装上求随意的人一般分为两种：一种是企望超凡脱俗，把着装随意性作为一种风格追求和表现手段；还有一种因身体、经济、心情等原因，无力或无心去刻意修饰。前一种人可谓"不修边幅"，后一种人则难免流于邋里邋遢。后者是无意的，实际上不能从本质上与前一种等同。

（三）减弱社会冲突

为什么要减弱社会冲突？由于实际存在的或头脑中构想的社会压力与团体压力，足以对个人人格、意识和行为构成压力，这才使人们产生了主动减弱社会压力的想法，这也是个人行为调整中的必要步骤和必然结果。

在着装中减弱社会冲突的心理，是客观存在的。因为每个人不是每时每刻都能心想事成，春风得意的。它在社会生活中总面临着许多不得意，因而表情和行为上自然显示出无可奈何。表现在服饰心理中的则有两种形

第六章　服装艺术与心理学教育

态：一种是主动式的，着装的主观意志上企图通过形象塑造来减弱社会冲突，为某种目标的实现扫清障碍；另一种是被动式的，即不得已而为之。这都是社会和团体对自我有一种无形的约束与压强的作用力的结果。在这种客观压力下，促使个人不仅在行为（此处主要讲着装行为）上表现出来，而且在信念上也不得不改变原来的意志，而重新设计自我形象。

这一小节中将要对着装心理中求同从众意识、作卑装穷意识和淡化自我意识进行剖析和论述。

1. 求同从众

在社会生活中，求同从众心理非常普遍。缩小范围到以服装的调整达到求同从众的先期目的，也存在于大多数人的着装心理中。至于说求同从众的心理源于什么原因，以及采取什么样的着装方式，情况多样而复杂。不过最主要的可概括为两种，即盲目从众和有意从众。民间将这种从众行为称做"随大流"，这已成为形象化的专门用语了。

"大流儿"，现代人称之为大潮。就是说客观上存在着众多着装形象所造成的一种规模宏大的社会现象，而且带有动势，浩荡如潮水。服装在众多人体上显示出的一种总趋势，经常会向着装者发出强烈的心理暗示，意即告诉着装者，这就是符合现今社会、团体或是时代的服装，是总趋势。在这种形势之下，主观意识较强的着装者往往有个人的独立见解，不会轻易为社会潮流所左右，而个人意识较弱的着装者，由于把握不好社会压力究竟对自己会构成什么威胁，因而显现出忧心忡忡。存有这种着装心理的人，应该说确确实实是随大流的，而且是毫无标准，甚至看见大家都穿黄裙子，感到假如自己不买件黄裙子穿上，似乎就不知道该买什么颜色的了。没有个人主见，不懂艺术鉴赏，认为着装随大流是天经地义的，这就是一些盲目求同从众的着装者。

有意随大流的着装者，是迫于某种社会或团体压力所致。以服装的随大流去换取社会和团体"合群"的肯定，这是有意随大流者的普遍心态。据很多人讲，服装上不随大流就搞不好关系。这种团体内部对着装者着装行为所构成的无形压力，足以使着装者引起注意，一般会采取服装上随大流的方式去迎合大多数，从而起到保护个人利益的作用。这种社会现象在世界很多地区都不同程度地存在着。中国"文革"时期的对着装者的不成文的规定，至今还像阴影一样留在四十岁以上的人心中。这是一种潜性舆论对着装心理所产生的控制与强制，既不同于原始部落的民俗传承、行为规范，又不同于信仰宗教的国度里教义所起到的统治作用。它不成形，却像一张网；没有明文规定，却紧紧地束缚着装者的着装行为。

在以上这种社会压力下，着装者采取有意从众的行为方式，是情有可原的，这也是社会文化在着装心理中的典型体现。同时，服装从众现象又是服装发展的一个必经阶段。服装经过变异后，如果没有众多着装者的喜欢，就不能流行，也得不到传承。因此，应该把源于社会压力而产生的服装从众心理，与被典范服装作品所吸引而从众的着装现象区别开。后者是服装发展中的过程，是服装的杰作效应。

2. 作卑装穷

社会中的人，在相互交往中，采用什么样的着装态度去维持与人交往的愉快和成功，这必然促使着装者的着装心理时常变换。而且，这种变换既是客观环境使然，同时又是着装者根据环境需要而进行自我调适的结果。以服装来掩盖自我意识的真实性，是自我克制的一种表现；以服装来掩盖自己拥有财富或说经济水平的真实性，就是着装中作卑装穷的心理。

装穷心理反映在着装者身上，无外乎是将自身服装档次有意识地压低；或者是只穿最简单的衣服，不佩戴饰品；再便是故意穿残破、肮脏的衣服以至衣不遮体。这种心理在不同程度上体现于形象，又完全取决于需要。比如，有的着装者感到自己在小环境中算是首富，处于保护自己或是怕被别人借钱的心理，而不愿显露经济状况，于是会在着装上采取有意的措施。有的着装者装穷，确实是为制造一种贫穷的着装形象，以试图蒙骗周围人的感觉与感受。这些人大多财富来路不明，不敢公开挥霍。用表面装穷的办法来避免引起法律机关的注意，逃脱相关的制裁。再有的是出于"职业"需要，如乞丐，因为以乞讨为生的人，并不真一定穷，但这种方式可以引起别人的怜悯。

3. 淡化自我

淡化自我，并不等于使自己混同于大众中间，因此不能属于从众之列。首先说，淡化自我不是把与其交往者的自我表现作为一个参照点，同时也不能与作卑装穷密切相关，因为其主要的目的不是落足在经济上。可以这样说，着装心理中的淡化自我心理往往源于某种职位的敏感，与调节上下级关系中的心理平衡。也有的是源于短期环境需要，如上级领导在

第六章 服装艺术与心理学教育

时，一般的领导就会在服装上尽可能的普通，不抢上司的风头，这样还能给人以朴实实干的印象，从而引起上级和群众的好感。就是说，当人们不想喧宾夺主时，不愿引起上司的嫉妒和反感时，一般会采取淡化自我的处世手段，除了言谈简便、表情卑恭之外，服装上当然也需要降低个人的影响。这是社会心理学和服装心理学的一个交叉点。

利用服装来减弱社会冲突，是直接与显露超群意识的着装心理相异的。它们分别代表了两大类着装者的服装选择期望，也揭示出着装者由于个人表现欲不同，从而产生的背反意识的客观性。表面上看，这是两种截然不同的着装心理，实际上在保存自我、求得生存这一点上是有共性的。只是显露超群意识的着装者较少顾及社会舆论的压力，甚至有意挑战；而试图减弱社会冲突的着装者，却有目的地对个人意识予以抑制。

以服装来减弱社会冲突的着装心理，说明人类社会已距原初状态相去甚远，而往往是涂上一层迷彩了。

三、评判心理

评判心理主要指着装形象受众面对着装形象时，所出现的审视心理、评价心理和辨别心理。有时会因一个初次印象而波及无限；有时会由一个偶然形象而浮想联翩；有时又会在着装形象的感召下，产生下意识的感觉，再采取有意识的行动；有时又会因自己的心境影响了对着装形象的注意与评判兴趣。在服装心理活动的三个层面中，评判心理是针对着装形象受众而言的，评判心理仅次于着装心理，因而比设计心理要显得更丰富、活跃，而且人文色彩更浓一些。

着装形象受众之所以要对面前的着装形象进行评判，一是出于自然，即人所具有的意欲认识对方的本能；再一个是要通过对方的着装形象去揣度着装者的人品，以评判结果去决定是否与其交往。除此之外，还有的纯出于欣赏，或者是为了和自己进行比较，再者便是从对方着装形象上汲取某些有益于自己的优长。

具有评判心理的人数应该说与具有着装心理的人数相等，因为着装形象与其受众的关系是共存而互为的。只是人们在评判心理活动的过程中，不一定都像着装心理活动一样，那么负责任，那么感到义不容辞，因此可以说，二者的数量相等，但程度上有所差异。

（一）初次见面与首因效应

所谓首因效应，是社会心理学研究者用以解释第一印象的观点。依据社会心理学的观点，在对人感知或社会认知中，人格特点或社会性格、民族性格特点的呈现次序对第一印象的形成十分重要。而服装的文化性决定了它本身就具备这种集中体现诸性格的特点。因此，通过服装在人体上的立体显示，完全会使着装形象受众（即社会心理学中的认知者）对其产生一个较为清晰的印象。

服装在人与人初次见面时格外引人注意，并因服装的存在，才使着装者在受众之中留有一个完整的人格形象。

1. 认知次序中的服装

不少人这样描述：他们在尚未经人介绍，但想认识一个人时，第一眼最先看到的是这个人所着服装的色彩。不仅这样，当我们听到门铃声响起，去打开门的最初一刹那，首先给我们印象的是来客的服装色彩。这时的服装色彩属于认知过程中的第一感性刺激。接下来，才会看到那个人（着装形象）的大轮廓，这应该属于第二感性刺激。这个轮廓是人着装后的包括服装效果在内的有序的线条。再往后认知，才是那个人的容貌、神态、整体形象的细部，当然包括服装的具体款式与搭配。即使有人认为初次见面的最初两秒之内是看对方眼睛，实际上只是注意了主要的方面。眼神与对方相接一是出于礼貌，二是为了更快地认识对方，而这时无论是说运用眼睛的余光，还是说人习惯看对象是实现从整体入手，都是服装最先进入人的视线范围。调查结果表明，人认知对象过程中的各项感性刺激，是有一定次序性的。认知着装形象时，往往事先看到服装的色彩——整体着装轮廓——着装形象主体——服装细部。当然这些仅概括了一般的规律，具体也有根据个人的习惯而决定次序的。

服装色彩和款式是否引人注目，也是服装在认知过程中位于哪个次序的决定因素。假如着装形象的服装十分耀眼，那它必定无疑最先进入其受众视线；假如着装形象的服装从色彩到款式都属于一般或灰暗，既不很新，又不太旧，那么，服装在认知过程中的刺激次序就要相对后移。这在最初见面几十秒之内，至关重要，它在次序上的前与后，往往使得服装在首因效应中的作用的大小也有差异。

第六章 服装艺术与心理学教育

2. 首因效应中的服装

服装在首因效应中到底起多大作用，在论述这个问题之前，我们可以先来看一看研究个性印象形成的先驱者阿希的有关理论。阿希在研究暗示对认知的作用中，注意到了印象形成问题。他关于印象形成的观点，一方面受到格式塔学派知觉理论的影响，另一方面，又受到新兴的认知学说的影响。它在做过十个有关印象形成的实验以后，指出对这种印象形成不应理解为归属于对象的特性的平均或简单相加等镶嵌式的概括过程，而应理解为一个特殊的系统化过程。他有一个值得重视的见解是："并非所有的特性在个性的印象形成中具有同样的分量。"就是说，"在印象形成中，这些特性有的起中心作用，有的只起附带作用，前一种限制或变更后的一种意义，用推测附加上刺激不曾给予的其他意义，这样就作为一种全体的印象系统化了。"

阿希的研究结果也可以用来说明服装心理学中的首因效应。应该说，服装在首因效应中的位置，既取决于着装者服装的诱人程度，又取决于形象受众对对方服装的关注程度。这样解释等于是将服装作为上述理论的某一特性来分析的。如着装形象主体给别人的印象是健谈或机智的话，那可能其服装所占的比重就相对小一些，如果着装形象主体给别人的印象是精干、冷酷或热情、虚荣、肤浅、有感染力、无野心等，那就说明服装在其中起到了很大作用。如某人着装合体，没有过多的饰件，再与他言谈举止的简练快捷结合在一起，便给人留下一个"精干"的最初印象。这种首因效应中，服装始终占有重要位置，以致着装形象受众在日后每次谈及对他的第一印象时，仍然先指述出他的着装。

服装在人与人之间认知过程中，特别是首因效应中，起到相当形象的评判作用，同时又极易在记忆认知中留下个性鲜明的印象。至于说首因效应的准确性有多大，那应该说是属于社会心理学的研究范畴之内了。就服装而言，如果着装形象本人具有魅力或事先让着装形象受众了解到着装者的知名度，再加上着装者的有意选择服装，很可能会对其受众产生积极影响，反之结果也相反。因此说第一印象不见得就是准确地了解了对方。但是首因效应终究至关重要，因为一个人给大家或给另一个人的第一印象，在很大程度上影响了日后的交往。因此说，首因效应是表面的（尚未真正通过交往去了解），但又是重要的（认知经验说明先入为主），所以有着一定的顽固性（需要后来很多事项才可能改变其初次见面的印象）。

任何着装者欲在人与人初次见面时留下良好的首因效应，都应该从服装选择到整体着装效果去做积极的争取；作为着装形象受众在与人初次见面时，较为敏锐地揣度出对象的真实内涵，都要尽可能地减弱个人认知上的偏见，以客观的态度，公正的标准去评判。服装会在首因效应中格外起作用，但需要注意的是，正因此也容易造成假象。

（二）视觉感受与想象推理

无论是单独的服装，还是整体着装形象，都归之于视觉艺术范畴之内。或许有人认为，有的着装效果不过是随意而为，不足以构成视觉艺术。其实不然，即使是乞丐的服装，也具有一定的艺术性，甚至是文化性。

服装在社会认知中的艺术形象更具有符号性。因为我们无论在什么时候遇上什么样的人，总趋向于把它们归纳成某种有认知意义的符号，不管这种归纳的结果是否正确。可以说，着装形象在着装形象受众看来，是一个具有多维空间的复杂的交混体，符号就是由具体形象概括浓缩而来。

当着装形象受众面对着装形象时，不是被动接受、机械归纳。一般来讲，还会出现在视觉感受基础上所产生的非理性的想象。又与社会印象的形成足以想象为中介的知觉改造过程，因而想象比联想更具有主动性，它不像联想那样，以唤起过去的经验，而是在已有的经验总体中营造主体需要的有意义的符号群。这是社会认知过程中有趣味的步骤。说其有趣味，主要是因为想象是不受约束的，尽管它仍然带有不可避免的社会因素，但是想象的翅膀总是可以自由的。它可以被表露出来，也可以始终存留在潜意识中或是转瞬即逝。只不过在想象的重新组合过程中，可能出现偏见和虚幻等因素的干扰，因而想象可能是接近真实的，也可能是偏向荒谬的。相对来说，推理则是从现实中摄取的材料较多，态度也较为严肃。

1. 视觉感受的形象性

服装最具视觉形象特征。当服装或整体着装形象对人的视觉感觉器官形成刺激后，随之的过程都会围绕着视觉形象而来，因而学者将服装艺术归为造型艺术。服装艺术，既包括整体着装形象，具备形、色的主要特征，同时兼有声、味、甚至光的辅助特征。当它以完整的形象进入着装形

第六章　服装艺术与心理学教育

象受众的大脑中枢系统后，实际上已经归纳为符号。符号是以非语言形式成立的，它与语言一样，都属于人际交往的媒介物。

需要说明的是，作为符号的服装在人际交往中能否起到沟通和共识的作用，就取决于双方是不是对此符号能够予以同样的理解和统一的认识，假如缺乏这个条件，就会产生交往和视觉感受的阻碍。假如美洲人对阿拉伯人的遮掩式服装难以产生共鸣，而阿拉伯人也对美洲人的牛仔裤存有疑义，这必然影响了正常的造型艺术的视觉感受的真正意义，也难以达到互通，充其量只能把对方作为一个欣赏对象而已。

只有当着装形象受众具有了解着装形象的心理定势（或叫心向），也就是具有一种正常的感受反应的准备状态，而且着装形象受众存有感受的动机，即内条件之一；怀有期待，即内条件之二时，才有可能取得较为清晰、完整、印象深刻又较为切合实际的视觉感受。

只有成功的视觉感受过程，才能激发着装形象受众的想象与判断能力。

2. 想象推理的合理性

想象是在人脑中对已有表象进行加工改造而创造新形象的过程。推理则一般只有一个或几个已知判断（前提）推出未知判断（结论）的思维形式。

想象的基本材料是表象，但是这个表象是旧表象经过加工改造，重新组合创造的新形象，不同于记忆中的表象。记忆表象基本上是过去感知过的事物形象的简单重复，想象却可以展开任意的翅膀，自由飞翔。如果说想象与文学艺术同生，那么推理就是逻辑思维的产物。想象和推理都是客观事物的联系通过人们的实践在意识中的反映。但是想象可以天高任鸟飞，海阔凭鱼跃；推理则有演绎推理、归纳推理和类比推理等一套程式。

当着装形象受众面对着装形象时，由视觉感官将其作为信息输入大脑。这时的着装形象受众，不会将感受仅停留在表面上。因为人的思维是活跃的，他在每天每时接触的众多事物中，很正常会由此及彼，产生一系列想象，往往还会根据着装形象的服装进行有意识的推理。也就是说，当着装形象受众面对着装形象时，会自觉不自觉地产生想象与推理的思维过程。

美国一位专门研究服装史的学者说："一个人在穿衣服和装扮自己时，

就像是在填一张调查表，写上了自己的性别、年龄、民族、宗教信仰、职业、社会地位、经济条件、婚姻状况，为人是否忠实可靠，他在家庭中的地位，以及心理状况等等。"英国苏格兰社会学者克莱尔说过："所有的聪明人总是先看人的服装……然后再通过服装看到人的内心"。这些理论乍听起来好像有些夸张，其实，服装上虽然没有表格，但是当着装形象受众审视着装形象时，总力图从服装的符号特征去想象他的一切，包括心态与境遇，即表格上需要填写的一切。只不过这其中有基于现实的想象和较为客观的推理，同时也会出现超现实的想象和相对主观的推理。

3. 基于现实的想象和推理

当着装形象受众面前的着装形象是多年未遇的老友时，他会从老友的穿着打扮上，较为准确地判断出这位友人在这一段时期里境遇如何，是发迹了呢？还是落魄了？只要面前着装者不是故意以服装制造假象，那么诸如"他看起来春风得意"、"他一定比以前宽裕了"或是"他可能遭到了什么不幸"等一系列有现实基础并有比较的想象和客观推理，应该是贴近事实的。一般来说，推理会在其中引发一连串的因果关系的思维过程。如，"他之所以春风得意，一定事业上取得成功……"；"他显然比以前在经济上宽裕了，因为孩子成年自立了？因为职务升高挣得多了……"；"他怎么会如此衣冠不整，毫无光彩，以前并不这样啊。不是有什么事吧？……"这些活跃的想象和推理，实际上只不过来源于三个着装形象给予其受众的服装效果视觉感受。三个画面依次是：

（1）穿着一身笔挺的西装，规规矩矩打着领带，皮鞋考究且未落尘土。发式虽不是十分时髦，却刚刚修剪过，手里夹着的皮包再配上泛着红光的脸以及矫健的步伐。

（2）一身衣装堪称高档，高档的面料加高档的工艺。手腕上戴着金光闪闪的名牌表，与手指上的钻石戒指交相辉映，说话间放下手中的软皮皮包，掏出一个高级的打火机，点燃一只古巴雪茄。

（3）本来不算陈旧的衣服，却皱皱巴巴，一只纽扣不翼而飞，鞋子和袜子都仿佛多日未换，全身灰灰暗暗的，毫无生气而言，再加上茫然无神的双眼和疲惫不堪的容貌。

这三幅画面上的着装形象是模式化的，也就是说具有一定的典型性。如果再具体些说，与以前的着装形象相比较，比较的结果才产生了这种种

第六章　服装艺术与心理学教育

想象与推理。

4. 超现实的想象和推理

超现实的想象和推理，并不是完全脱离现实着装形象。所谓超现实的，主要是想象和推理的主观意识增强，因而使着装形象受众面对着装形象时，由于所视现象和以前曾接触过的其他着装形象产生某些重合，从而使想象和推理偏离了轨道。

如着装形象受众面对一个穿粉红上衣和白裙子的着装形象，而在此之前，着装形象受众曾接触过一个脾气乖戾的同事，就时常爱这身打扮。所以尽管着装者性情温和、面容姣好，但是着装形象受众仍然感到这身衣服那么使人不愉快，以至产生反感。他想象眼前这个上粉下白的着装形象就有着与印象中形象一样的不良之处，因而又进一步推理为这也是一个不易与之相处的脾气古怪之人。

与此相反的现象也存在。本来只是陌路相逢，但是这个着装形象的整体感觉，使其受众与过去曾读过的文学作品中某一个也是根据文字想象出来的人物外形发生重合或是与曾见过的某人的韵味有相似之处，于是陡然产生好感，异性之间还极易一见钟情。与基于现实的想象和推理相比较，超现实的想象和推理显然是主观因素要多一些。应该注意的是，超现实是脱离开着装形象的实际境遇远一些，但还是由着装形象的某一点所引发的。不过，其所依据的基础仍然是现实的。

（三）心理感觉与反应动机

服装心理学认识中所讲的心理感觉，应包括社会心理学中知觉过程的后一阶段。不过更侧重于社会心理学中的心理知觉对客体的整体反应上，特别是带有明显的社会性格，因此说社会知觉更为恰当。社会知觉以感官为壁，直接接受社会生活事件并给予反应，同时还能利用已有概念对来自神经末梢的感觉事件进行排列组合，从而进行存储、摄取，做出相应的选择与确立行为动机。

当着装形象受众面对着装形象时，他会由感官刺激而引起一系列心理活动，除了上述的想象和推理外，会有明显的欣赏或厌恶的情感倾向，这种倾向的主观成分比较大，但又是基于自己以往的社会经验。然后在此基础上将着装形象与他人比较，与自己比较。比较之后即决定了是模仿他，还是汲取他一部分优长，再便是舍弃他，以此作为自己发展的助力。

1. 欣赏与厌恶

同一个着装形象，但不同的着装形象受众却会对此产生差异很大的评价态度，尤其是审视过程中的情感倾向。这里有一种社会认知过程中可能出现的刻板效应起作用。着装形象受众甲可能因为某着装形象穿着的咖啡色衬衣，是自己所喜欢的服色，因而首先对其有了好感和贴近感，进而发现其穿着的裤子是奶黄色的，这两种颜色既属于同一色相中的不同色阶，而且更主要的是属于甲的偏爱范畴之中。因此这个着装形象变成了甲的欣赏对象，并会由此使甲产生了与其交往并与其友好的积极态度。但是着装形象受众乙却没有这种感觉，它在情感上对这两种颜色正好与甲相反，因此非但不觉得存有可供欣赏的价值，而且觉得这一着装形象的着装方式和具体服装，包括服色和款式都令人生厌。

究其社会原因，就会发现甲的生活中，曾与这种咖啡色衬衣与奶黄色长裤的着装形象存在过联系；或是自己的亲人，或是自己所喜欢的人，或是自己也想这样打扮。不管到底为什么，当他不用考虑其他人为限制因素，可以直接坦率地表露出情绪或是心里默默欣赏时，这种心理感觉无疑是纯正的。而乙很可能与甲有相反的生活经历。

面对一个着装形象时，不同的着装形象受众会有不同的心理感觉，这是正常的。由于属于个人内心情感的领域，别人也不能对其进行干涉或是指责。但是需要说明的是，这种认识往往存有一定的认知偏差，可是又在所难免。社会心理学家也认为，每个人的认知活动，事先都有某种假设，并从这假设去看待当前的事物。换一个角度，如将这种差异现象不放在社会心理学中，而放在艺术审美学中的话，那却又是另一个问题了。

2. 与自己和与他人比较

比较，大多发生在相类似的人中间。着装形象受众作为一个既未脱离自然，又不可能脱离社会的人来说，自然下意识地会将着装形象与自己加以比较，或者与其他人加以比较。这种比较的需要是人在生存中的必然反应，同时肯定注入了较多的社会因素。

社会心理学家菲斯汀格指出，一个人对自己的评价"是通过与他人的能力和条件的比较而实现的。"那么，对别人的评价呢？自然也是这个道理。一般来说，在各方面所具有的条件相差越远，这种比较也就越显得失去意义；距离越近，比较的意义也就越大。其关键在于可比性。

比较的范围可以很广，例如这个着装形象是否比自己动人？比自己懂得形式美的原则？比自己阔绰？比自己有风度？或者是比自己的感染力小，比自己低俗得多，比自己整体形象差，等等。这种比较在生活中很常见。一个三十几岁的少妇，当与五十大几的中老年妇女站在一起，当然显得青春焕发，但是与十六七岁正值豆蔻年华的少女在一起，则明显是老了不少。这种比较在条件相仿的着装形象和着装形象受众之间经常自觉不自觉地进行。当认为着装形象甲比自己某方面强时，会因此出现短时间的自卑；当与着装形象乙进行比较时，又会因发现自己比他强而显得信心十足。这种比较没有固定的标准，完全依据自己和对方的条件而设定。还有一种情况，就是着装形象受众将着装形象甲和着装形象乙进行比较。这种比较由于自己不作为参与者，只作为评判者，所以相对的客观性也就大一些，其结论也往往令人信服，当然其中也难免会有偏执现象出现。

比较是着装形象受众面对着装形象时，其评判心理中先行的非常冷静的思考阶段，尽管含有主观成分，但远比想象推理更懂得掌握分寸，运用理性分析。

3. 模仿、扬弃、发展

模仿是指个人受非控制的社会刺激引起的一种行为，一般以再现他人的一定外部特征和行为方式为特点，并同时具有一定的合理的情绪倾向性。扬弃则指社会动机中的选择意向，包括发扬与摒弃，即所谓取舍。发展是基于以上两者的更进一步的行为取向。这三种动机，属于人在社会化以后所采取的受主观意志支配的反应动机之列。

当着装形象受众对着装形象进行完一系列的评判之后，大脑根据所评判的结论而发出行为指令，这就出现了着装形象受众基于审视、评判等社会认知全过程，以及所采取的社会行为。

常见的认知后行为主要有两种：一种是模仿。因为受着装形象某些感染，进而想将其美妙之处移植到自我形象上，于是就可以按其整体着装形象去重新设计自我，也可以按其某一局部的装饰特点来打扮自身，这就是最容易做到的直接拿来的学习方法。再一种则是区别于这种盲目模仿行为的，那就是去其糟粕，取其精华。精华与糟粕的意义是相对的，在不同的社会大文化背景下，人们有不同的修养与学识，特别是个人意识中的倾向性不完全相同，这就决定了人们所认定的精华与糟粕的界限也有明显差异。当然，这是一种积极的学习方法，带有客观评判态度的学习方法。持有这种方法的人一般是比较有个性，有独立见解，同时也是比较聪明的人。

在此基础上再行发展，是人的心理需求，也是着装形象受众在评判结束后的休整待发，以及休整过后的重整旗鼓。服装心理学中评判的积极意义正在这里，其真正价值也由此体现。

（四）形象捕捉与即时心境

着装形象是客观存在的。由于着装形象受众的心理活动指向并集中于特定的对象（着装形象），就必然去捕捉形象的特征，所以才使得着装形象受众能够在短时间内较为及时、准确、全面地对着装形象进行审视，这是评判心理的关键。还有不可忽视的一点是着装形象受众面对着装形象的即时心境和所处情境如何，也从客观上影响了评判结果。

1. 有意识注意与无意识注意

按照生理机制的规律，人在注意某些事物时，大脑皮层的相应区域即产生一个优势兴奋中心。而高级神经活动的相互诱导规律是，当一个优势兴奋中心产生时，由于负诱导，大脑皮层的临近区域处于不同程度的抑制状态，使落在这些抑制区域的刺激，不能引起应有的兴奋，因而不产生清晰的反应。负诱导越强，注意也就越集中，这是形象捕捉的一个特点。

还有一种是无意识或下意识注意，这是事先没有预定目的，也不需要做意志努力的注意。由于这时的集中是突然的，不由自主的，所以一般对刺激性较强的色、形、声等反应敏捷。

在服装心理学中的有意识注意，对他人，常表现在当有人介绍一位新朋友的时候，或是科室中来了一位新同事；对自身，是去某处访问、应聘时，人们面对眼前出现的人物，一般会将注意力集中在由这些人构成的着装形象上。希望通过这个着装形象的所有外在表象，尽可能多地了解这个人。伴随着这种集中精力的有意识捕捉，着装形象受众势必抓到一些自认为有价值、有参考意义的特征，无论是对对方的鞋子还是围巾，都尽可能地予以注意，甚至努力搜寻任何一个可以提供信息与资料的细部。

无意识注意就不同了。由于着装形象受众并未有意识地想了解谁，只是某着装形象偶然跳入着装形象受众的视野范围之中，因此，这使着装形象所具有的那些较强的特征，如服装的款式新奇，颜色鲜亮，搭配怪诞或伴有某种声响，都会由于其所具有的刺激强度，很自然地传递出信号给予着装形象受众。如果着装形象在周围环境中醒目或较为活跃，或富于变化，就更会引起着装形象受众的注意。尤其是，着装形象受众往往会对偶尔改换一下着装方式的着装形象立即无意识注意。相反，如果周围人不常变换着装，或是频繁变换着装，甚至其变化频率特别高，其效果都是一致的，都不足以引起着装形象受众的无意识注意。

2. 影响评判心理的即时心境

着装形象受众面对着装形象所产生的评判心理，不会永远像秋水般平静清澈。时不时由于某种外因，造成着装形象受众的情绪高涨、低落等变化，这些都会直接影响评判结果。

日常情绪体验的提示是：当着装形象受众心情平静时，他就有可能仔细地观察、审视着装形象，然后在此基础上做出较为客观的评判。当着装形象受众情绪饱满，心境良好时，面对着装形象才可能出现某些高于实际的认知偏差，如光环效应：穿着漂亮且迷人的姑娘一定聪明、热情；穿着考究有气派的人一定是个了不起的能人，如此等等，都是由于它将着装形象的外表特征叠加在自己美好的印象上，从而出现的现象宛如神佛一样，被笼罩着一圈耀眼的光环。但是，当着装形象受众的心境不好时，就会对着装形象失去评判的兴趣，或麻木，或厌倦；这时的着装形象再好，再符合他的评判标准，也很难唤起着装形象受众的热情。因着装形象受众首先是人，人就有情绪的波动，情绪与即时心境对评判产生影响，致使评判结果有些偏差的现象是在所难免的。服装心理中评判心理的主角是着装形象受众，因此他必然是评判动机的发起者。十分清楚，发起者的心境如何，势必会影响评判的全过程。再有一点也不可忽视，那就是进行评判时的周围环境。如果是在春光明媚的清晨，走在山间林荫小路上，迎面走过一个穿着红花袄、水绿裤、绣花黑偏带布鞋、头上围着一条翠蓝头巾的小姑娘，着装形象受众往往会顿时产生步入画境的感觉。因为当时的情况极易使着装形象受众产生愉悦状态。假如同样的着装形象与着装形象受众在嘈杂的闹市相遇，闪烁的霓虹灯、摩天的大楼和风驰电掣的机动车辆，都会使这样的着装形象相形见"土"，与环境很是格格不入。

评判心理中着装形象受众的即时心境以及当时所处的环境与气氛，直接作用于评判心理之中，这是很自然的。

　　服装心理活动的三个层面，最贴近服装设计者、着装者和评判者的心灵深处。事实已经证明，人类的服装心理千变万化，捉摸不定，但是基本上就体现在这三个层面之中。这里几乎囊括了最符合着装者群切身感觉的心理活动，因而也是最生动、最形象、最具有深层文化含义的。

第六章　服装艺术与心理学教育

民俗是人类文化的组成部分，它既映现出物质文化的特征，也映现出精神文化的特征。服装则正是这种反应的最直接最生动的现实。因此，服装不但是一个国家或一个民族的风格、习尚、风情的产物和载体，从服装上还可以观察到民族过去与现在文化心态的外化面貌；而且服装在发展变化过程中，一旦形成固置状态，也必然丰富了一个国家或一个民族的风俗、风情。不过，过去对这方面的研究，往往注重于把服饰品作为物质形态来把握，把它放入有形物质民俗（如经济生活）的领域之内。实际上不应仅仅如此。人在着装以后已构成服饰形象，也就是说它还显示出一种无形心意民俗。服装应该是历史和现实的活生生的人的精神活动的物化反映见证。服装既是民族文化的历史，又是人们理解人类文化的一条渠道；既是民间生活的风俗事象，又是人们探求人的生活习尚和深层心理的一条线索。

由此看来，服装与民俗文化关系的研究，也就是对服装在民俗文化中的构成、地位及服俗惯制形成、传承、变异的科学的认识。

第七章 服装艺术与民俗学教育

第一节　服装是一种民俗事象

　　采风问俗之举，自古有之。大凡要认识一个民族，进而研究一个民族的历史和现状；熟悉一个地域，并就此探讨这个地域的文化及其衍变，都不能缺少对该民族或该地域人们服装的关注。因为，服装即是民俗事象之一。

　　民俗作为一个科学研究的对象，在世界现代人文科学中已经成为一门重要的学科。它和文化人类学、民族学、社会学及历史学、语言学、美学等互相联系而又各自按着独立的方向发展。服装渗透到民俗诸般事象之中，而民俗，由于是作为人的生活习俗的轨迹，始终也离不开，甚至说不可能离开服装——服装与人已密不可分，当然这是从文化的视点去看问题。

　　所谓民俗事象，主要是指一些创造于民间，又传承于民间的具有世代相习的活动现象，包括思维体系与实施行为。在种种约束人们行为和意识

第七章　服装艺术与民俗学教育

的有规律性有情趣的活动中，民俗是不依靠法律的。而且既不是依靠史书，又不依靠科学验证，民俗事象是依靠习惯势力的，或者说依靠传袭力量和心理信仰形态来传承的。民俗事象的活动永不匮乏，相当重要的一点，即是它深深根植于民众之中。

关于民俗事象的分类，日本民俗学家开创人柳田国男将其分为"有形文化"、"语言文化"、"心意现象"；美国阿伦·邓迪斯用按条分项列表的方法来排列出诸事象；联合国教科文组织则提出"口头传说"、"习惯行为传统"、"物质文化传统"和"音乐传统"……不管怎么划分，我们都可以看到民俗事象几乎包罗万象，甚至一些王公贵族的活动仪式中也有民俗的痕迹。这些充分体现出他博大的包容性和广泛的全民性。

人们可以将民俗事象分为很多类，但无论如何，我们都已经清楚地看到，服装在民俗事象中举足轻重。首先，人的生活中服装不可或缺。各项民间活动中，自然是需要有众多着装者参加才具有特殊的意义。民间往来中的馈赠物品，有不少是服饰品，男女青年的爱情信物更以其对于衣服及佩饰的精工制作来显示其内心的真诚。祭神祀祖、劳动、娱乐、运动乃至婚丧嫁娶，哪一项活动中能少得了服饰品呢？因此说服装与民俗存在着天然的联系，不仅仅是古代，近代、现代、当代乃至未来，民俗都会因人的存在而存在，服装也会因民俗的发展而发展。因为服装不只是民俗事象的构成成分之一，而且服装符合民俗的根本特征，即：历史性、自发性、地域性、传承性和变异性。

服装被称为民俗事象，而不能简单地称为现象，因为服装不仅仅指其在着装活动的发展、变化中，所表现出的外部形态和联系，而且包含着更大的内涵。事，行为过程谓之事；象，外在形态谓之象。服装是物，它与服装的行为过程有关，与物质活动形态也有关。而服装的行为正是民俗活动的行为；服装的形态又是民俗的现象。服装的事与象在民俗活动中，整合成非常活跃的统一体。

一、历史性

在源远流长这一点上，服装与民俗是相提并论的。自从人类的意识和行为明显区别于动物以后，面对苍茫大地，人便在万物有灵的模糊崇拜中，往身上披挂自然物质——原始衣服与佩饰。人类童年时期的郑重的

"游戏"——早期民俗，可以说与原始服装同时诞生。

中国先秦古籍《山海经》记有华夏远古时期的佩饰，说明服装已经成为一种民俗事象了。"其首曰招摇之山……有木焉，其状如榖，而黑理，其华四照，其名曰迷榖，佩之不迷。"这些记载，虽然只记述了民俗与服装的内在联系，并未具体记载当时的民俗仪式，但是足以从一个侧面说明了服装是约定俗成的，在那一历史阶段中，如此装饰就是一种民俗，也证明了服装与民俗的共生现象。

这种原始的民俗事象，包括民俗仪式和民俗行为的详细的程序和周密的安排，以及民俗事象中人的表现，特别是有关民俗与服装的密切关系，都是那一时代的历史产物，但是我们可以在如今的历史"活化石"中寻觅。如中国的鄂温克族、鄂伦春族和赫哲族等，都是狩猎民族。他们虽然经常捕猎熊，可是对熊怀着一种特殊的尊敬与畏惧，所以，每当捕获熊归来以后，总要举行一系列的祭拜仪式，以求避邪。他们先要将熊放在床上，给熊洗脸，并给它穿上带褙的衣服，戴上帽子，在它面前供上鱼类和果子。人们也要戴上假面，通宵给熊唱歌。待熊皮剥下来后，还要披上熊皮，围着火炉转圈，以向熊讨好，恳求熊能消除怒气。甚至当人们，如奥斯提加克人，在森林中遇到熊时，立刻脱帽致意。鄂伦春人干脆把熊叫做"老爷子"。

这种民俗事象中，服装起到了重要作用。给熊穿衣戴帽，表现出人渴望以此来显示对待熊的平等和亲切的态度；把熊皮披在自己身上，则又是一种屈从与献媚；而脱帽致敬更是表示人用对人或者说对尊者、长者的恭敬去对待熊。这些习俗是非常原始的狩猎部落对动物崇拜仪礼的遗留。它是在远古时期基于对熊的恐惧心理和万物有灵观念的基础上形成的，完全真实地再现出服装与民俗事象一体相连的原始性，即历史源头。这一类事象属于民俗的历史性，是历史面貌的一种相对稳定的滞留现象。

服装与民俗的历史性还表现在不同历史时期的标志特征上。从服装与民俗相辅相成的关系上可以看出，它们作为一种民俗事象，总是产生在特定的历史阶段，成为一定历史时期民俗文化的载体。

前述服装民俗事象是狩猎时期的典型。当人类进入到种植（即农业）经济时代以后，又出现了祭祀社稷之神、蚕神以及诸天神地祇的仪式。中国周代时以王后穿鞠衣去祭祀天上先蚕，是特定民俗事象中的特定服装，也是农桑经济开始时期的代表。当时，每逢春季，养蚕行将开始，养蚕部落的女子在其部落酋长之妻的带领下向先蚕行祭祀之仪，其为首的女性必须穿黄颜色的衣服。这种黄色像桑叶刚刚长出嫩芽的颜色。后来国主元妃也要将鞠衣作为告桑之服，并且脚上必须穿屦，屦的黄色与鞠衣颜色相同。鞠衣连同其祭先蚕的仪式成为那一个历史时期的民俗碑石之一。

无论是祭祀，还是年中行事；无论是婚俗，还是葬制，即使是舞蹈、歌咏、竞技，在不同历史时期，都有独特的民俗表现。而所使用的服装，本身自然也都呈现出鲜明的时代特色。这就决定了服装在民俗活动中的应用，或者与民俗活动混为一体，这必然使服装形成不同的历史风貌。

二、自发性

民俗事象，一般是在民众生活中反复出现的深层次文化事象。然而这个深层是指民俗仪式在民众心灵中扎根的深度，并非指官方靠行政规定的法制和干预的程度。民俗事象中的服装，更深深带有一种来自于民众之间的自发性与自为性。这种自发性，是指来自民间的群体的以不自觉形式反映出的自觉行为。所说的不自觉形式，是指在服装起源与款式改进中，往往是因一个人偶然在服装局部予以改善，当时只求自己的适意（求美或适用），未想却形成服装的新意，因而使周围的人们感到耳目一新，起而效仿，逐渐辐射、扩散，而后形成了固置状态。这是一条规律，也是民俗形成的特征。所说的自觉性，是指改进服装的人，毕竟使用了某种程度的心思，形成了一种行为，也正因此才使民俗服装有着鲜活的朝气与永恒的青春。探寻传统服装的来源，有时很难考证出确切地是由哪一个人首先发明的。很多服装的起源，在今日仍属于传说或推测。

科威特一些地方的婚礼中，要举行一种听"雅瓦"的仪式，届时新娘身着盛装坐在板凳上，浑身香气四溢，女子们在新娘左右两侧排列两行，手中拉一块方形布，多为绿色。她们低声唱歌，时而用布把新娘的脸蒙上，时而又打开，使新娘的美貌时隐时现，从而给婚礼带来热烈而神秘的气氛，这难道不是一种自发的民俗服装事象吗？没有国家法令，也不存在书面指示，更难知确切始于何年何月。它只是出于人民发自内心的一种需求，一种对生活的热爱和丰富、美化生活的愿望。

自发性，使民俗服装没有桎梏；自发性又显示出民俗事象发源的纯洁与素朴。它就好像是大江大河一样，绝不是从天上或山涧一个黑洞汹涌而出的。它的源头看似浩瀚，实际却是从大地母亲数不尽、看不清的毛细血管渗出的。它真正的源头难以寻觅，却永不枯竭，又总是那样自然、清纯，那样具有活力。

三、地域性

民俗事象的地域性非常鲜明，因为本来民俗就是土生土长的，所谓一方水土养一方人，"千里不同俗，百里不同风"的说法，正点明了民俗限于地域性的必然性。

民俗的地域性和民族性又有关联。一个民族必有共同的地缘。这就是自然界与人为社会的错综复杂之处。在同一地域中呈现的民俗现象完全相同的例证很多。服装当然也如此，人种、民族、部落都生息聚落在一定的土地上。由于地理环境关系，地域的生态现象完全不同，决定了服装事象的差异。几内亚与几内亚比绍是非洲西部的两个国家，但在服装风俗上大体一致：这是因为"几内亚"一词，是从柏柏尔语转化而来，意为"黑人的土地"，在黑人的共同地域上生活的两个国家的人民，在服装上自然具有同一性。在非洲，服装上有很多共同点。在地理习惯上，它又被分为北非、东非、西非、中非与南非五个地区。各地区的服装又具有地区共同性。以中非国家乍得、喀麦隆、加蓬、刚果、扎伊尔的黑人服装来说，男人宽袍大袖；女人敞领截袖，颇有共同特色。中国的内蒙古、西藏地区，也理所当然地身着款式相近的蒙装或藏服。在中国西南地区，生活着很多少数民族，有景颇族、苗族、水族、侗族、布依族、佤族、纳西族、基诺族、德昂族和傣族、水族、白族、阿昌族等。他们有的虽跨国界而居，但同在一个大的地理环境之中，使得他们的男装基本一致；头上裹着包头布，上身是对襟衫，下边是肥筒的长裤，腰间束带，赤足或着草鞋布履。他们的一些节日民俗活动十分相似，有的干脆就是各族风俗的荟萃。服装也有互通现象。侗族的花炮节，是中国境内湘、黔、桂三省区毗邻的广大地区侗族人民最隆重的节日之一；古龙坡会是中国广西苗族人民的传统佳节，每逢这个节日到来，方圆数十里的壮、侗、瑶、汉族人都会翻山越岭前来参加，久而久之，成了这一地域人民的共同的节日了。而且青年男女们互相赠送的爱情信物也多是筒帕、手镯、头饰之类。用于这些民俗活动

第七章 服装艺术与民俗学教育

中的服装与其他地区相对而言，大致相同，从服装民俗学的角度看，证实了民俗风情的地域性。

但是，仍以服装为突破点的话，就会发现以上这些地域之内的人们，虽然男装大体是相同的，女装却有明显的差异：景颇族女子挂满前胸的银泡、银扣、银链、银片和银币；苗家女遍施图案的绣衣和头上双角形的巨大银质头饰；水家女的一身黑服；侗家女半长衫和短裙；布依族已婚妇女的"假壳"；佤家女的短上衣和长筒裙；纳西族妇女的"披星戴月"；基诺女子的小尖帽；德昂族女子的紧身衣与小花伞；白族女子的大红色黑边坎肩；阿昌族女子的盘髻簪花垂穗。这些特色或差异说明什么问题？它显然证明，这种种民族服装特色，是在同一地域内集中展示的。如此看来，地域性不是孤立存在的，它与民族性呈现出相互关照与交叉的现象。

再有一种情况是同一民族的成员分居在不同的地域之内，也势必造成同一族源的地域差异。不要说散居在各处的人大多已受当地民族影响出现同化趋势，就是聚居的民族分出两地，也会形成各自的民俗服装特色。住在山上的布朗族女子筒裙较短，为了便于登山，而住在水边的布朗族女子筒裙就较长，更适于涉水与洗浴。这种现象又从地域性的狭义上说明了民俗事象必然出现的地域区别。所有这些构成了民俗服装地域性的立体组构趋势。

四、传承性

在学术界正式研究民俗学并有专著问世以前，民俗的传承没有靠书面教材进行。在民俗学已经成为一门独立学科，而且不断有关于民俗学的研究论著出版以后，民俗的传授仍然没有以此为依托。民俗事象的传承过程，始终还是在祖孙自娱、父子相传、母女口授、邻里影响形式中一代传一代，这就是民俗事象的神秘性多于科学性、自发性多于被动性。不管历史风云如何变幻，民俗主体连同民俗事象中的服装，依然被世世代代传承下来，显示出民俗事象的绵延力与生命力。

在经济相对稳定的社会历史条件下，民俗的某些具体事象具有很强的承袭性，很容易被接受。因为它只是反映在一个较为闭塞的环境中的对古老民俗的依赖与延续。民俗的传承性又是在社会经济发生根本的翻天覆地的变化以后，也会以与先前相差无几的形式保存下来，从而构成了与新时代不甚协调却又确实存在的现实。

在中国，人离开了这个世界时，讲求"入土为安"，于是死者的子孙总要将其衣装设计得尽可能富丽堂皇。战国中期的江陵墓中墓主人身着绣花衣衫鞋帽，仅盖在身上的绣花锦被就有七床。时至封建社会末期，汉族人经过与清代统治者（满族）的反复交涉，才在不成文的"十从十不从"中定为"生从死不从，阳从阴不从"。也就是当死者去世时，汉族人仍旧着明代的典型汉装。历史继续往下演化，当进入 20 世纪时，葬服却会是清代的袍褂，满族的小帽子。不仅如此，一些寿衣上还绣有中国传统的神话人物——八仙，并讲究铺金（黄褥子）盖银（白被）、头枕莲花等。

一则来自香港的报道《费解的不协调的现象》，提出香港人在快节奏的现代生活中，又热衷于拜天后、敬关帝，而且算命、看相、测风水的生意兴隆，这种多神并存、土洋并举现象很自然地存在着。尽管美丽的浅水湾畔不乏现代建筑与设施，但是也同时矗立着一组迷信色彩甚浓的建筑物，那就是拔地而起的天后塑像。作为"海上护航之神"的红衣女子形象，仍引来现代人的跪拜与香火。科学与迷信、先进与落后并存的现象，不正是民俗事象的传承性所决定的吗？现代科技十分发达的国家，如欧美人也会在日常生活中经常说"上帝"。在相当多的场合中，这种思维形式与迅速反应完全是民俗所致。因此，所谓的不协调，如果从民俗事象的传承性来看，其实就是传承之中"新中有旧"、"新旧结合"与"旧俗新貌"的现象，属于民俗传承中的正常发展。

民俗传承中的因循保守，使得民俗事象中的服装形成一定的惯制，这种貌似不平衡的状态，在文化人类学研究的背景下，其实是极为正常的，正因为如此才保留下一部分古老传统，既包括良俗也包括陋俗。如果都将历史分段割开的话，那么日本国大和民族的和服怎么会流传至今呢？和服连同女儿节，连同传统的相亲仪式及其后的婚礼仪式，在工业先进的日本三岛被保存下来，甚至在小学课堂中设使筷子课等，这些都几乎是保留着原来的民俗形态，我们绝不能简单地将其归结为不和谐。正因为民俗的传承性，才使得一个个民族具有卓然独立的形象，使人类的文化得以在民众中留下鲜活的史书。

五、变异性

民俗传承的形式一般来说是稳固的，有很多民俗风习基本是原封不动地在历史进程中维持其原本形态，这才称其为民俗。但是有一些民俗在传承中产生自然的或人为的变异，特别是民俗服装在传承过程中，其变异性更明显。

变异性过程体现在三种形式之中，即渗透、融合、出新。

渗透通常是指民俗事象在传承过程中由一定地域向外扩散。以民俗事象中的服装风俗而言，中国的传统宽袍大袖穿到魏晋时，就随着中原的祭祀、饮食、交往习俗扩散到东亚地区的一些民族中。在这种扩散中，朝鲜和日本等国在引用中国的民俗和技术的同时，又融入了本民族自己的实际风尚。例如朝鲜人将华服发展为上襦在外，长裙在里，胸前加飘带的民族服装。而日本则将其发展为适合扶桑三岛气候的和服。与此几乎同时的便是跪坐姿式为日本人所采用，并一直延续至今；插花艺术在日本也被发展为有民族独特风格的"花道"；曾在中国宋代时风行一时的"斗茶"，更是在日本发展成"茶道"。这些民俗事象中的服装还带有浓浓的华夏遗韵，但又明显是属于大和民族的。这就是一种民俗传承中必然的变异性，而且能够很清晰地看出变异过程中的渗透（扩散）、融合与出新。

经过变异的民俗事象可能面目全非，也可能还较多地保留了原初的韵味，这要看其传承之中所受外力冲击与挤压的程度。如果传承中基本没有渗透现象，而是在一个与世隔绝的环境中一代一代传承下来，也不一定是原封不动的。一则与世隔绝的地方不可能长时期保持不变状态，二则后代与前辈之间的精神与物质需求不可能总完全停留在一个平台上。一旦由于外界接触的机缘，或是后代由于生产力提高而产生了新的观念的时候，民俗事象在传承后势必出现变异。20世纪以来，很多地处偏僻的民族与外界接触频繁，其民俗服装发生了翻天覆地的变化。苗族姑娘摘下手镯换手表，瑶族青年送给恋人的定情信物不再是手镯、布鞋、头巾，而是钢笔、笔记本、镜子、梳子和衬衫一类。甚至爱斯基摩人拿着猎获来的海豹皮和游人换羽绒防寒服，都是一些生动的例子。

就本质而言，服装的变异性是民俗存在的天然现象，十分简单，因为人类的历史与文明就是在变化中发展的。服装变异的历史进程表明它有四种状态：

（一）服装功能变异

从原始防御天敌进而注重仪礼，又转化为审美需求。

（二）服装质料变异

从披兽皮、着草裙，到麻、毛、棉等天然质料为纺织材料，又发明人造合成纤维；染色亦由矿、植物原料而化学化，因此，闪色、荧光、复合色多重出现，服装工艺效果也大有变化。

（三）着装心理变异

由追求最大限度的保护性，变为追求最美好的着装形象，又变为追求个性化，因而其服装一般说也许是不完好的，甚至丑陋的（如乞丐装，朋克服）。

（四）着装形象变异

由原始服装的披挂型，发展为缠绕型，又进化为分肢型，再变为适体型。而佩饰品由天然品，变为工艺品，又变为天然品加工艺性。

服装的变异，在时间长河中的速度是不同的；越古越缓慢，越近越快速，种种变异都导致了服装民俗风貌的变异。时至今日，出现了服装的"流行"潮，变化更大更快，是服装变异性最鲜明的表现。流行就是变异。

服装作为民俗事象之一，与民俗事象一样，同有历史性、自发性、地域性、传承性和变异性的特征。但是这些只是作为概括的说法，因为不能将它们硬性划分清楚。任何绝对的归类和分界都容易导致偏颇。

这五个特征之间是互为关联的，而且纵横交错。因此，要想研究民俗事象，特别是分析服装的重要作用和重要地位时，更需要一个全新的视角和全新的态度。

第二节　服装是民俗的载体

民俗的存在表现于物质与精神两个领域。而服装作为民俗的有形物质载体，自然寄托着民俗的千古意味、万里风情。服装本身就具有物质与精神统一的特性，因此，当服装成为民俗载体时，也就越发使得民俗仪式火爆，民俗色彩浓郁，而且民俗的文化内涵也愈加深厚与凝重。

一方面，服装是物质民俗的现实，人们在一生的仪礼中，如成年礼、婚礼、葬礼等，服装都起到一定的标志作用；在节日礼仪中，如歌舞服装，仪式服装和集会服装等，又起到一定的气氛烘托作用；在游艺民俗中，服装还往往表现出一种装饰性，一种拼搏的助力。

也许有人认为民俗之俗在于形式上的大众化，在于内容上的素朴与诙谐，或是虔诚，并不在于其服装的选择与构成，其实这是不全面的。中国彝族人在驱鬼时，身上用稻草层层扎住，以致遮住脸面，只能维持其手之舞之，足之蹈之，这能够不说是服装在起到驱鬼的形象影响力的作用吗？当然，驱鬼仪式的主持人还要手持火把、法器，口中咒语佛号，念念有词，这些共同构成了驱鬼的仪式。但是其中最能制造现场氛围，最能感染人，并给人或设想中的"鬼"以威慑的，首先是稻草扎成（把人变成异物）的服装，这是一个不容否认的事实。

另一方面，服装还是心意民俗的寄托，很多祭神祀祖、祈福求祥和避邪驱魔的主观意图，是通过民俗事象去予以实现的。这个实现是虚数，因为不可能通过某一民俗仪式就能取得物质的成果，可是，人的心意却在意识中得到宣泄，得到释放，得到寄托，这就够了。某一件某一种服装被认为是具有神力的，人们就从心理上依靠这件服装，相反，人们认为哪一件服装是不吉祥的，就希望摒弃它而取得幸福。由此导致的人们欲想获得某个人的爱，便偷来其人内衣压在枕下的做法，或是人们恨某个人至极时，偷来其人衣服焚烧、扎针、写字、念咒语等，都说明了服装不仅仅是实用的日常生活物质，它在心意民俗中往往是某一个具体人的化身或替代物，这就使得服装具有了明显的民俗意味，也就是说，服装是民俗的载体。

一、服装是物质民俗的直接现实

民俗不是一个空泛的概念，决不能无所依傍，凭虚而立。民俗无不显现在人类生活的各个方面，衣、食、住、行；衣，首当其冲。衣，即服装，首先是物质；但是服装的物质特性之中蕴涵着人的心思与精神风貌；民俗首先是风情，可使其情感表达形式之一却绝少不了物质的服装。民俗的任何一种表现，一种举动，必须利用服装，就是说，民俗必涉及人，有人就须有衣着，因而立刻在服装上显现出来。服装成了民俗直接的活生生的现实。

作为社会的人来说，平时尚且注意自己的穿着，使自己不能脱离约定俗成的习尚，并尽可能追随社会风气。每当节日盛典时，亲朋团聚，富有纪念意义，怎么会忽视自身的服装呢？而且很多仪式中，服装具有一定的标志作用，表明领舞人、新娘、孝子等等身份，使人们一看便知，更会倍加重视。久而久之，相互影响、补充，就会成为一种固置状态而延续一段时间，这就成为民俗中的服装，服装中的民俗。

（一）人生仪礼

人，来到这个世上时，是赤条条的。也许在裸体时代、裸体的部族中，他或他们会一直裸体到又离开这个世界的那天，充其量不过在身上垂挂些物件。但是对于绝大多数人来说，却是从降生以后，便被服装包裹起来，一直到穿戴齐全地从这个世界上消失。服装成了人生中仅次于食品的生活一大要素，于是在人生的几个具有里程碑意义的日子里，服装是最容易引人注目，并容易确定主题、烘托气氛的。

在人生仪礼的民俗事象中，服装不可少。由于人们是群体生活的，所以用于人生仪礼中的服装又在一定区域一定时代中具有某些特性。

1. 婴儿仪礼服装

人生礼仪最初的服装就是婴儿服。亚洲人对婴儿服装赋予的含义要多一些，祝福之中隐现着素朴的科学卫生道理，而欧洲人相对来说，却更为重视科学，而且新生儿的仪礼更多的不是贴近民俗，而是靠近宗教。

中国北方的北京和天津一带，有给新出生的小儿做"百家衣"的习俗，颇有几分工艺美术的韵味。具体做法是，新生儿降生并母子平安，主家即要取一个盘子，用手托着，串百家门，索要各家做衣服时剩下来的布头。当然一般在索要之前先赠送染红的鸡蛋，以示同喜。主家将这些各种花色、各种质料的布头剪成一定形状，有方形的，也有三角形的，只要是便于拼接即可，然后将其缝缀起来，做成小棉袄和小棉被。异彩奇文，艳丽非常，虽然不能说是巧夺天工，但也确能谓为中国北方妇女的一大杰作了。她们将对艺术的热爱，对儿孙的祝福，对美好生活的憧憬，一古脑儿倾注在服装上。有谁知道，她们将不足五厘米长的小布头密密拼接缝缀起来，需要多大的巧思和耐心啊！有人称它为"百衲衣"，有人还将它与佛教联系起来，其实，它是地地道道的服俗产物。

第七章　服装艺术与民俗学教育

亚洲的另一个国家朝鲜格外重视婴儿的周岁礼。当孩子一周岁那天，孩子的妈妈先要把自己打扮一番，穿上最好的衣服，化妆得香味扑鼻，宛如即将新婚的新娘。然后再把孩子打扮得更加美丽可爱，给孩子穿上精工制作的民族传统服装。若是男孩，上身要穿五色的彩绸短袄，外加坎肩；若是女孩，上身就要穿上小巧精致的斜襟短袄，前胸处也要缝上两条飘带，下身则穿上美丽的罗裙。

欧洲人在祝贺婴儿出世时，很直接地定了一个"送礼会"。欧洲人送新生儿礼物可以是服装，也可以是毛毯、浴巾，或是银叉、银匙，但是为婴儿举行洗礼时，婴儿及其参加洗礼的客人的服装必须符合仪礼要求。罗马天主教或主教派教会曾规定，婴儿应于出生后的第一周或第二周的礼拜日举行洗礼。当然现在时间上的规定，各种教派并不一致。不过，无论在什么时间举行洗礼，婴儿的服装都有一套约定俗成的规矩，这一点并非教会的规定，只是根据传统的习俗而来。新生儿的服装要由亲生父母准备，而不是由教父母置办。有些家庭给婴儿穿的是父母乃至祖父母或曾祖父母受洗时穿的衣服。总之，男女婴儿的衣服都必须为白色。衣长要超过脚面，料子用柔软的细纱，镶有花边并饰有手绣的花，外面还要再套上精制的白色长外衣。如果没有家传的精美洗礼服，也可以用一套朴素的白色长衫代替。

2. 成年礼服装

在古代社会中，尤其是原始部落，将儿童长成大人的年龄界限看得非常重。不像现代，当中学生自觉长大以后，只知"十八岁花季"，可以自为地穿上成年服装，甚至于几岁的幼儿只要父母有兴趣，也可以完全按成年人的装束打扮。至于儿童的穿着，人们只是从实用的角度来考虑，为了免得使其受到成年服装的约束，才给他或她穿上宽大、舒松、鲜艳等所谓能照顾儿童特征的服装，而并不是从意识上受到某一种限制。

古代社会以及如今尚存留的原始部落，都认为儿童成为大人是很严肃的一步，是人生中的一项大事。儿童一旦成为成年人，就意味着它可以从此参加部族中的议事；可以成家立业；并且有义务为这一群体去战斗乃至献出生命。以古代社会和原始部族的这种不成文规定来与近代文明社会相比，前者儿童到成年的进程是跃进式的，一步到位；而后者儿童到成年只是循序渐进的。就前者来讲，这一跃进需要一种民俗形式，那就是"成年礼"，或叫"成丁礼"。成年的最外显的标志就是更换服装，改变发型。

古代社会有关成年的仪礼规定，当属中国最为明确而且完备，其最明显的即是服装。中国古代儒家经典著作，于两汉时编纂的《礼记》中有多处文字记载。如："男子二十而冠，女子许嫁而笄"，而且称二十岁人为"弱冠"之年，意为刚刚进入成年。所谓冠，在这里是指像成年人那样穿礼服，因为礼服中就以冠戴为主要标志。加冠的程序是，先加缁布冠，次加皮弁，再加爵弁，俗称"三加"，加冠以后的人才能除姓名外使用字、号。加冠这一年，就称为这个人的"冠年"。女子加笄，笄实际上就是簪子。幼年时垂发，连同男童都被称为"垂髫"。陶潜《桃花源记》中"黄发垂髫，并怡然自乐"，就是以发式点明那个年龄段。女子盘发插上簪子，也要举行仪式，名为"加笄礼"。

欧洲信仰天主教和基督教的人也有为孩子举行"首次圣餐"和"坚信礼"的习俗，如孩子长到六至七岁时，第一次接到圣饼，女孩要穿白色连衣裙，头上戴精致的头纱。天主教之外的教徒只需穿白色连衣裙，男孩穿深色西装和白衬衫，打领带。信仰天主教的家庭在孩子十一岁或十二岁时，基督教徒在孩子十三岁或十四岁时，一般要由主教或其他高级神职人员给孩子们举行集体坚信礼。女孩子也要穿白色连衣裙、头戴丝纱巾（天主教）或是穿白色衣服和淡色衣服（基督教）。男孩子一律穿深蓝色或深灰色西装。从这种类似成年礼的仪式上看，在从家长和亲友送给孩子的小型金十字架或带有宗教色彩的护身符以及圣经、祈祷书来看，这种所谓的"到达法定年龄"的仪式还是与成年礼不完全相同。它几乎是宗教性占了主要的意义，法定年龄也是为教会所承认。但是，它作为西方的仪礼，经过长期传承，也成为人一生中的大事了，应该说与服俗有关，而且确实具有类似成年礼的一部分意义。

成年仪式以及表示成年的服装，是非常严肃的，容不得轻视和亵渎。尽管它与文明社会相距甚远。但是，仅其中的服俗就使我们领略到那一份庄重，那一份热情。不论仪式繁复还是简单，所有人都是将它作为一件人生大事去做好，这不正是培养青年人意志，确定青年人义务，并且给予青年人权利的最好的形式吗？一代代年轻人在庄严的成年礼中接下了父辈的重任。外表上是固定的服装，内心里却是一颗即将成熟，或者说需要马上成熟起来的心。

第七章 服装艺术与民俗学教育

3. 婚礼服装

在人生重大仪礼中，作为当事人，最重视而且表现出最兴奋和最喜悦之情的就要属成婚仪式了。只有婚礼，当事人正值青春年少或拥有金钱、地位，所以重视有加，也就形成婚礼中的服装是服俗中的重要一项；并且，这时的服装在容光焕发的新人身上，往往更加光彩夺目。

中国大多数地区的汉族新娘，都有在新婚上轿时，穿戴皇后娘娘、公主，最低限度是诰命夫人的凤冠霞帔的习俗。这种风气尤其在明末、清代以至近代四百年间盛行。它在民间一直以自然的形态传承；到封建帝制消失后的民国年间仍然如此，稍后不过略有变异而已。按照中国的服装制度，贫民百姓根本不许可穿着官服（凤冠霞帔也有品级之分）。不仅款式，连服色接近都会有大罪。但是，封建制度唯独对新婚这天新郎披红、戴帽花（类似头名状元），新娘凤冠霞帔，表示出一定的社会宽容度。这也许与中国人将结婚称做人生大事，谓之"小登科"有关吧！

在现代社会中，西方的婚礼服影响越来越大，广泛地被世界各民族各个国家的人民所接受。因为西方婚礼的程式化现象十分严重，导致了与婚仪相关的服俗，也带有明显的程式化倾向。这是民俗的一种内在品质约定性造成的。在欧洲，百分之九十以上的妇女会选择白色或米色的缎面礼服为婚服。长礼服加上长头纱被统一在教堂的特有气氛之中，一切都成为一种程式。因为在欧洲的婚礼中，新郎、新娘以及双方亲属、伴郎、伴娘的服装都要事先协商确定，而且新娘的年龄和是否初婚等决定了用白色还是米黄色，甚至蓝色、粉红色；用蝉翼纱还是用缎料。另外，拖裙长度取决于教堂的大小，还要根据新娘的身高来定。婚礼服除了受体形、年龄以及环境制约外，婚服还要考虑到一天之中的时差，即使是非正式的婚礼中，新娘也要按照早、午、晚变换服装。甚至新娘的鞋、手套、佩饰都要符合一定的规范与礼节。如新娘的鞋常为白缎料或厚的纺织品质料。

欧洲人的婚服已经纯属出于一种礼节性的需要了。古罗马新娘穿着白色长袍，腰束打成厚结的羊毛带可能是其源头。但后来日益完善的一整套程式已使婚服成为仪式的道具，它不像古老民族的婚服那样朴拙，但是又像古老民族婚服那样认真。有所区别的是，古老民族的新郎新娘在婚服中注入更多的是虔诚，而欧洲近现代女性在婚服中表现更多的却是礼节与修养。

由于婚姻是每一个人所必经的人生历程。而每一个人都生活在世俗之中，婚礼服作为服俗，也必然带有浓厚的民俗色彩。它既受宏观方面如民俗文化的影响，又受中观方面如服俗风尚的制约。在微观方面，婚礼服则更显出突出的品质：形式上服从于惯制，具有一定规范性，色彩鲜明华丽，款式高雅；内涵又寓意吉祥喜庆，标志性与誓言性也很强。当然，无论形式与内涵都是在民俗传承下体现的，是民俗文化之花。

4. 葬礼服装

丧服在中国还被称为"孝服"，以示后辈对先辈的孝道。《仪礼》中将其分为五种，谓之五服。其中最重要的一种叫"斩衰"（音 cui）是用极粗的生麻布制成，四缘及袖口均不缝边，使断处外露，表示无饰。当胸有一方麻布，含"居丧悲哀，心力当衰"之意。头上扎六尺长的白布巾，直垂背后，并系以麻丝，谓之"直披"。鞋前蒙一白布，毛口凸出。"齐衰"是五服中次重的孝服。用生麻布做成，四缘及袖口均缝边。头上扎白布巾，横垂于肩际，并系以白线，俗谓"横披"。鞋前蒙白布，无毛口，尺寸亦较短。第三等级的是"大功"，亦称"布衰"。用熟麻布制成，布质较"齐衰"细，较"小功"粗，表示"功程尚粗"之意。"小功"用较细熟麻布制成，四缘及袖口缝边，布质较"大功"为细，比"缌麻"为粗。"缌麻"是五服中最轻的一种，用最细的熟麻布制成，布质比"小功"服更细，或兼有丝麻。民间俗称这些为"披麻戴孝"。其服装的由粗至细，表示服孝由所谓重到所谓轻，主要是由直系亲属、旁系亲属与亡人的亲疏远近关系而定。大体上，中国葬礼服装是"在不讲究中讲究"。不讲究是儒家思想"居丧无礼"的表现，讲究的则是名分不可错乱。

如今的世界大部分地区，尤其是城市葬礼中，亡人亲属的丧服已有西方化趋势，即大都穿黑色衣服，戴黑纱、白花以示哀悼。只是在较为闭塞的地区和较为保守的人群中，传统丧服才仍占主要位置。披麻戴孝而骑摩托车报丧的大有人在，这也许正是服装在变异之中的独特表现吧。

人生诸项重大仪礼中的服装，是日常服俗的变异、升华、复合或简化。日常服（包括佩饰）表现生活的常态；仪礼服装表现生活的异态。仪礼服俗的特点有六方面：

（1）一定受本民族居于主要地位的文化思想支配。中国汉族的儒家思想统治数千年，因而特别重视婚丧大事中"礼"的要求；西方社会中贵族

第七章　服装艺术与民俗学教育

是仪礼的典范，因而普通民众在仪礼服装上也要以贵族为典范。

（2）仪礼服装是本民族的民俗传承，具有极强的规范性。中国丧服（孝服）几千年来都是"披麻戴孝"，穿白衣，不如此就不合于葬礼的规制。在西方，参加葬礼的人要着黑色礼服，臂戴黑纱。但几乎所有的国家，均不得用红色做丧服，这好像已成为约定俗成的规范。它的禁忌性昭然鲜明，不容马虎。

（3）仪礼服装是民俗活动，唯一的功能是体现礼法，而不容发挥个性。这是与常服根本不同的。仪礼服装各具专门用途，一般不能在其他民俗活动中互换穿着，否则即为失礼。这一点，在婚丧服上表现得十分明显。

（4）仪礼服装制约于一般服俗，一般服俗制约于民俗，但每一层次有每一层次的特征。有时与上一层礼俗规范发生冲突，但并不影响民俗的整体构成。例如中国汉族的丧葬，色彩上倾斜于失望、暗淡的白色，但亡人本身却可以穿着颜色纹饰鲜艳明丽的葬服。这是对生死阴阳的合理调适，仍然属于一种民俗体系（丧葬俗）。

（5）仪礼服俗既有郑重的社会性，又有活泼的生活性。既有规范，又在规范内可尽情丰富发挥。所以仪礼服装的形成，由简而繁，由粗而精，具有历史渐进性。无论人际交往，生丧寿喜，由石器时代进入金属时代，再进入大机械时代，所有的仪礼服俗都是一点一点完备的。当然，其中不排除随时代进化、人生观价值观变化而对仪礼服俗的影响，例如出现增减、变异。

（6）仪礼服俗除实用和社会审美功能外，特别具有感情功能，因仪礼活动总是反映人的激情与精神上的特殊需求，所以往往在仪礼服装上"移物寄情"。

（二）节日礼俗

对于一个国家、一个民族，甚至一个人来说，假如没有节日，那生活势必缺少了节奏感、新鲜感与色彩感。所谓节日，又是以年为单位而反复出现的。因而，一年365天中如果没有节日，就好像是一潭死水。即使它也在往复，也在周转，那也总会像平静的水面没有浪花，笔直的河道没有曲折一样单调、苍白。

节日是人类社会文化的产物，它集中积淀了人类的创造、想象、企图抵御自然的决心和渴望生活更美好的信念。节日的来源是复杂的，有的源于农业，有的源于祭祀，有的则与宗教有关。它往往杂糅多种民俗于一体，又以多种形式表现出来。

服装，便是节日活动中的主体道具，它不仅被穿戴在欢度节日的人身上，而且有时单独出现，被应用为有某种象征的物质。如芬兰的"白帽节"，在每年5月1日这一天，学生们就头戴白帽兴高采烈地出现在大街小巷。本来白帽是由学校发的。戴上它，标志着完成了学业，可是后来有些老年人也在这一天带着白帽四处漫游，借此佳节，追忆有趣的学生时代的生活。

还有的服装形象，成为某个节日吉祥物的表征。中国农历八月十五是"中秋节"。中秋节赏月，因而专门有一些艺术品做成神话中月宫里的白兔，白兔穿上中国古代武官的衣服，再加上京剧中的雉翎，被称之为"兔儿爷"。于是穿着一身大红战袍和铠甲、插雉翎的白兔整体形象，变成了中秋节服俗艺术集中体现的产物。同样是兔，在欧美各国，一般以巧克力和其他食物原料制成，有的身穿金箔外衣，有的戴一顶褐色或白色的巧克力小帽，看起来非常有趣。

日本民间索性有"换衣节"，每年举行五次换衣节，把气候由寒变暖，再由暖转寒划分为五段，适时换上应季服装。后来由平安时代的五次改为两次，江户时代正式定6月1日为夏季换衣节，凡穿工作服的人，这一天要换上白色或浅色的服装，普通人换成夏装；而到了10月1日，男女老少都要换上冬装。中国清代京师每至三月，官吏换戴凉帽，八月换戴暖帽，届时有礼服奏请。大约在二十日前后者居多。换戴凉帽时，妇女皆换玉簪；换戴暖帽时，妇女皆换金簪。服俗被规制为节俗。

特定服装和具体节日作为一个完整信号，被输入人类的大脑。于是，在人类的意识里，在形象化了的节日概念中，节日这一抽象概念，便具备了具体的、不能替代的专门的服装形象及与其内涵完美结合的混合印象。如巴西"基隆博节"，身穿白衣、肩披蓝色斗篷的国王和那些穿着蓝色衣服的黑人，就在人们的心灵中，形成基隆博节的形象概念。而巴西的沙万特人，认为鹦鹉等美丽飞禽的羽毛，连同那一根耳棍，绝对与"穿耳节"同生共存。

第七章　服装艺术与民俗学教育

节日礼俗中的服装，有些是惯用的，如人们每逢一个节日，就爱穿戴上与这个节日相关的服装；每逢是这个节日中的歌唱舞蹈，歌舞人员也要穿戴有一定特征的服装；还有些是节日仪式中主持人或参加者穿戴的服装，必定带着某种含义与象征；再有便是一些节日性游行集会。游行集会上众人的服装以及集会上各项活动人员的穿着等等，所有这些规范化了的服装，日久天长，便与其他习俗一起构成了节日，而其本身，又自然形成了节日礼俗中的服俗。

节日礼俗中的歌舞服装与惯用服装，有一点不同，那就是，一般惯用服装带有时鲜性，需要每年节日前制作。而歌舞服装大多是固定的成服，今年过节时穿过以后，收起来，转一年的节日前，拿出来晾晒、洗涤或补充些饰件，再在节日歌舞中穿用，因而更接近于戏剧服装的功能。歌舞服装与日常服装的区别一是盛装化，特别注重加强装饰；其二，也是最重要的区别，是抛弃实用功能而注重抽象性。仪礼中的服装，相对来说是较为严肃的，再选择与制作乃至穿戴这种服装时，第一，要考虑到与节日内容紧密相关，具有独特的形象意义；第二，要关照到仪式的肃穆气氛，或是为增强团体意识，保持整体一致。当然，也有一些不是专为仪式而穿戴的服装，因为很多民族的成员在欢度节日时，往往是在仪式之后便投入到忘情的歌舞之中，因而仪礼服装与歌舞服装有着某些关系。至于游行集会上的服装，在严肃性上常介乎于仪式和歌舞之间，但又很难将它们截然分开，因为有时是先举行仪式，继而游行；有时又是先集会后跳舞，整个节日活动期间也就不频繁地更换服装了。不过，即使这样，节日中的游行集会服装还是有着一定的特色。它毕竟是节日礼俗中服俗的一个内容。

节日礼俗中的服装千姿百态，炫人眼目，在瑞士每十年还要举行一次"民族服装节"，这里展示的主要是节俗服装。不过，传统节日中的常服更具有民俗的代表性，在那些看似简单的服装上，注入了人民大众的美好祝愿和无比虔诚的心意。在近些年举行的直接呼为服装节的所谓节日里，实际上已经脱离开民俗而走向商品化了。如果说"民族服装节"尚在保留传统文化上有一定积极意义，那"××地区时装节"无论如何也只能算做是商贸活动了。

节日礼俗中的服装，实质上反映的就是一个课题：节俗与服俗。

世界各民族都有自己绚丽多彩的节俗。它有古老而神秘的祭祀或集会活动，经过漫长的岁月，世代传承而变异为情调浪漫、极富文化内涵与亲和力的节日民俗。实际上，节俗至少包括：

（1）节，如中国、日本、越南的春节，美国感恩节，德国慕尼黑啤酒节等。

（2）会，如蒙古民族的那达慕大会，各种庙会（包括赶街、赶圩），美国鬼会等。

（3）日，如三月三、圣诞、药王生日。

（4）祭，如太阳祭、地母祭、祭灶等等。

这种种节俗都有一个共同特征，参与者越多，活动规模越大，对服装越考究，服俗的特色也越显著。节日服俗的特征与流变大体表现为：远古时期的敬神巫术活动的服装，逐渐变异为以宗教形式祈福求祥的游艺活动服装；原来运用的服饰如面具、法衣等，成了戏剧性或歌舞性的表演工具。

节俗参与者必然以华丽的服装形象出现。因为节俗活动是人际交往和精神兴奋的高潮，人在服装心理上要争强斗胜，百花竞艳，一方面区别于平素的自我，另一方面在众人面前显示。而且，特定的节俗往往有特定的服装，丰收节上的象征外衣南瓜、萝卜等；鬼会上的神、魔化装服装；中国土家族茅古斯节庆丰收的稻草帽、衣、裙无不反映特定的节俗内容而构成着装形象。

节日服装不但各民族各地区有着差异，而一定鲜明地反映本民族本地区的悠久历史文化与传承民俗。以农业生产为主的民族或地区，必然崇拜土地、谷物、太阳，因而服俗也必然以此为特点构成服装形象特色。游牧民族又别是一番景象。非洲热带地区节日服装以袒露为主；寒带居民节日服装又多以野兽皮毛为重。而且东方有东方的节日服俗特色，西方有西方的节日服装风采。

节，对于当代人是一种劳作生活的节制，所以在服装上既是民俗传承，又要尽情地装扮，与常服形成区别，是十分自然的事。

（三）游艺民俗

民俗活动中的游艺，泛指民间除歌舞以外的体育竞技、娱乐游戏和口头文艺活动等。绝大多数成人和儿童都参加这种体育竞技和娱乐游戏，自

第七章 服装艺术与民俗学教育

然会涉及着装及形象塑造问题，以服俗的文化意蕴加强这些活动的表现力。游艺民俗中，以流行在民间的群众性十分广泛的体育、游戏活动为主要内容，以民众广为喜闻乐见或自发参与为界限，摄取与服俗关系紧密的一些事象叙述，以便在一个新的范围中表达服装是物质民俗的现象这一课题。

虽然在游艺活动中，更多关注的是参与者的勇气、智慧和力量，但是由于民俗活动中仍有一些独特的服装，在竞技场上给人们带来视觉美感，同时使人们对游艺民俗产生更加强烈、深刻、富有活力的印象。

将游艺活动中的服装分为体育服装和游戏服装两类，主要是把侧重于人与人经济的活动归为体育运动（但不按国际体育项目的范围去硬性对号）；把侧重于人指挥动物，或竞争不太激烈的活动归为游戏。实际上，这里的体育只是指民间体育，也包括有些原属游戏，如荡秋千，后发展为民间体育运动的项目。但不管如何划分，我们的目的主要是说明服装是物质民俗的现实。

1. 体育运动服装

民间体育运动有自己的特点，即不受时间、场地、设施的限制，随时随处都可以搞出自己风格的体育运动。再一个共性是根据本地区的生态环境、动物种性、传统习俗或神话传说、紧急需要等客观条件进行的，有着明显的区域性。

苏格兰的高地运动会是综合田径比赛，参加比赛的男子，最突出的特色服装，就是刚及膝盖的花格裙子，上身一般穿白色背心和圆领汗衫。再有，英国人每年三月六日在各地普遍举行"煎薄饼赛跑"。参赛者的服装十分有趣，一律围着传统围裙和头巾。再如埃及西奈半岛上的"赛骆驼"，与赛马性质差不多，也是在竞技中带有娱乐性，很难把它归结为体育或是游戏之中，不过，赛骆驼时赛者身着白色或黑色长袍，头上用白纱巾缠裹，腰间挎着刀剑，很有些草原勇士出征的气概。朝鲜妇女最喜欢跳板和秋千，姑娘们自不必说，连孩子和中年妇女也穿上盛装，在跳板上腾空起落。

2. 游戏娱乐服装

民间的一些自发的游戏娱乐活动，有时很难与民间体育活动区分开，因为这些活动中有些动作很激烈，也带有竞技性。在本书分类时，将源于玩耍，后来才形成规模，或是比较侧重于娱乐、消闲的活动归为游戏娱乐类。游戏娱乐基本上包括三种，即自娱性活动、表演性活动和自娱兼表演综合性活动。

台球活动就是一种自娱性活动，它属于上层社会绅士们的高级游戏；台球的活动量又不大，只要求击球时力点的准确、集中以及计算正确、巧妙，因此竞赛时要表现出优雅姿态，故而穿欧美男子的晚礼服、黑领结、背心、瘦裤，一切都显得从容自得。

表演性活动的典型就是西班牙和葡萄牙的斗牛活动了。尽管人们主要为了观赏斗牛士和牛的角斗，但由于斗牛毕竟有着相当大的表演性，所以斗牛士的服装非常华美。他们身穿色彩艳丽的绣花饰金的紧身衣和紧腿裤，头戴三角帽，脚蹬便鞋，连同他手中抖动的红布和紧握的短剑，是一个典型的动作灵敏、反应迅速、有勇有谋的斗牛士形象。葡萄牙斗牛士的装束也显得清新活泼，他们身穿黑色衣装，系一条红领结，内穿白衬衫，戴宽边黑绒帽，间或也有戴 18 世纪三角帽的。并不炫目的服装加上他们的活泼举止，顿时给人们一种轻松感。

靠近水边的民族有一项传统的娱乐活动，那就是划船比赛。中国广东一带叫"龙舟竞渡"，印度喀拉拉地区叫"蛇船竞逐"。表面上看，好像与正规体育运动会的水上赛艇项目差不多，其实，在民间的活动中显然倾向于自娱兼表演一类，而不像正式赛艇那样纯粹为竞技。中国贵州东南部和湖南西部地区，每年农历五月间要举行龙船节。其中苗族龙船由三根直而粗的杉木挖成槽形绑扎起来，前安龙头，后置凤尾，中间一条母船，两边是子船。龙头用水柳木雕成，上面装一对长约一米的龙角，因龙头着色不同，分为青龙、赤龙、黄龙等。船头插"风调雨顺"、"五谷丰登"的旗子。每条船上配备 20—30 名强壮的苗族小伙子，他们身着紫、青色的对襟短衣，头戴有精致绣边、插三片"凤凰尾"的马尾斗笠，腰系绣花带，手握五尺木桨，坐于龙船两侧。两岸成千上万的各族民众为健儿的表演欢呼、喝彩、加油，人声鼎沸，热闹异常。它具有典型的自娱兼表演性。

包括传统体育运动和游戏娱乐活动在内的游艺民俗，为人们服装风俗的形成提供了广阔的天地。而这些只受民间传统意识束缚，不与国家政令发生冲突的服俗，反过来又使民俗更具有鲜明的形象性。游艺民俗是生活的调剂与点缀，是人在力量与智慧上发挥到极致的表现。它既有自娱和表演上竞技之分；又有活动量大小之异。它源于人类在远古时代的狩猎、生产活动，又在人的消闲心理支配下得到发展。游艺的"游"字并不意味着散乱、无章法，而是具有一定的要求、方法与模式。因而也就成为传承民俗。

游艺中的服装随着游艺活动的传承，一般也具有一定的模式性与服俗。游艺服俗是对古代习俗相当稳定的传承。西班牙斗牛服、中国苗族芦笙舞花长披，款式、色彩、图纹，都是千百年来很少变化的。不如此就很难起到节俗活动的符号意义。

游艺活动是内容，游艺服装是形式。马帽、马裤、马靴，作为服装必然符合赛马的要求；波兰女子的肥花裙，必然适应跳玛茹卡舞动作。竞技必紧身、短装；歌舞当宽袍、长袖，才有利于表演。而且，各个民族自有其特色异彩，英国赛马与蒙古赛马的服装完全不同。

不管自娱、表演和竞技，游艺服装都起着视点集中的作用。色彩鲜明，适合主题，款式异常，才能突出自身形象。这些，正是游艺服装构成服俗惯制的原因，也是民俗文化的闪光点。

二、服装是心意民俗的精神寄托

就本质说，心意民俗应该是无形的，属于精神范畴的。但民俗既是一种风俗习尚，就一定形成某种事象。一般说，这"象"是有形的，直接可以观察到。而"事"却不完全如此，有的具有直观性，有的则属于不成文的心理规范，它应该是人类的一种心意民俗。在服装民俗学中，心意民俗却是通过服装这种物质达到映现的。并且，服装这种物质，在映现心意民俗的种种形态中，往往起到异乎寻常的取代某种神灵即超自然力量的作用。

心意民俗，主要指人们在生产和生活中所产生的兴奋、抑制、恐惧、喜悦、无奈等诸般心理活动及其试图利用某种手段趋利避害，从而达到自己的愿望。种种手段在成为一种约定性的模式后，就会在人们的意识中形成一种定势，以利用某种外在的物质条件来解除障碍，满足人们的精神需求。久而久之，这种外在的物质条件或形态，具有人们（在一个区域内）共识的象征意义，而且，人们认为非此不能到达理想的王国。民俗的起源就在这里。于是，在此特定形式中所运用的特定服装，便成了人们心意民俗的精神寄托。

这一节所谈到的"服装是心意民俗的精神寄托"和上一节"服装是物质民俗的直接现实"，虽然都说的是服装在民俗事象中的运用，但明显区别在于，上一节主要是通过服装在民俗形式中的利用去阐述服装在民俗事象中的必要性和必然性，即存在的现实；而这一节旨在说明，人们在出于满足自我心愿的前提下，赋予服装以某种超物质的精神功能，从而使服装成为其心意民俗的寄托，体现出社会性与宗教性，即虚幻的神力。

为了在生产力低下的艰苦环境中使自己得以生存繁衍，人类将希望寄托于神、鬼上。为了取悦于神鬼，人类利用了自己发明的服装，一些服装常常被人为地加上某种神的权力和威严，而另一些服装又被认做是妖魔的化身、晦气的携带者。其实，这些服装原本都是很平常的物质品，是人将自己的意识强加在服装之上的。例如，人们的心意民俗形式有：祭神祀祖、祈福求祥、避邪驱魔等等。这种种形式中的服装，无论是穿在人身上，还是作为象征物，都被认做是有其神秘性的。

值得进一步探讨的是，当人类社会生产力彻底摆脱了低下和停滞的阶段，而大幅度跃进到高度文明时，原本不能理解的天文现象、生理现象都可以得出科学的解释，但是，保留在人们头脑中的带有迷信色彩的心意民俗仍然存在，甚至有增无减，有的基本保持原样，如中国的"敬财神"、欧洲的"复活节"等；有的则是变换一种外在形式，实质上与先前并无二致，如随葬品的内容和款式等。所有这些足可以说明，不管物质条件如何变化，但是作为人，依然在观念中有滞后现象。因而，当某些客观存在不符合自己的愿望，自己又无能为力时，就会不由自主地向神倾斜，进而求助于神。因为在人的意识中，只要认定有神，那么随之必然影响到行为上。人们那一度无法自持的心理在心意民俗中得到控制，那一度倾斜的心理也在心意民俗中得到平衡。

这里无须对服饰品的物质属性做进一步的考证。但是，同时也应该肯定，服装绝不单单是物质。以服装作为心意民俗的精神寄托，是一种稳固的民俗心态，不用我们对其给予褒贬，也不用我们辨别其是非，服装是民俗的载体已成定论，探讨服装在心意民俗中的神秘更是一个永恒的民俗学研究课题。

第七章　服装艺术与民俗学教育

（一）祭神祀祖

人类最早期的信仰特征就是崇拜多神，天有天神，地有地神，山有山神。万物有灵，基本上可以作为早期信仰的概括。人们祭祀供养神祇，既希望能降福于人间，又希望能打击已存在的邪恶，此间可包括山神提供生命之火（柴），海神护佑航运的平安，地神保证谷物丰收，天神带给人们四时安宁等。人对神的期望值极高，对神的要求也无尽无休。

中国永宁纳西族支系摩梭人每逢农历七月二十五日，都会举行隆重的仪式，祭祀一位名叫"干木"的女神，祈求她保佑人口兴旺，农业丰收，牲畜满圈，百事昌顺。祭祀女神时，青年男女都要把自己打扮一番。男子穿镶金边的白色上衣，蓝色裤子，脚蹬长筒靴，头戴宽边呢帽，腰系红色腰带，显得格外威武英俊。女子们则会把自己打扮得如同女神一样，上身穿着洁白短衫，下身系着百褶长裙，背披羊皮，用牦牛尾或蓝色丝绒做的假辫发为头饰，有的还用一匹黑色布包着头，乌黑粗大的发辫垂在脑后，显得那么娴淑多姿。在这里，好像到处都是女神，女神与姑娘的美同在，人们也在这种宛如与女神服装一样的美感中获得了满足与享受，并也真的获得了实际是通过个人心情愉悦、勤奋努力而呈现的胜利果实。

既然万物有灵，神的名目也就繁多得数不胜数，祭神、敬神的服装更是五花八门。不仅祭神者的服装处处表明特定含义，就是人们创造的神，也都有不同的着装形象。中国四川各地，相传曾有蚕丛国，这里的人文面为纵目之形，身着青色衣服，椎髻左衽。一般来讲，神在民俗意识中的服装、发式可以随意想象、塑造，祭神者的服装则要洁净、庄重，以求不亵渎神灵。

每个民族都有祖先，每个家庭都有祖辈。因此，在很多地区的很长时期中，家里有祖庙，部落、村落中有宗祠，人数众多的民族有人祖陵墓，如中国陕西的"黄帝陵"，至今吸引着海外的炎黄子孙们前来瞻仰。祭祀祖先和祭祀神祇不完全一样，祭祀祖先有一定的缅怀之情，而祭祀神祇却绝对是一种虚幻的信仰。祭祀祖先出于亲切感，人们常常以后辈的身份，用服装塑造形象来接近想象之中、记忆之外的先人，这样一来，也就使服装有了更大的用武之地，有了更广阔的发展空间。

中国淮阳地区在祭祖庙会上，有一种专门由妇女跳的舞蹈，是一种巫舞，名叫"担花篮"。舞者一律穿镶边的黑色衣服，以黑纱包头，后垂于地，肩上担着龙凤小花篮。由四人组成一组，以舞来祭祖，据说女娲（当地人称老母娘娘）就是这身打扮，这很可能缘于人们对人类早期披发形象的追溯与模拟。

论祭祖仪式的隆重，特别是祭祖服装的严格，要属浙江南郊地区的畲族人。备好祭品以后，献祭者身穿道袍，戴道士冠，手拿一块似笏板的板和一只铃。曾献过祭品的人穿红色道袍，头戴莲花帽，跪在最前列祈祷。女性只准献祭者的妻子参加，身穿绿衣红裙，事后可获得"西王母"称号。看起来，不仅祭祖仪式的衣装有严格规定，而且由于祭祖次数的多寡还可以得到穿某色服装的权力，这可谓心意民俗（精神级差）的典型表现。祖先毕竟单一，神却有无数。无论祭神祀祖的意识有多少样，人们总不会忽视服装的作用。

（二）祈福求祥

福，在一般辞典中被释为幸福，或者引自《韩非子》"全寿富贵之谓福"。在民俗意识中，福的概念有一定的统括性，福的内涵却是极其丰富的，常被人们含糊地认为是福气、福运、福分，与祸相对。

祥，是吉利。《汉书》中讲"和气致祥，乖气致异"。民间一般认为吉祥、"祥瑞"就是好兆头。如此说来，祈福求祥，是心意民俗的重要组成部分，以服装作为其寄托也就势在必然了。

1. 平安即福

俗话说："平安就是福"，这是对生存的最基本的期望，人们在寻求这种福分的时候，非常认真，非常诚挚，而且显得那样神圣。中国北京妙峰山是一个朝圣的重要场所，游山进香人朝拜天仙圣母碧霞元君以后，下山时必采山上玫瑰花戴于胸前和头上，以花为福，因此自念吉庆话："戴福还家"。结果，戴福者日众，而将玫瑰花几乎采摘殆尽，于是聪明的手工艺人就在山上卖起手制红绒花。同样是红绒花，摆在市里商店中的仅仅是绒花而已，但是摆在妙峰山上的红绒花，是幸福和平安的祝福词与象征物，这里所体现出来的正是心意民俗与服装工艺的同义却又不同质的关系。

2. 富裕即福

人都有希望生活富裕的愿望。中国土家族民间会给孩子戴一种小帽，

第七章　服装艺术与民俗学教育

以祝愿孩子长大后能过上好日子。湖北西部地区，土家族妇女爱给小儿绣制五彩小帽，因为顶端形似瓦片，所以得了个"瓦盖头"的名字。当地的心意民俗中，人们认为帽子像屋顶，也就预示着头顶青瓦房宇，即成为拥有深宅大院青瓦房的富户。妇女们再在帽子上绣上荷花绿叶、山茶牡丹、二龙戏珠、狮子滚绣球、鸳鸯戏水等，吉祥的图案更点明了祝孩子长大以后能够福寿双全之意。巴布亚新几内亚的小伙子们喜爱披挂五颜六色的极乐鸟羽毛，用泥土、木炭灰、花草汁做染料，在脸、胸、腹等处涂上美丽的图案，装扮成极乐鸟，他们不仅为了美，也不仅为了保佑部族平安，还把这种装扮看做富有的标志和预兆。

3. 丰收即福

富裕的构成和促成，也就是说拥有什么算做富裕，怎么会富裕起来，对于每个人、每个家庭来说都有着或大或小的差异。其中对于以农业经济为来源的人来说，丰收是获取生活和生产资金的最理想方式之一。在服装上，这成为一种祈愿。

祈求丰收，一年之计在于春。中国歙县纪俗诗中有："手擎雨盖踏香街，鞋袜裙衫一色裁。入室大家开笑口，望春恰恰共春回。"初春时，人们乘青舆、衣青衣，而且行者必带雨伞，以立春之时入门，故被人们称之为望春。

蚕业始终和农业一起构成华夏民族的两根基本生产支柱，蚕业丰收与否同样深深地牵动着蚕区妇女的心。到了蚕乡，谁不知道蚕花呢？蚕花不是真的花卉，而是蚕农期望蚕桑生产丰收的心愿，是个好口彩。此外，还有一种属于实物的饰品，用彩纸和蚕茧、丝绸做成的，作为妇女头饰的花朵，在蚕乡也被称为"蚕花"。

靠天吃饭的庄稼人当然希望风调雨顺，他们那些常用来求雨的以百种树叶做成的蓑衣和草编头圈，就深深的印刻着人民大众的心意民俗。

也难怪，福的概念是抽象的，但丰收成果却是实打实的，看得见摸得到的，丰收的喜悦是最能引起农民激动的物质性酬劳。

4. 生子即福

人的生命是有限的，欲想体现无限，那就要看后代的兴旺。民间有句俗话："兴不兴，看后丁。"就真切地说明了人们认为，生子、后辈强壮聪慧，并且最好多子，就是最大的福。这种祈福求祥的心意民俗是普遍存在，但是对此心意民俗形式的重视态度和情感表现却是大不相同的，只是无论有怎样的差异，绝大多数人都期望宜男甚或多子。这里既有自然属性的缘由，也有社会属性的因素。

首先是求子，也就是祈求上天赐给自己一个孩子，意指能受孕。由于在相当多的地方这种求子习俗都是由妇女心意构成，所以和服装总有着某种经意或不经意的联系。中国赫哲族祈子须请萨满（巫师）找魂求子，因此在举行仪式前，求子妇女应暗随萨满，并将萨满的帽带和神裙飘带挽上一个结。天津、北京一带有到庙里"拴娃娃"习俗。届时，不仅象征性的"偷"走一个泥娃娃，而且到时还专门为不孕妇女提供小衣服。普米族人则要请巫师先以炒面塑一个女神，顶礼膜拜，然后再以栗木削一个女鬼，头上粘点该妇女的头发，身披麻布，但腹部要隆起，如怀孕的样子，以此表示负罪。佩戴男性生殖器形的饰件，是又一种独特的祈子风俗。不仅中国江淮地区不孕妇女多请人用桃木刻一桃木人，阳具突出，认为佩戴此物有助于怀孕，魏勒在《性崇拜》一书中也讲道："希腊和罗马的主妇和少女佩戴男性生殖器形状的纪念章和珠宝饰物，以利生育。现代埃及妇女也经常佩戴类似的护身符。"生子之后与保佑孩子健康成长，平平安安，也会采取一系列措施。中国河北、河南等地，用蓝色和紫色裤子给婴儿穿，即是以蓝紫谐音"拦子"，目的是留住家中的孩子，不为鬼妖所惑而丢失。

对于较普遍的心意民俗来讲，组成家庭后，希望生一个孩子，有些人喜欢男孩，意为延续父系，有些人喜欢女孩，意为能疼爱父母。无论男女，都会成为家庭的新成员而平添了无限的生气。除去最新出现的丁克家庭（即不要孩子的家庭）以外，妇女求子是正常心理。既然这样，在求子、育子中以服装起到某些作用，其本身就带有一定的民俗性。

（三）避邪驱魔

上一小节中所谈到的祈福求祥，是人们的共同心愿，但是它本身带有极大的主观性，人人都希望万事如意，那么客观世界怎么可能完全符合所有人每时每刻的意愿呢？于是，人们就认为有妖魔作祟。这妖魔，如果存在的话，那就是社会、自然与人的主观意愿相矛盾冲突的事物。妖怪、魔鬼乃至精灵的说法，属于一种原始人的思想体系。它虽然不能算是一种宗教，可是也已经包括了宗教所具有的本质基因了。

第七章　服装艺术与民俗学教育

如何对付这些侵害人的妖魔呢，人们只得采取巫术和魔法，使妖魔息怒，或是索性采用强硬态度将其驱除，总之，是力图使自然现象服从人的意志，保护人们免于受敌对力量的攻击和伤害。

凡是违背人的意志，给人带来烦恼和忧愁的事，常被人们归之为邪气，以示其异常，因此，心意民俗中少不了避邪驱魔的仪式，也少不了这根给人带来安慰的精神支柱，这也要借助于人的衣服和饰品。

1. 避邪

心意民俗经过多少民族的多少代人的不断充实与发展，有了无数用于常年的或是某一特定节日的避邪服饰品。节日礼俗中所谈到的茱萸囊、辟兵缯等都是典型服饰。可以这样说，护身符的形式和内容不拘一格，有宗教信仰的可以佩戴有关宗教题材的神像和法器，无宗教信仰的可以是祖辈遗物，也可以是地区内公认的吉祥物。尼日利亚豪萨人为了逃避作恶精灵的危害，常年佩戴形式各异的护身符，如将皮圈戴在手臂上，将皮囊挂在腰际，或是将铁器和铜器挂在胸前。

中国云南苍洱地区的白族人，总要在祭祀神灵之后，从海边拣些小白螺蛳壳，用丝线穿起来，挂在胸前，或带回家去送给亲友。他们认定，若将这串项饰佩在幼儿或病弱者胸前，可以压邪避鬼。白族也同汉族人一样，给孩子穿上虎头鞋，戴上虎头帽，这不是借"百兽之王"的威力去避邪吗？

汉族人还在轮到自己生肖属相的这一年之前，即除夕之日，有扎红腰带的民俗。有些地区的孩童穿红背心、红裤衩，谓之"扎红"。过去严格的不成文规定是，从腊月三十太阳落山一直到正月初一清晨，扎红的成年人或孩子不许出门，以避邪恶。这种习俗的流行区域很广泛，甚至说已深深扎根于民心，直至今日，不少科学家、政治家都在不迷信的基础上，保留了扎红腰带的习俗。

2. 驱魔

驱除魔鬼，当然是害人的恶魔，总要有些声势的，不然何以能称其为"驱"。于是便导致了全人类的形式各异的驱魔或称驱鬼打鬼仪式，其中大都涉及服装，这也是活跃的表现在服装中的心意民俗内容。

如果细致地调查一下世界各地民俗活动，会发现不是所有的鬼怪都会遭到驱赶，有时候作为对象的恶鬼，会被村民们利用来驱赶那些糟踏庄稼的野兽。日本四国爱媛县，就是在举行秋祭时，以浑身裹着红布，头上长角，眼若铜铃，脖子像长颈鹿，有咧到耳根的大嘴并露出长獠牙的凶神恶煞般的"牛鬼"形象，去驱赶人们憎恶的野兽。

中国古籍《燕京岁时记》载："打鬼本西域佛法，并非怪异，即古者九门观傩主遗风，亦所以禳除不祥也。每至打鬼，各喇嘛僧等扮演天神将以驱逐邪魔，都人观者甚众，有万家空巷之风。"在西藏地区，扮鬼者面涂黑白两色，在甘肃夏河一带，扮鬼者还穿半白半黑翻毛皮袄，头插羽毛。其形式正如《燕京岁时记》所谈，是中原傩舞（亦称大傩）的基本形式，不过傩舞更倾向于驱疫鬼。

类似这种驱魔舞的仪式中，人人都忘不了以服装来改变自己真实面目，从而塑造仪式中所需新形象。印度尼西亚伊尼安玛特人的驱鬼仪式中，从"鬼魂"到一般参加者个个奇装异服，并且饰以猪骨针、羽毛、竹片、人的脊椎骨、下颌骨等。中国德昂族驱鬼活动中，扮魔王的人身披棕衣，手持长矛。仫佬族的驱鬼仪式中，走在驱鬼队伍最前列的头上要扎着画有符箓的红纸头巾……凡此种种，带有强力的做法举动，充分发挥了巫术的威力。最可贵的是表现出人的一种骨气，对于加害于人的鬼没有半点含糊手软，更无献祭与祈求。人通过驱鬼仪式和变异的服装，增强了人的自信心，增加了人的志气。

服装是心意民俗的精神寄托，表现在出于各种心愿的民俗仪式和行为之中，民俗学家将其归纳为五个基本特征，即极其狭隘和直接的功利性、极大的神秘性、极大的封锁性或保守性，明显的多样性和多重性。

从服装的民俗学认识角度来看，服装即是人的包装，与人密不可分，同时又是人汲取自然物质从而创造出来的人文色彩很浓的艺术品，因而服装也就很容易被附会上人的气质与品格，带上社会、宗教、文化的属性。以服装来作为心意民俗的精神寄托，既可以使人感到亲切，感到可信，又可以不断演化出符合需要的式样与色彩来。

除了以上所谈到的以外，服装在心意民俗形式中几乎无所不在。例如，日本人出于"万物有灵"思想，认为人们穿用的衣服必然寄存有自己的灵魂，把自己穿用的衣服赠送给最亲近的朋友，意味着把自己的灵魂也赠给了对方，足可以见到一片诚心。有的人赠衣时，还在兜内放一枚五日元的纸币，这是取五元的日语谐音，表示"御缘"（与您有缘）之意。目前还存在的赠"买衣服钱"、"买腰带钱"，都是这种习俗的表现。

第七章 服装艺术与民俗学教育

服装艺术的欣赏与创制，作为一个学术和实际操作的问题当然不只是从美学角度去探讨和研究，而应以艺术学角度去探讨和研究。这里自然就包含美学问题，即审美创制等问题，还包含非审美问题，如政治、道德、情爱、娱乐以及文化等问题，视野就宽多了。在艺术学中，审美欣赏与创制始终与非审美的解读与创制交融在一起，二者之间又有区别。就服装艺术而言，其中的审美创制也是与非审美创制交融渗透，不过侧重在审美创作与呈现的研究上似乎多一些。这种研究必须突出服装艺术教育的审美功能与效应。

第八章　服装艺术与艺术学教育

第一节　着装形象的三度创作

　　着装形象不是凭空臆造，更不是自天而降。着装形象的塑造过程，需要三度创作，这是与其他艺术所不同的。离开了原材料，根本无服装，也无形象可言，巧妇终是难为无米之炊的。但是有了原材料以后，并不等于就可以直接创作了，不能像雕塑家随手拈过一把泥土一样。服装的原材料需要选取，需要再加工，然后才可以备用。在整个设计制作的每个环节，又需要有设计宗旨、设计基础、设计及制作的每个环节。最后，将服装穿在人身上，才有可能体现出服装的原始构思与材质美来。而且还需要与环境和谐，方可达到一种预期的艺术效果。

一、原材料选取、制作与加工

　　艺术在服装原材料上，已经体现出美的运用的开端。不然，原材料选取、制作与加工依据什么？即使在原始意图中主要考虑的是实用，仍然有潜意识的对服装美的追求与塑造愿望。

服装的原材料是有限的，主要为植物、动物、矿物与人工合成物；服装的原材料又是无限的，植物中的花、果、枝、叶以至纤维，动物中的毛、羽、皮、角、牙、骨以及蚕丝，矿物中的各种矿石及提炼物，再加上名目繁多、材质各异的人工合成物，它们都可以用来作为服装的原材料。

（一）植物

在地球上，植物是早于人类的自然物质，人类直接选取植物或将植物加工为服装原材料是出于植物的可利用性和植物所给予人的美感。还有一点不可忽视的，则是人在创作服装时，以植物为原料是非常便利的。因为凡有人生存的地方，一般都有植物，不管是参天大树，还是野菊花。

在利用植物时，有些是直接利用的，有些却是间接利用的，再有些是人们出于利用经验，将其有意种植的。总之，人们按照服装美的需求，去选取、加工或培育植物，而植物那意想不到的成长发育中的偶然效果又会引起人在服装美塑造中的创作欲。

1. 植物的直接应用

将植物的某一部分直接折或摘来，使其成为衣服或佩饰，这是神话中的现实，现实中的神话。

《旧约全书》中说，亚当和夏娃最初用来遮掩身体的就是无花果树的枝叶，这可谓是对植物的直接利用。虽然属于神话传说，但是将无花果树叶围在腰间，无疑是人类始祖的一大发明，开创了利用植物做服装的先河。这是全人类童年时期，在寻找服装原材料时迸发出的火花。

中国《楚辞》有大量诗句，描绘了直接用植物来做服装的情景与方式。屈原在《离骚》篇一开始就写道："扈江离与辟芷兮，纫秋兰以为佩"。接着有"揽木根以结茝兮，贯薜荔之落蕊。矫菌桂以纫蕙兮，索胡绳之丽丽。……既替余以蕙纕兮，又申之以揽茝。……制芰荷以为衣兮，集芙蓉以为裳。……佩缤纷其繁饰兮，芳菲菲其弥章。"如果说这里述说的只是封建士大夫的哀怨，只是以花香草情以表达不混同世俗的高士之魂的话，那么屈子所描绘的山林女神也是以植物为服装的。《九歌·山鬼》中的第一句也写道："若有人兮山之阿，被（披）薜荔兮带女萝。……被石兰兮带杜衡，折芳馨兮遗所思。"屈原生活的年代毕竟比我们距离原始社会要近得多，因而，楚辞中虽说是文学性描述，但也完全可以作为早期服装质料取向的依据。这些带有原始文化色彩的服装，通过屈原笔下的众神形象，向我们提供了很多直接采用植物来作为服装的可靠资料。

直接应用植物而不做过多加工的饰品，古往今来最属鲜花。在有关服装史的著作中，有的将中国人以鲜花簪首的风习追溯到汉代，也就是距今两千多年前。这种结论的得出，是根据成都扬子山出土的古代遗存。在汉代墓葬中出土的俑人头上，确实有不少是簪花的。四川成都永丰东汉墓出土的女俑，头上插满了鲜花，她的面容上也充满了喜悦。但是，这种当中插一朵硕大的花朵，大花旁又簇拥着几朵小花的头饰，或是插了数朵小菊花的女俑，并不能证明这是以鲜花为饰的上限年代。

2. 植物的间接应用

不是直接以某植物来做服装，而是将植物的某一部分经过提取、加工再制成服装的过程，应该说是服装原材料选取中对植物的间接应用。

长纤维——以天然资源为基础的用于服装的纤维材料，加上经手工刻削而成的佩饰品的木质原材料，即是人在服装创作中，间接应用植物为原材料的最大发明和最聪慧的实践。

人类在与植物同生并存的漫长时期中，对诸如蔓草、树枝类线状体材料逐步有所了解，并积累了一些经验。这时，人们发现如果把有些植物表皮上的韧性皮层剥落下来，就可以得到比树枝细、长，而又比蔓草坚韧有弹性的线状材料，这即是人类最初应用植物的阶段，也可称为长纤维阶段，因为它较之棉花中的纤维要长得多。可以有足够的根据表明，人们采用长纤维最早是从麻、葛类纤维开始的。大麻、苎麻、葛和焦麻是人类早期采用植物纤维时最先关注到的。

人们采用植物韧皮做纺织用纤维的整个摸索阶段应该是漫长的。如果说与其他纺织用纤维的使用年代相比显然又是久远的。最迟在六千多年前，中国已经有了成熟的麻织物。因为新石器时代遗址如西安半坡遗址中，就有不少陶片上留下了麻织物的印痕。南方良渚、青莲岗等文化遗址中出土的陶器上更由于本身即属印纹陶，所以留下了当年的麻织物裹缠木板拍打陶器以加固时留下的印痕。

中国是大麻和苎麻的原产地，所以国际上常常习惯称大麻为"汉麻"，称苎麻为"中国草"。从种种古籍中可以得出这样一个印象，那就是当时的中国人冬日以裘皮，夏日就主要以葛麻为裳。《诗经》中记有"不渍其麻，市也婆娑。"《韩非子·五蠹》篇中有关于尧的穿着考证，即称其"冬日麑裘，夏日葛布。"而且从唐代杜甫诗中"焉知南邻客，九月尤絺绤。"（絺是细葛布，再细者为绉，绤是粗葛布）的描述来看，时已九月仍着葛布衣裳在中原人看来是有些不合节时气候的着装了。所谓夏穿葛、麻布，主要是因为葛和麻等植物纤维的织物，吸湿效果好，而散热又很快，是夏季服装的最好质料。

植物质料被大量应用在服装上，还有一个很重要的原因，就是其质美。古乐府咏白苎诗曰："宝如月，轻如云，色似银。"如今虽无真品可以直观，但其质美一点，想来必可以与丝绸媲美。不过，即使是略逊于上述葛与苎麻的焦麻，织出布来一定也是非常轻盈，非常精细柔润的，唐代诗人白居易曾咏其为"焦叶题诗咏，焦丝著服轻"。

植物纤维还有一种天然的光泽，虽然不是熠熠生辉，但每一丝纤维都有自然的纤维膜闪射出的色彩与光泽，故具备了服装材质美的条件，成为人类早期选择衣料的对象。将植物或其果实制成佩饰也很普遍。总之，植物那天然的华美，自然是引起了人们的喜爱，因为植物本身的造型、色彩、光泽，都是非一般人力所可能创造出的。

由于生产力发展到一定程度时，社会已贫富不等，富人穿着丝织衣服和裘皮衣服为多。因此，也就将葛麻类衣服仅作为夏服着之。于是，作为买不起丝绸衣服的大多数百姓来说，只得仍以植物纤维为主要纺织原料，致使"薄饭蕨薇端可饱，短衫纻葛亦新裁"，完全成了一种最朴素生活的写照了。除了穷苦百姓以外，士人隐居也以葛麻等植物纤维质衣服为主，意取返回大自然，别具美的韵致。

在利用长纤维制作服装的过程中，人们逐渐积累了经验。这就使得人们不仅懂得种植长纤维类植物，然后直接加工编织；而且还期望将长纤维再加长加固，以求更广泛地适用于服装。人们经过逐步地探索，发明了绩、捻、纺等原始纺织技术。绩是通过加捻把长纤维续接起来，纺是通过加捻把平行并列的纤维集束缠绕在一起再续接起来。无论是绩还是纺，都少不了一个共同的工序，即是加捻。通过加捻使纤维变长，同时又可使纤维更结实、更富有弹性。因此可以说，自纤维加捻操作这一大发明出现以来，直接导致了短纤维的应用。用于服装面料的短纤维植物，主要是棉花。

植物不但用于服装的制作，而且还作为植物染料很早就应用于服装的染色。中国周代《诗经》中就有用兰草、茜草染色的记载。湖南长沙马王堆汉墓中出土的绚丽多彩的织物，更表明中国在两千多年前已经熟练地掌握了提取、制作植物染料，并用来染衣料的技术了。

把植物中的色素，提取出做染料并染色，一般被称为"草染"，用以区别于矿物质料的"石染"。而中国与世界其他国家，应用植物染料要比应用动、矿物染料早一些。对西汉马王堆墓出土丝织品化验的结果表明，光泽鲜艳的金黄色是用栀子染的；色调和谐的深红色是以茜草染成；而棕藏青和黑藏青等深暖色调是用靛蓝还原并复色套染的。

在早期应用植物染料的基础上，人们逐渐发现并陆续采用更多的植物以其为服装面料染色。如到近两千年前，染黑色已发展为用栎实、橡实、五倍子、柿叶、冬青叶、栗壳、莲子壳、鼠尾叶、乌桕叶等，由于这些植物含有单宁酸，它和铁盐相作用使之在织物上生成单宁酸铁的黑色色淀。这种色淀性质稳定，日晒和水洗的牢度都比较好。与此同时，由于生产和生活的需要，对植物染料的需要量不断增加，因而出现了以种植染草为业的人。中国《史记·货殖列传》"千亩栀茜，千亩姜韭，此其人皆以千户侯等"，说明了当时种植栀茜的盛况。到 13 世纪以后，可用来染色的织物已扩大到几十种，除了以前所用的以外，黄柏树、开着红色花苞的郁金草以及山野到处生长着的楸树、柞树等等，都是染色的好原料，还有很多地区都生产含有鞣酸的五倍子，更是从古至今重要的植物染料。

植物直接（包括对其纺织、刻削等加工）用做佩饰、衣料，虽然加工中也包括美化过程，但一般说只是达到了实际应用的目的；提取植物色素作为染料，才使服装整体形象在体态美之外，增强了色彩美，使人类本身及视觉世界，变得五光十色，鲜艳夺目。而且，这一切都是由人本身来设计创造的。另如漆树分泌的汁液，也曾经成为人类服装的原材料。它不仅可以使木质、石质材料变得更加绚丽，而且当汁液凝固后，也可作为服装原材料。如漆质手镯、项饰上雕满密密的花纹，不正是全面地表现出人的艺术灵感与艺术实践能力吗？

（二）动物

人无疑很早就在动物身上发现了美，包括形体的外在美和力量的内在美。于是，人们开始用动物身上的美来装饰自己，补充自身原有的不足。人为了显示自己的强有力，将猛兽的牙齿和脚爪装点在自己身上，这样才在事实面前证明自己是强者。因此可以这样说，人类童年时期从动物身上发现了自己所缺少的表皮美、纹饰美和灵巧、勇敢的性格美，于是便开始将自己按照动物的美来装扮修饰。只有到了人的意识成熟起来以后，即脱离蒙昧时期而进入野蛮时期后，才会更多地吸取了动物的野性，从而为自己的勇敢去炫耀。不过，人类并未满足于对动物的直接应用，在漫长的服装发展史中，人们创作服装、加工并制作服装原材料的双手更加灵巧，头脑也更加充满智慧。

1. 动物的直接应用

将动物身体上的某一部分直接取来，使之成为人的服饰品，这是人对美的一种自然需求。如今我们在谈论装饰美原则时，认为脖子上挂一串兽牙、贝壳是质朴的审美观念表现，那不做作或稍加修饰、浑然天成的饰品，具有后人凭手工所难以获得的天然趣味。这样论断被很多人接受。应该说，它在逻辑上是没有错误的。但是，如果以为这就是人的追求目标，那就难以令人信服了。

当人将刚刚被射死的獐子和狍子的皮，从血淋淋的尸体上剥下来后，未经加工就直接披在身上；或是迅即割下它的牙和角，粗粗钻个孔就挂在颈间，这种举动的全过程中，一切都是受当时生产力条件所决定的，并不意味原始人就喜爱那些未经加工的动物质料的服饰。时隔近万年后，虽然当时曾引起原始人审美感受的粗糙的皮服、骨饰，如今还能使我们为之激动不已；但是现代人由此所产生的无限的审美畅想，却是因为我们已不再那样出于直觉动机去利用动物，而是站在现代文明的高度，在欣赏中更多地领略了那种原始趣味和朦胧的审美观念。如今显然要自觉与成熟得多。

一般来说，直接以动物毛皮披在身上，总还是要经过最简单的截取和缝接的。中国辽宁海城小孤山原始人遗址中，发现了近五万年前原始人使用的骨针，说明至迟在那时已经有了缝制衣服的发端。

将动物毛皮的爪部和头部剪去，留当中最齐整的毛皮再行缝接是常态，但是也有特殊的例子。如美洲明尼达里部落的印第安人，只把猎获来的狼的毛皮剥下来，在当中挖一个洞套在颈上，任凭狼头悬挂在胸前，狼尾垂挂在臀后。这种服装在外人看来毛骨悚然、不寒而栗，但是他们自己却怡然自得。这种不加任何修饰和裁缝的动物皮毛服装，看来是对动物直接应用，以其作为服装原材料的最原始的创作行为了。当然，更多的，历史更久远的还是将动物毛皮略做加工，如南美洲火地人的衣服是用水獭皮和海豹皮做成的。火地人盛行穿皮披肩，于是就要将两三张水獭或海豹的皮缝接起来，再行缝制。当地妇女除了皮披肩外，还总要穿上一条三角形的毛皮小围裙。

人类看重动物毛皮，是因为动物毛皮在具有保暖性能的同时，更主要的是能够体现出美和占有。这种心态与举动不用在原始人那里去找，现代的绅士淑女们也同样对以动物毛皮为原料的服装爱不释手。即使原始人是为了显示勇敢，但现代人已绝对没有这种观念。数千年前对动物的猎取，如果说尚且有实用目的的话，那么现代人实在是为动物毛皮所具有的质地、色彩、斑纹的美所迷恋了。

就服装原材料来说，动物毛皮资源丰富，又确实具备天然的形态美，难怪人们至今还在以它为服装质料。即使是国际有关组织三令五申保护珍贵的、尤其是濒临灭绝的动物，但是一些人仍然不顾人类生态失衡的威胁，冒死走私珍贵动物毛皮。假如人们对以动物毛皮做服装的兴趣不似以前那样浓厚，可能这种破坏生态平衡的行径会自动消失的。很显然，人工养殖的动物不能完全满足人们的要求，因此就无法以实用功能的说法去解释，而只能说是为了美。不然，羊皮和熊猫皮在保暖上会有多大差异呢？而就美来说，那熊猫的毛皮之美，确实是羊皮所难以比拟的。

2. 动物的间接应用

用动物分泌出的汁液做成的纤维，而不是用动物本身去作为服装的原材料，实在是人类一个杰出的具有划时代意义的发现与发明。从此使人类服装用纤维达到空前的坚韧度、纤细度、柔软度和光泽度。在所有天然纤维中，蚕丝始终是最高档的服装用纤维。在此前提下，人们以动物身上的毛纺织成毛线，又开辟了服装用纤维的新天地。

就这样，随着纺织工艺水平的提高，兽牙、兽骨的加工也愈益精湛。随之，以动物作为服装原材料的应用进入了一个崭新的富有艺术色彩的新时代。

（1）服装与蚕丝

以蚕吐出的丝（成蚕结茧时所分泌丝液凝固而成的长纤维，也称"天

第八章 服装艺术与艺术学教育

然丝"）织成丝绸，无论在石器时代，还是现代，都属于高级衣料。而这一工艺起源于古老的中国。直至如今，中国仍然是生丝生产量最高的国家。从蚕本身来看，有桑蚕、柞蚕、蓖麻蚕、木薯蚕、樟蚕、柳蚕和天蚕（日本柞蚕）等。应用最广泛的是桑蚕和柞蚕。桑蚕先属野蚕驯养，后属家蚕，因而习惯上也将桑蚕称为家蚕。蚕丝主要由丝蛋白和丝胶组成，除去丝胶的蚕丝光泽良好，柔软而强纫，并富有弹性。在直观上，丝缕绵长、轻盈、纤细、柔韧并具有丝光。其他天然纤维，不管是葛麻还是动物体毛，虽论质感各有千秋，但论综合美感，则根本无法和蚕丝相媲美。柞蚕丝具有天然的淡黄色，光泽、明亮与手感柔软等特点类似桑蚕丝，也具有良好的吸湿和透气等性能，可以作为原材料，织造成各种组织的厚、中、薄型柞丝绸，再制成男女皆宜的衣装。用柞蚕丝织造的丝织物，除具备上述优点以外，还耐酸、耐碱，热传导系数小，有良好的电绝缘性能，这就使得它不仅可做日常衣着面料，还可以在工业和国防上用于制作耐酸工作服、带电工作服等。这些天然纤维被人们在反复实践中采用并历久不衰，都从不同侧面说明了它具有的美的特质。

精美的丝纺织工艺随着中国与欧亚大陆其他国家的交往而使世界很多国家的人为之震惊。以蚕丝织成的丝绸面料，轻盈、透明、柔软、细腻，同时散发着一种诱人的，柔和的光泽。应该肯定地说，蚕丝的发现与使用，是服装面料上的至为关键的一个重大发明与卓越贡献；没有蚕丝，富有光泽而又轻柔美丽的服装只能是一个永远的梦。

（2）服装与动物毛

在没有蚕丝业的国家里，人们应用动物纤维作为服装原材料的主要品种是动物（以兽为主，以禽为辅）的体毛。不同长度、不同色彩、不同质感的动物毛被纺成毛线和毛纤维后，应用在世界大部分地区，当然首先是处于游牧经济中的民族。

在所有动物毛中，人们用来织成面料和织成毛线再编织成服装的主要是羊毛，其中又以绵羊毛为主，另有长毛型山羊的毛（如马海毛）和绒山羊的绒毛等。在特种动物毛中，主要有骆驼毛、兔毛和牦牛毛等。

羊毛，是人类在纺织上最早利用的天然纤维之一。人们利用羊毛的事实可以上溯到史前3000—前4000年的新石器时代。羊和羊毛在古代从中亚细亚向地中海和世界其他地区传播，随后便逐步成为亚洲和欧洲的主要纺织原料之一。羊毛纤维柔软且富有弹性，有天然形成的波浪形卷曲。用羊毛纺织面料制成的服装，不仅保暖性能好、穿着舒适、手感丰满，而且还可以染成各种颜色，织成各种图案，充分体现出毛织品服装的艺术特色来。尤其是在纺织中做成的各种毛的长度和曲度的变异，致使不同羊毛有不同的毛织物质感与形态美，甚至同一种羊毛也可以给人不同的美感。

细分起来，羊毛可分为发毛和绒毛两个类型。而羊毛品种又可分为细羊毛、半细羊毛、长羊毛、杂交种毛和粗羊毛五类。仅中国羊毛，就可分为蒙羊毛、藏羊毛、哈萨克羊毛等数种。就服装面料所突出的羊毛原质美来说，其中细羊毛、美利奴羊毛或以美利奴羊血统为主的绵羊毛最佳。绵羊毛一般直径在 25 微米以下，毛质均匀，手感柔软而有弹性，光泽柔和，毛丛长度 5—12 厘米，卷曲密而均匀，是制作高档毛料服装的最理想的原材料。藏羊毛毛辫长 18—20 厘米，弹性大，光泽好，是织造长毛绒的良好原料。罗姆尼羊毛长度为 11—15 厘米，最长可达 20 多厘米，毛丛呈圆形结构，有较大的波形卷曲和较好的光泽。林肯羊和具有林肯羊血统的考力代羊和波尔华斯羊，都是优良的半细毛羊品种。林肯羊毛毛丛呈松散的扁平结构，毛丛卷曲少而均匀，成波长较长、波幅较小的长度波浪弯曲。毛丛长度为 20—30 厘米，羊毛的强度和伸长度大。因此，以林肯羊毛为原料制成的衣服，不仅手感柔软，而且具有一种丝光和玻璃光般的明亮光泽，最为实际的特点体现在服装上格外显得有魅力，那就是以林肯羊毛为原料制成的衣服，经久耐用，尤其是保形性好，不易起球毡缩。

在纺织业中被称为特种动物毛的主要有马海毛、山羊绒、骆驼毛、羊驼毛、骆马毛、原驼毛等。近代纺织业还开发出一些新的品种，如兔毛、麝鼠毛以及牛、马、鹿等某些属种动物的毛发，还有中国高原的牦牛毛等，这些毛类纤维有时被通称为特种动物毛。特种动物毛发大多由粗刚毛和细绒毛混合生成，纺织工业在加工服装用面料时只利用其中的细绒毛。

（三）矿物

矿物，指地质作用中各种化学成分所形成的自然单质（如金刚石、自然金等）和化合物（如方解石、石英等）。除少数呈气态或液体以外，绝大多数矿物呈固态。矿物是组成岩石和矿石的基本单元，部分岩石具有玻璃质，矿石一般是从金属矿床中开采而出，经技术处理后即是固体，可塑性强，因而都是制作饰品的理想材料之一。

虽说矿物很少直接用于服装上，但经过加工后的矿物特别是一些比较珍贵的矿物，如宝石、玉石、金银等，作为装饰品却是服装整体形象的重要组成部分，往往在服装上起到画龙点睛的作用，也是服装艺术美的一个方面。矿物作为服饰，特别是作为服饰的原材料，起源很早。由于矿物质（这里既指岩石，也指矿石；既指处理过的，也指未处理过的原生矿物）坚硬，经得起岁月的磨损，因此在如今发现的人类早期佩饰中，石珠、石块较之其质料的饰品显然要多一些。

矿物在人的服装中始终占有重要地位，它也如同植物、动物一样，伴随着人类创造了文明，而且从此再也未与人类分开。最有趣的是，人们处于社会生产力高度发展的现代，体现在服装上利用矿物质料的变化，并不显得加工工艺上取得了多么惊人的进展，众多的 5000—6000 年前的玉石佩饰加工水平表明其工艺水准也并不比现代差多少。而且原始加工工艺呈现出的美态，有很多是现代人也不能做到的。现代人最大的突破，不是在矿物饰件上比原来精益求精，而是在利用矿物做饰件材质上的"造假"。这在工业生产上是一个划时代的跃进，在矿物原体利用上却是一种带有亵渎性的行为。

矿物用于服装原材料时包括多种多样，当他们经过人工剥去外皮（玉石等），淘去杂质和提炼而成（金银铜铁等）以后，便出现了天然生就的奇光异彩。仅宝石类中，就有那闪烁夺目的钻石光芒，瑰丽变幻的欧泊石彩光，清新辉洁的月光石银光，更有那酷似猫眼的猫眼宝石，绿如翠羽的翡翠玉石，红如鸽血的红宝石以及紫如葡萄的紫晶，润白如脂的白玉，色如蓝靛的青金石，雨过天晴般的绿松石……矿物质原料之美质，使得历史在跨越千万载后，现代的新潮女郎们仍然对此爱不释手，不仅以其衬托美丽的容貌，同时以其显示着拥有的财富。

服装用矿物由于其本身的美丽与稀有，兼具艺术价值和经济价值，使得它的艺术生命长盛不衰。除此之外，矿物纤维（一般是非金属矿石）和矿物染料，也为服装艺术做出了难以取代的不朽贡献。

比起植物和动物来，矿物总会给人以坚硬的印象。但是事物总会有它的二元性。一种称做石棉的矿物纤维说明了矿物也有其柔软的另一方面。再者，当矿物被碾成碎末后，还可以用做染料，间接给服装带来美的要素。

矿物染料被人们发现、采用比较早，而且我们迄今发现较早的文化遗存中，矿物染料就被用来染饰品了。北京山顶洞人已经开始用红色氧化铁粉末涂红佩饰品，距今约七千年前的人们，也已经用赤铁矿粉末将麻布染成红色。在中国江苏邳县大墩子新石器时代遗址中，曾出土了五块赭石，赭石表面上有研磨过的痕迹。在矿物中赭石可将织物染成赭红色；朱砂可将织物染成纯正、鲜艳的红色；石黄（又叫雄黄、雌黄）和黄丹（又叫铅丹）可做黄色染料，而各种天然铜矿石可做蓝色、绿色染料。另外，天然矿物硝还可以将植物浸染得雪白……

虽然说矿物染料后来被更为广泛、更为便利的植物染料所替代了，但是矿物染料的历史和矿物染料所出现的效果是其他染料所难以取代的。

矿物无声无息地在大地的怀抱中生成。当它跃然于服装之上时，不但叩之清脆如乐曲一般动听，而且，实际的乐器（铜钟、石磬）和无形的音符始终伴随着它，使它装饰在人体上时，更会随着人体的扭摆、举止，随着光源角度的变化和光亮的强弱而显现出美妙的听觉效果和光幻视觉效果。那些玉佩、那些金步摇、那些金属跳脱（手镯）乃至鼻环、耳环和腿上的大铁环铿铿锵锵、五光十色所产生的美，不都是矿物在服装上所显示出的魅力吗？

（四）人工合成物

人类物质文明和精神文明的大幅度提高，反映到服装上，必然地引发出两个问题：一个是自然资源比其人口增长和服装需求量来，已明显处于逐年缺乏的趋势；再一个是人们出于各种各样的心态，曾有一度表示对原有质料（植、动、矿物）的不满足。于是，就在人们寻求一种自然质料的替代物和急切创造出一种非天然的质料的复杂感情中，人工合成物诞生了。这可能算是人在服装质料上否定自我的第一个跨越。这个否定是针对以前千万年来的发明与利用，服装质料跨上了一个新的台阶。

人工合成物有两类，一类是化学和自然混合而成的物质，像混纺织物就是最典型的；再有是人将化学物质进行分解、合成利用，如玻璃、陶瓷等。另一类是纯人工制成品，化学纤维和人工矿石以及塑料、有机玻璃等，都是人的高度智慧的体现。

第八章　服装艺术与艺术学教育

由于人工质料在现代社会应用十分广泛，所以我们应着重了解和认识一下后一类人工合成物——纯人工制成质料。

纯人工制成的服装质料，品种最多、发展最快且覆盖最大的要数化学纤维，它主要被用来做衣服，少量作佩戴用的花饰。在佩饰品中应用广泛的是人工宝石，人工宝石的整体效果已达到非借助仪器不能辨别出真假的境地了。除此以外，还有价格相对低廉的塑料制品等。它们不管其经济价值如何，正在以绝对的新兴工业、工艺的艺术价值向天然质料公开挑战。

所谓化学纤维，简而言之，就是用天然的或人工合成的高分子物质为原料制成的纤维。根据原料来源的不同，可以分为人造纤维（以天然高分子物质如纤维素等为原料）、合成纤维（以合成高分子物为原料）、无机纤维（以无机物为原料）。自从18世纪抽出第一根人造丝以来，化学纤维品种、成纤方法和纺丝工艺技术逐年提高，并取得了相当可观的进展。

人造纤维的主要品种有粘胶纤维、硝酸酯纤维、醋酯纤维、铜铵纤维、人造蛋白质纤维。合成纤维的主要品种有聚酰胺纤维（锦纶或尼龙）、聚丙烯腈纤维（腈纶）、聚酯纤维（涤纶）、聚烯烃纤维、聚乙烯醇纤维（维纶）。特种纤维中有耐腐蚀纤维、耐高温纤维、高强度高模量纤维、难燃纤维、弹性纤维、功能纤维等。

科学的发达，使得人们可以从棉短绒和木材中取得纤维素，又从大豆和花生中取得蛋白质，然后抽出人工丝来。化学纤维之所以能够在服装原材料行列中站住脚，还不仅因为它弥补了自然资源的不足，或是加大了服装原材料的选择范围，更重要的是，它有时可以取得某种诱人的艺术效果。如1905年开始投入工业化生产的粘胶纤维，由于粘胶纤维制造成本较低，原料（棉短绒、木材、芦苇等）丰富易得，吸湿性、透气性和染色性能相对较好，适于纯纺和混纺，所以应用范围很广。合成纤维是用人工合成的高分子化合物为原料经纺丝和加工而制得的化学纤维。这一类的原料主要来源于两方面，一是从石油、天然气、煤中分离出的分子脂肪烃、芳香烃和其他有机化合物；二是从天然的工农业副产物中分离出有机物，直接或经过化学反应转化为原料单体。

1935年，美国人首先制成第一种聚酰胺纤维——尼龙66，从此以后，人们便开始大力探索供纺织用的、具有优良服装性能的合成纤维。先后发展了尼龙、涤纶、腈纶、丙纶、维纶等主要品种。从1956年起，通过适当的化学改性和物理改性而制成具有多种特殊性能，如蓬松性、弹性、卷曲性、光泽、多种染料适应性、热与光稳定性、抗静电、耐污性、难燃性的合成纤维，再加工具有特殊优异性能的如耐高温纤维和无纺织布等，都为服装面料打开了广阔的前景。

无论怎么看，化学纤维确实发挥了相当大的作用，而且在今天和以后的服装制作中不可缺少。那鲜艳的颜色和容易变换的成品造型都使它在今后仍然占有一定地位，只是如今人们又将兴趣转移到自然纤维上，这样的需求势必导致化学纤维要更加艰苦地改善自身素质。

还有一种人工合成物在我们日常的生活中应用也十分广泛，那就是塑料。塑料一般是指以合成的或天然的高分子化合物为主要成分，在一定条件下塑化成型，产品最后能保持形状不变的材料。多数塑料以合成树脂为基础，并常含有填料、增塑剂、染料等。根据受热后的性能变化，可分为热塑性和热固性两类。前者主要具有链状的线性结构，受热软化，可反复塑制。

由于塑料容易加工，而且易于染上理想色彩，所以近些年来也加入到服装质料之内。软塑料可做成雨衣、雨鞋和浴帽等；硬塑料则可制成各种佩饰品，如纽扣、胸花、手镯、项链、腰带等，有的可根据需要镀上铜、银、钛甚至金，是一种比较低廉的佩饰质料。

人工合成的服装原材料潜力极大，随着科学事业的飞跃发展和人们着装意识的更新，也许会使得人工合成材料不断创造新成果，人工合成物在服装上的作用十分明显——对天然矿物质的取代与补充。

二、设计及制作成型

设计一词，应用范围非常广泛。它既可用于硬件，如服装设计、工艺设计等；又可用于软件，如人格设计等。这样来看，设计一词本身就蕴涵着与多种学科的网状连接。

与中文"设计"一词相对应的世界通用语汇是 Designare 和 designum，这两个词来源于拉丁语，原意为徽章和记号的意思。相应的法语语义是计划或草图，相应的日本语则是意匠、图案、计划和设计等。日本服装专家村田金兵认为，"设计即计划和设想实用的、美的造型，并把其可视性地表现出来，换句话讲，实用的、美的造型计划的可视性表示即设计。"英

第八章　服装艺术与艺术学教育

国的布尔斯·阿查对设计下的定义是："有目的解决问题的行为。"所谓进行设计，即"抱有关于整个系统或人工物，或其集合体的设想，预先决定其细部的处理方法"。

在中国人看来，简单地说设计就是形象思维，即通过某种事物产生联想或是为创造某件作品而预先在头脑中勾画成型（包括内部结构）。即使是为不成型的人格进行设计，实际上在设计者头脑中也是由许多形象信号累积而成，并且以有形（言谈、举止、处事能力等）为基础来完成其设计全过程和整体效果的。近些年来，从新兴的技术美学角度去看设计，认为设计是作为一种技术活动的，是针对目标的一种问题求解和决策，从而为满足人们的某种需要选择出满意的备选方案。

设计在服装艺术中是着装形象的三度创作之一，而且与制作成型不可分，它们在服装原材料的第一度创作之后，共同构成了着装形象的第二度创作。设计，即本书中所谈到服装设计，其定义应该是：基于一定物质材料和社会观念（特别是审美）的客观需求，经由人的头脑对种种素材及其制约关系，加以选取、提炼、分解、合成的艺术性行为。至于说设计过程完成以后，制作直到最后成型，就是依靠于能工巧匠领会设计者意图将其付诸实现的技术性工作了。

（一）设计宗旨

弄清了什么是服装设计以后，马上面临的就是如何设计，根据什么去设计的问题了。这里既联系着社会学、生理学、心理学、民俗学，又联系着经济学、历史学、伦理学，当然最重要的是艺术学，尤其是美学。

技术美学认为，设计的目标在于建立一种对于人的适应性系统，它体现了人类文化演进的机制，是创造审美文化的重要手段。而且在关于设计是一种选择或决策过程这一点说，前提条件中包含着两大要素，即事实要素和价值要素。

由于服装设计必将有自己的独特的性质和规律，因而在服装设计中也有着独立的宗旨，这就是既要突出表现服装的审美价值，又要考虑到服装的实用价值。服装设计宗旨也就主要站在这两个基点上。

1. 审美价值

一件衣服或一件佩饰品，只要是在正常场合下穿着，都要首先表现出美来，除去强加于罪犯或奴隶身上的带有控制性社会标志的服装外，即使是最一般的服装，也要在尽可能的条件下考虑到审美价值。如，是否具有鲜明的性别特征与体态匀称的特色，以满足着装者和着装形象受众两方面的审美需求；是否符合时代潮流，以达到与时代意识、时代风格同步的目的；是否能够激发起人的最大限度的审美感受，等等。服装设计实质上是审美心理的集中表现，其中当然包括多种原因。

就服装单体讲，只有职业服装才是统一规制的，是不允许突出个性，但这仅是从一种统一的职业服装内部看，如果以服装整体来观察分析某一种乃至某一个集体或行业的职业服装的话，即站在宏观角度上去鸟瞰全体服装，其实职业服装更强调个性特征的鲜明与强烈。只不过它是集团性而不是着装者单体罢了。这说明，服装审美的一般规律，是首先突出其个性特征的。当然具体分析还有强弱之分，如原始部落中的服装个性就相对弱，而文明越发达的国家和地区，要求服装个性特征的意识就越强。这主要因为在原始社会生活落后的条件下，人们更需受制于自然，听命于集团，人本意识淡薄；而科学发达、工业先进的社会则要突出个人的形象，以求在社会竞争中显示出不凡的身手，创造生存与发展的条件。

服装审美中所要求的个性特征，首先表现在性别上，其次才是年龄、民族等方面。因为从审美意识和审美趣味来看，人们对服装的笼统的、直接的审美感受，自然首先落在人本身。即男性服装形象美和女性服装形象美，是最容易产生，也最容易被理解、被感受到的。通常，美学家笔下的男性服装形象被归为壮美或阳刚之美，而女性服装则被归为是优美或阴柔之美。但是这只是两性服装形象审美的基点，并不能贴切地表现出两性通过服装所显现出来的性感之美。首先，男性服装形象的性感之美一般体现在肩部、胸部、腿部和足部。夸张的衣服肩部往往可以收到良好的效果。而标准男性那厚厚的宽阔胸膛，也可以通过服装得到加强。如西服的前襟加厚，以棕垫和马尾衬托。不过，在西方人看来，男性性感很大程度上还是体现在腿上。西方古代的勇士都在腿部装束上表现出敏捷与矫健，即使不是武士，也以充分显露腿部肌体结构的紧身裤和长筒袜将男性腿部的肌肉感完全显露出来。再有就是女性服装形象的性感之美，一般会体现在胸部、腰部、臀部上，但是肩部和腿、足部也很重要。女性强调丰满的胸部和腰身的造型，特别是腰部轮廓线。突起的乳峰下纤细的腰肢，腰以下再

第八章　服装艺术与艺术学教育

略现丰满，这是女性性感最诱人之处。同时，在现代，以服装来强调女性的玉腿之美，也是一种有意表现女性性感的方式之一。具体体现在西方女裙由长至短的演变过程以及中国女性旗袍的开衩上。

不过，对于任何艺术来说，只具有个性是不够的，还必须有共性。服装设计者由于生活在不同的时代，在一个时代中的设计者以及他们所从事的创作活动，必然受到同一时代文化背景的制约，换一个角度说，服装设计者必须使自己的作品风格与时代潮流合拍，否则将会被冷淡、遭摒弃，以至无立足之地。因为艺术个性是要受到艺术共性制约的，然后又突破共性的。因此，艺术共性也非凝固不变。这在服装设计中突出表现在时装的魅力和引力上。另外，服装艺术作品也要能激发起设计者、着装者和着装形象受众三方面最大限度的审美感受，这是对设计者更高层次的要求了。从理论上讲，设计者要将人对服装形象的模糊不定的、零碎的审美感受归纳为较明确、较系统的认识，然后使之在服装形象上明确地体现出来，才是一种更高层次的审美态度，才有可能激发起人对服装形象最大限度的审美感受。当然在具体的设计中，做到这一点还是有一定难度的。

总之，审美意识是人类特有的一种精神现象，是人类在欣赏美、创造美的活动中所形成的思想、观念。它是客观存在的审美对象在人们头脑中能动的反映。这种能动的反映又是在人类长期的审美实践基础上形成的。审美意识的含义相当复杂，但是有一点很清楚，那就是它是人类的一种精神现象。因此，不可避免地带有人本身的自然属性，人本身对服装形象的一种自觉不自觉的审美需求。

2. 适用价值

对于服装艺术学来说，审美价值理应放在适用价值前面论述，而对于不同于一般艺术的服装来讲，又必须涉及适用价值。因为服装是艺术品的同时，也是实用品，是设计者的设计构思绝不能忽略而且必须面对的一种事实。适用价值在服装艺术中，是指对于人的社会角色、对于不同消费阶层、对于不同的审美需求的适应性。

在艺术学甚或美学中，不同的社会角色会有不同的审美意识。服装创作的宗旨之一是要适应不同的社会角色的审美要求。创作的个性与共性和审美的个性与共性在这里结合。社会角色很难以一个确切的数字表示出来，因为有多少种社会活动，就会有比它多上几倍的社会角色。而且，一个人在不同社会场合和社会单位中会充当不同的社会角色，这就使得他或她在充当不同角色时会有不同的审美需求与标准。不过，对于服装设计者来说可以感到欣慰的是，尽管如此，还是有共性可言的。例如经理，这个遍布于人类社会中的经济活动中的产物——社会角色，总想以良好的着装形象出现在别人面前。经理对服装形象的审美要求较之医生、教师等有所不同。对外（客户面前）要代表本企业的实力形象；对内（下属）要保持决策层与管理层的尊严、严谨，都使得他的服装要考究一些。无论银行经理、娱乐城经理，在服装审美过程中，大体上都要体现这种特色。这是共性。当然，不同企业的经理，由于所经营的内容不尽相同，在审美观念和标准上也会存在着差异。

服装艺术不但要适应社会角色，也要适应不同消费阶层。对于同一地位、同一性别、同一年龄而且兴趣、性格相近的服装购买者和穿着者来说，对待服装的选择可能有着必然的相似之处。但是在经济社会中，由于经济活动对审美活动的直接制约，即使以上条件完全相同的服装选择者，也会因经济条件的实际情况，产生不同的消费观念。因此，在一定的社会中形成的不同的消费阶层，是以绝对审美标准为制动力的。应该这样说，拥有一定消费能力的人，形成一定消费阶层，从而使得服装设计者的创作，在考虑审美的同时，还要考虑到不同消费阶层对服装需求的差异。如何在适应不同消费阶层的服装设计中体现出设计者的功利和修养，是对设计者的一个考验，也是每一个服装设计者必须纳入设计宗旨中的重要内容。

不同消费阶层对服装质料和工艺的档次要求不同，但是对服装形象美的要求水准却可能一致。这就需要设计者狠下一番功夫，使服装在高级质料和精工细作中获得美的效果；而在低档质料和一般加工过程中也能获得较之前者并不感到逊色的艺术效果。在高明的设计师面前，只有低档次的原材料，却不能构思出低档次的作品。

除了以上各种社会因素以外，作为一个人，或者说一个在服装形象面前的审美主体，出于各种原因，会产生不同的审美需求。审美需求来源于审美个性和审美偏见。其中审美个性又源于个人做出的审美判断。这种判断带有强烈的个人色彩。服装设计者使自己的作品适用于不同审美个性的需求并不难。即使审美个性呈现出多样化的趋势，也是艺术发达的标志，

第八章　服装艺术与艺术学教育

是人类文明进步与个人自由度扩展的标志。困难在于着装者和着装形象受众往往表现出一种审美偏见。因为偏见是不以规律性的形式出现的，而一旦形成又是极其执拗的，以至难以用充分的理由说服它。服装设计者即使遵循了所有艺术创作的规律，也难以获得带有审美偏见的人的理解，这就是人为所造成的创作障碍了，而它又是客观存在。

因此，服装设计者要想使其作品适用不同审美需求，首先要了解着装者的审美需求，包括认真揣摩其潜在的未直言的审美需求，并在设计过程中充分考虑到这一要素。

（二）设计基础

服装设计者，就是艺术工作者。作为一名真正的服装设计者，必须在掌握设计宗旨的前提下，具备艺术工作者的气质和基本功，及各种心理因素和技能条件。

服装设计者是进行服装设计的主体。作为创作主体所具有的构成因素中，敏锐的审美感受能力、创造性的想象和丰富的情感，是最重要的心理因素。可是这些心理因素除了来自于天赋以外，还依靠什么来培养呢？这就需要在后天的社会实践中不断学习和体验，其中最重要的是文化修养。因为文化修养不只是指从书本上学到知识，它包括社会中的语言符号和街头俗语，以及所有民俗风情和民俗事象。社会生活本身就是一本生动的教科书。服装设计者充分重视这取之不尽、用之不竭、充满知识的"书籍"，会使自己逐步成熟起来，以丰富的知识结构形成个人独特的感受能力。期间当然不仅仅指审美感受能力。

在现实生活中，艺术家对各类事物感性的具体特征有浓厚的兴趣和感受，并十分注意观察和摄取那些为常人所忽略的事物特征，将它们印象鲜明地保存在记忆中，为创作艺术品做丰富的素材储备。服装设计者也需要这样。一名出色的服装设计者，他会将所有接触到的有关服装饰物的印象收集起来，归到自己的信息库中，就如同照相机的聚焦功能一样。同时，他的职业兴奋灶，促使他必须以自己的职业敏感去看待一切事物。这些事物既有身边生活中的情趣、图像，也有书本中的间接知识，特别集中在对生活情趣的捕捉、对书本知识的领悟和对全人类风情的熟知三方面来。捕捉、领悟和熟知三个词，蕴涵着动势、动态、心意和耐性。这都属于服装设计者必具的综合修养。

仅有综合修养是难以成为服装设计者的。设计者必须熟练地掌握美术基本功，包括绘画技巧的训练和对人体结构的理解。而绘画技巧的训练中又包括对绘画材料的熟练掌握，对绘画工具的正确使用，对设计对象的表现能力以及对人物造型、色彩组合等等方面的素养。对于一名普通的美术工作者来说，也许只需要了解艺用人体解剖知识，掌握人体在静态和动态变化中，骨骼肌肉的变化就可以了。但是作为一名服装设计者，就不仅需要熟练地掌握人体结构，更要对服装外形与人体结构的关系予以充分重视和深刻理解。因为服装在人体运动中，其本身的形态变异和是否符合人体特征，都是服装设计者必须掌握的，否则设计将是一句空话。没有熟练的绘画技巧，就不能在设计服装时将服装预想效果准确地描绘出来，那么又如何完成科学的设计过程呢？而没有起码的绘画技巧，又是绝对无法准确地把设计方案付诸于视觉形象的。仅会制作服装但不能将服装效果图展示出来，即标定设计方案的人，只能算做工匠，而不能称做服装设计者，更不可能称为服装设计师。绘画技巧的掌握是服装设计者的最基本的专业基础。

一般艺术工作者要在创作构思和题材中表现时代意识，对于服装设计者来讲，这一点尤为重要。不断更新观念，及时了解服装最新动向，参与预测服装发展趋势，都便于服装设计中的正常或超常发挥，以不断地谋求新的设计意念和新的表现题材。

服装设计者具备了这些能力以后，还必须具备或有意培养创造性的想象力。当艺术家凭借这种想象力，把零星的、分散的、粗糙的原型、印象、意图等构成极富表现力和感染力的艺术形象时，服装设计者应该以同样的创造性和想象力，把基于现实的和源于神话的各种形象素材累积起来，让它们在合并同类项中得到升华，得到释放，得到具象的服装艺术结晶。只有插上想象的翅膀，服装艺术品才会在艺术的氛围中升腾、变幻，开辟出一片新天地。这是服装设计者所应该具备的最低限度的基础。

（三）设计及制作过程

进入服装设计阶段，等于是一粒种子开始孕育。服装设计中由内在构思—外向传达—平面到立体造型的过程，正如种子生根发芽—破土而出—

第八章　服装艺术与艺术学教育

开花结果。种子在适于生长的环境中，也要苦苦地进行自我突破，以充分运用其内蕴的力量使自己从坚壳中出芽并向外发展，以待终有一天完成自我突破。种子到嫩芽的酝酿过程是个关键。就好像艺术家沉浸于构思活动中一样，痛苦、迷茫，大有茫然不知何处去的感觉。

1. 内在构思

艺术创作中常见这样的事，很多人抱怨没有灵感。灵感就像机遇一样，对待每一个人都是公平的，关键首先在于是否具备产生灵感的内因。

灵感是艺术创作中闪现出来的火花。灵感要经过长年的探寻，几千次的磨砺、思索，才有可能迸发出这种奇妙的火花。但如果稍一懈怠或迟疑，灵感又会瞬间即逝。为什么有的人灵感频至呢？好像灵感是从天而降的。

灵感当然不会真的自天而降，作为一名服装设计者，没有平时的综合修养、美术功底、情报积累和发挥想象的能力，就不会产生创作中的灵感；没有随时随地的有意识积累和痛苦的构思，也就不会有灵感。只有当设计者将平时积蓄的知识，在情感的积极作用下正常运用时，才会发现灵感飘然而至。

服装设计者热爱自己所从事的专业，他会每时每刻陷入对服装的特殊追求中。凡是真正用心观察、用心钻研的服装设计者，总会在众多事物中发现能够构成服装美的种种素材与启示。以裙子为例，当进行设计裙子的构思阶段时，头脑中原存的裙形会一古脑涌现出来。如古代的三角围裙、帝王下裳、西班牙的撑箍裙；近代的拼腰裙、袒领襦裙；现代的喇叭裙、花冠裙、迷你裙、百褶裙等等。除此，与裙子有关的袍、裤等可借鉴的形也被提取出来。这时，设计者可以根据最新流行倾向将此一一比较、衡量，再根据本人设想的风格将资料加以归纳、概括。最终把这些服装的形象重合到一起。

这种构思的一般性经过，对于每个服装设计者乃至艺术家来说，都大同小异。但是其中筛选、提取、归纳的水平可有高有低。这取决于进行构思的人的综合实力和当时心境。

2. 外向传达

服装设计者在将众多眼中之服化为胸中之服的过程，是上一节论述的内容，而将胸中之服变为手中之服时，不仅仅是将构思好的服装形象用笔墨表现出来，实际上还有一个再创作过程。

当具有强烈的、成熟的创作冲动意识，而且已经基本考虑成型后，就需要付诸纸面了。是设计者的审美意识和创作意识走向物态化的第一步——平面效果图。一个完整的平面效果图包括两个方面：服装设计效果图和服装设计平面图。

服装设计效果图是以工艺性偏强的绘画方式完成的。重点表现服装或佩饰经人穿戴后的实际效果，即在平面上表现出立体的较为确切的整体服装的形象。服装效果图总要在图纸总体位置上绘制着装的人体，甚至有肖像描写。现代服装设计效果图，由于受到欧洲时装设计效果图的影响，加之欧洲人体形比例已成概念化公式，所以往往采取缩小着装头部而夸张身长的画法。这样一来，由于图上着装者形体颀长，使得比各国时装模特儿的体形还要符合现代标准，因而人为的造成了一种被强化的时装感。

服装设计平面图，是重点表现服装结构的工艺图。它主要是以线条勾勒为主，要求结构清晰、准确、转折接缝处交代明了。画面以简洁的形式表现服装的各个视角的结构。服装需要有正面、背面和侧面几个角度，细部可以从全图中拉出放大画清。平面图是构成服装设计图的一个组成部分，多用于生产性单位，有准确传达设计意图、指导生产的作用。在一些生产基层单位，也将服装平面图称为成品图、工作图、式样图。服装设计专业在教授学生时，也应将平面图放在与彩色效果图同样重要的位置，以训练学生设计能力，免得在效果图上一味追求绘画技巧而忽视了服装的结构。

效果图无论是表现哪一种制作的成品效果，其主要目的都是为了让有关人士产生真实可信的感觉，从而对其设计方案认可。但是，作为效果图本身，同时又是一件艺术创作。设计者在为别人提供一种具有可视性的设计形象时，还利用效果图通过自己的绘画技巧，表现设计者的美学追求与主张。因而追求效果图本身的艺术品味，也成了设计者表现实力的一个重要方面。

3. 平面到立体

在服装设计制作过程中，将图纸上的服装形象以真正服装用质料制作成型，是又一大的飞跃。在对待服装制作工艺，有一种看法是对制作工艺的误解。那就是认为这种工艺是纯技术性的，已经没有艺术可言。这种看法的片面之处，在于将设计与制作完全割裂开来，因而是两者成为互不相关的两种活动，这是有悖艺术常理的。

在人类童年时期的艺术创作，没有设计与制作之分。如今已经进步到先行设计、后施制作，这样做来显然更趋合理，是服装艺术提升的表现。一般来说，制作工艺阶段的艺术创作性质是应该肯定的，一线工人在严格按图操作时，仍然尽量在制作工艺中体现出美的形象。毋庸置疑，即使完全由现代流水线操作，工人还是在尽可能的条件下，按照美的规律去执著地表现着个人的审美意识。这就是说，服装设计从平面到立体，是一个很重要的成型过程。具体制作者，既要有全面的综合修养，又要有娴熟的专业技巧，这两者缺一不可。

在整个服装设计制作过程，离不开审美素质。一旦离开了它，艺术便丧失了自律性存在的根据，服装设计便丢掉了艺术的价值。如果说艺术创作是人类审美创造能力的集中表现，那么，服装设计制作就是人的造型能力的最集中的反映。

（四）服装设计的美学原理

服装设计者具备了一定的修养和技巧以后，又熟悉了服装设计到制作成型的整个过程，这对于一个服装设计者来说，仅具备了最基本的条件和能力。要想真正使服装设计成为一种高品位的艺术创作，还必须掌握服装设计的美学原理。本书将这部分内容放在服装设计构思、绘图、制作之后，意在强调设计思想和设计水平的提高，将发乎自然的审美追求上升到有意识、有目的、有特定目标的服装设计，尤其是服装美的创造。

考虑到服装在美学原理中的共性与个性以及综合设计的需要，故将其分成 5 个部分，即服装的造型、色彩、机理、纹饰、综合形象。但作为一本非专业性的普及教材，本书将仅就造型、色彩和综合形象三个方面来论述。

1. 造型

服装造型上涉及的美的形式原理最多，如点、线、面、定形和无定形、点线面的立体化以及立体等，都是设计中必然要掌握的纯粹形态的理论。有关形态的美学规律更要掌握，如整体的局部、秩序和无秩序以及黄金分割律的应用等。

关于美的形式原理，早自古希腊以来，一直被无数哲学家所研究过。希腊人认为，来自调和的统一是美的主要原因。至 19 世纪时，德国哲学家、实验心理学家、物理学家费希纳，把美的形式原理作为造型上的基本原理归纳为以下九个方面。

（1）反复、交替

（2）节奏

（3）渐变

（4）比例

（5）对称

（6）平衡

（7）对比

（8）调和

（9）支配、从属及统一

20 世纪日本工业设计专家山口正城、冢田敢著《设计基础》一书，将美的形式原理也基本概括为如下几项：

（1）秩序和无秩序

（2）对称

（3）均衡

（4）数的秩序

（5）比率及诸系列

（6）平方根矩形

（7）黄金比 φ 和其矩形

（8）节奏（律动）

（9）调和

20 世纪 80 年代以来，由于自 50 年代德国重新建立包豪斯工艺学院和各国纷纷成立工业设计和图案设计课堂的影响，有关专业对设计中形态美的形式原理论述趋于成熟。一般在"平面构成"中涉及重复、渐变、放射、变异、结集；在"立体构成"中涉及动感、体量感、深度感；在"形式法则"中涉及安定与轻巧、对称与均衡、对比与调和、比例与尺度、节奏与韵律、统一与变化等等。这些形态美的形式原理都可以运用到服装设计中去。

第八章 服装艺术与艺术学教育

掌握形态美的形式原理，在服装设计当中，是设计者的必修课程和最终目的。将有关形态美的诸理论灵活地运用于服装设计，并在此基础上有所延伸，会使服装设计出现新奇的与众不同的色彩。仍以形态美理论的顺序来对照服装设计的话，就可以得到一些服装设计中最基本的启示。

点，在服装已经不同于几何学中那种即可看做抽象的概念，又可以由具体的位置与限度，就作为空间最小单位的形态。点在服装上可以表现为纽扣、领结、胸花、戒指、项链坠等。

线，在服装上频频出现。可以说，服装上的线，除了真正明缝的线以外，还有服装整体或局部的轮廓线与很多具有宽度和厚度的立体的线。这种线的构成，可用不同色彩、不同质料来显示。这些线的组合与变化，可以使服装产生不同的效果。

面，服装与空界线以内，为人们提供了一个独立于空间中的面的形态。在概括服装造型时，通常使用的是：长方形、正方形、正三角形（也成正梯形、A字形、塔形）、倒三角形（也成倒梯形、T字形、沙漏形）、曲线形（也可分别称为X字形和S字形）。

立体，表现在服装上的立体感，当时再自然不过的了。从着装体的整体形象直至一粒小小的珠饰，都是以立体的形式呈现在人们面前。这就为更充分利用空间，并在空间中占有一定位置的服装提供了更为醒目的展示条件。

对称与均衡，在服装设计中被普遍应用。大衣、制服乃至头花、耳环，无一不在寻求对称与均衡。

对比与调和，在服装造型设计中也是从来不容忽视的。通过服装上直线和曲线、凸型和凹型、大与小、方与圆等，都可以在增强它们各自的特性时，使两者的相异更突出装饰性。如方的肩部造型可以和下摆的弧形形成对比；曲线的裙身配上圆中带方的腰带卡和方形纽扣，也能给人以强烈对比的印象。

比例与尺度，更是服装造型设计中的重点。通常可用来衡量服装整体与局部、局部与局部之间的长度和面积的数量关系。因为服装要穿在人身上，所以高个和矮个在选择衣服时，必须要考虑到这些服装与人的比例是否恰当。

黄金分割率被聪明的服装设计者应用并一直延续下来，使服装设计找到了在处理矩形时最理想的比例与尺度。对于服装来说，腰线位置的变化，直接决定了上下身比例的关系。如何在服装设计中运用黄金分割率，是设计中能否掌握比例与尺度的一个关键。

节奏与韵律，用于服装设计中的表现方式是多种多样的。如有规律节奏、无规律节奏、放射节奏、等级性节奏等等。另外还可以具体到各部位体积节奏、结构线组织节奏、面料色彩节奏、面料明暗节奏、面料质地节奏等。

在有一点可以被服装设计者用来调整服装造型的设计方式，是充分利用视错觉。视错觉指肉眼看物时的误差。服装设计中如果成功地运用了视错觉，能够取得许多意想不到的美妙的结果。或是使人看起来扑朔迷离，可以弥补着装者体形的不足。

服装设计中，对形态美的形式法则的运用，应该敢于突破。如对称与均衡规律等等，都不可墨守成规。它常会有出人意料的服装形象出现，并产生美妙的效果。效果有两种：一种是局部的突破，违反了美妙的形式法则，但在整体上却映现出良好的效应。西装上衣左上方有斜口袋，右上方却没有，看似破坏了对称的法则，但它与频繁活动的右手（右袖）却实现了体量与形象上的均衡。另一种则是完全违背形式法则，这在新潮服装上是经常出现的。它以畸重畸轻给人以新鲜感与美感。如夹克装色布无规则拼接，衣领两侧的一黑一白，上衣偏长下衣偏短，或反之，都是法则的突破，但也被现代人所接受。

2. 色彩

作为一名服装设计者，在掌握色的概念的同时，还要了解色的体系，例如属性和表现方法等。要想真正懂得配色，必须深刻理解并能运用色彩调和的一般法则。这时，才有可能以色彩的构成原理去进行广泛的色彩采集和正确的色彩构成。

色彩构成基础理论包括有色彩的三属性、色彩的表示方法及色彩构成。色彩的三属性指的是色相、明度和纯度（彩度）。色相是人们在认识色彩时归纳而成，主要指红或蓝那样的色的质的面貌，表示那种颜色是该色主波长的尺度；明度指色彩感觉的一种特征，也称色彩亮度；色彩的纯度，也称之为彩度，是指色的鲜艳的程度。

为了在设计和生产中的便利与用色准确，人们一般采用标准色标，以记号的方法来表示色。最为通用的色标也就是色彩的表示方法是"蒙塞尔色系表"。色彩构成中包括有平衡、强调、节奏、渐变、统调、分隔等。

服装设计离不开色彩，这是众所周知的。因为服装本身就是以有色形式出现的，无色透明只能用于局部，绝不可能用于服装整体。色彩在服装上具有特殊的表现力，它与服装造型和服装质料肌理等共同构成了服装的美。但不容否认的是色彩几乎最出效果。首先说，由于物理及视觉关系，色彩较之造型和肌理来更快进入人的视线之中。从视觉习惯来讲，当人们看到服装时，由于光的反射和视觉刺激，总是先看到它的色彩，再看到造型，然后才会注意到肌理。

在服装设计中，选用哪一个色彩基调，这是设计者必须确定的。因为它牵扯到一个色彩统一的问题。尽管人们欣赏服装时，有时也会喜欢五颜六色，绚丽斑斓，但是如果没有一个主要颜色作为基调，那服装本身的整体性即会被打乱。随之而来的结果，便是破碎的造型和令人眼花缭乱的色彩。这种情况下，即使设计者原始动机不错，结果却无疑是失败的。

一般来说，可以选用一种色相的不同色阶，使色彩从深到浅或由浅到深的过渡，从而构成一种渐变的格式，一种山间小路般的诗情画意。不用渐变，也可以选用两种同一色相的色彩，如深褐色和浅驼色、深绿和浅绿等，将其分别做成衣身和衣领、袖边等，在微弱的对比中形成明快、洗练的风格。如果选用不同色相的颜色，以求形成大的对比与反差，那就要在面积上考虑大小的主辅关系；在色相上考虑冷暖的依存关系；在明度上考虑明暗的对比关系；在纯度或称彩度上考虑差异的递进关系。总之欲求反差，就要在诸多色彩因素的对比中掌握好尺度，权衡尺度，以达到和谐与鲜明、强烈兼有的恰到好处的色彩效果。假如未分出主次，未分出明暗，而且选用邻近色放在同一套衣服上，就会杂乱无章和形象模糊，或色彩灰暗，或格外刺眼而不是醒目，这些都是服装设计者选色和配色的大忌。

对于着装者来说，偏爱哪一种色相和搭配方法，体现出着装者的个性气质；对于服装设计者来说，推出哪一种色彩搭配的设计方案，则代表了设计者鲜明的设计风格。如，20 世纪初期，被誉为"时装界的苏丹"的法国波埃利特，曾在到处流行谈色调、崇尚爱德华风格的情况下，大胆创新，设计中采用了具有强烈对比效果的、激动人心的红、绿、紫、橙和钴蓝等鲜艳明亮的色调，加之面料选择的成功，使他的服装设计在法国人面前呈现出一派东方艺术情调，从而使人们将设计者成功的 20 年代，称为"波埃利特风格的年代"。

3. 综合形象

服装造型、色彩、肌理、纹饰共同的创造的美，构成了服装美的综合形象美。这种美的基础是，各构成因素本身都有自己的美，但更重要的是，各因素的美必须统一在一种美之中。否则，摆开各自为战的态势，是无法达到综合形象的和谐的美感的。

综合形象美，来自于以上诸因素的组构因素合理。这是毋庸置疑的。只是具体到一件服装整体组构而言，却是灵活的，没有绝对的公式可言。掌握服装综合形象美的规律，又不因循守旧，生搬硬套，是服装设计者最明智的选择。大胆发现美，并创造美是一切艺术家（当然也包括服装设计者）的天职。

就服装这一特殊艺术类型而言，它不像影、剧、雕塑一样属于再现艺术；服装同建筑、舞蹈、音乐、抒情诗属于表现艺术。服装凭借着造型、色彩、肌理、纹饰要表现出便于人们感官所欣赏的美的外观造型。但是，服装与一般艺术品根本不同的是绝非单纯的欣赏品。它必然和人结合形成服装形象。服装的现实既是静态，又是动态的，但以动态为主。最终形成由各种条件所共同形成的形式美。换句话说，艺术品中如绘画的色彩是用画中的光来表现，而服装的色彩却是用艺术品之外的光来表现，这是不同的。服装有些像雕塑，但又有所不同。雕塑品是静态的，而服装穿在人体之上，却是要活动即动态的。这是服装设计创作与一般表现艺术的差异点。

三、穿着是再创作过程

服装必须穿戴在人身体上，才能真正体现出服装形象美，这是一个人人皆知的十分浅显的道理。服装是否能够给人以审美快感和更高水平的审美价值，要看穿着者的选择和配套艺术了，因此说，在经历了原材料的选取（一度创作）、加工和设计制作（二度创作）过程后，穿着便是一个再创作（三度创作）的过程了。

担任这一创作的不再是服装设计者，也不是服装制作者，而是着装者。尽管古来人人都已习惯穿衣，但是将穿着上升到创作的高度上来，还是摆在每个着装者面前的一个新的课题。如果说服装是静态的存在，那么服装形象就是动态的事象了。服装形象三度创作之后所体现出来的美感，实际上就已经是活生生的，成为人的社会形象的一部分了。

在穿着过程中，从自我形象塑造的意识起始，着装佩饰的最佳选择，再到着装者的服装配套技巧，这是再创作的根本所在。

（一）自我形象塑造

在服装艺术学中谈自我形象塑造，主要是着装者通过服装来完成人本体的自我艺术形象，也就是说，这种自我形象塑造的最终目的是给予着装形象受众以审美感受。

自我形象塑造源于自我形象塑造的意识。假如只是将服装作为遮护身体的功能性用具，也就没有什么艺术形象可言，更谈不到艺术创作了。将着装看做是自我艺术形象塑造的主要手段，是人类文明进化的结果。自我形象塑造的重点落到审美上，开始于人类摆脱了以主要精力去力求温饱的时代。但这并不等于说人类是先求得果腹，才讲装饰。装饰与美，是两个概念。本书在多处涉及这个问题时，一再阐述，人类不一定是先为御寒，后才懂得装饰自己，而很可能是两者并行的，这从许多保留至今的原始部落人着装意识上都可以得到确切的答案。那种有意识的装饰，有的是为了与神交流，有的是为了吓跑野兽，但是并无纯粹的追求艺术创作的意识。这里所论述的自我形象塑造意识，则是彻底脱离开实用价值的有意创作。因为早期媚神同样带有功利性目的，尽管它看起来是精神的。

当人类不再为保暖，不再为取悦于人之外的神力的时候，才真正认识到自我的价值。也只有在这个时候，人类才真正站在文化的镜子跟前审视自己。当确认自己就是一个迄今为止进化、发展得最成熟、最完善、最高级的生物时，也才真正开始欣赏自己。希腊公元前的大理石雕刻，尽管人的气味颇浓，但那还只能解释为是人在竭力创造一个比人更完美的神。可是到了文艺复兴时期，人文的旗帜才真正高高飘扬。如今，在物质文明异常发达的国家和地区，人们已经为了塑造自己而煞费苦心。美容院、按摩院、心理卫生咨询中心等都是当代生活的产物。表现在着装上，自然是使穿着变为一种艺术创作，更带有现代精神生活的韵味，甚至刺激。在这个时期，塑造自我形象的目标，就落实到强化自我意识、强烈的艺术创作才能的表现欲、进一步烘托艺术个性和始终站在文化潮流前列的种种着装意识与行为之中。服装形象的创作对人生具有举足轻重的作用。

自我形象塑造意识是穿着创作的前提和基础。一个着装者，只有当它有了强烈的自我形象塑造的需求，有了在自己身上创作穿着艺术佳品的欲望，才有可能产生这种在物质和精神双重建构上塑造新形象的动力。每一个着装者都有自我形象塑造的动机，当然不是所有的着装者都把穿着看做是一种艺术创作。应该看到的是，有意识或无意识地追求服装美却是人的必然心理，它可以解释为是社会文明发展的产物。

（二）最佳选择

着装者选择服饰，意欲塑造一个理想的形象时，必须考虑到人们印象中的服装形象并非一成不变。哪一种服饰能够构成豪华风格，哪一种服饰能够构成简朴风格，这都无法确定一种一成不变的格局。至于哪一种或那一套穿着可以显示新潮艺术韵味，更是因时而异了。

1. 不悖受众审美观念

作为服装穿着创作的主体，无论是不是着装者本人，都必须考虑到受众对服装美的审定与欣赏标准。当此时此地人们习惯于长裙的时候，穿着创作者可以选择中长裙，这样做的结果是既不被动地迎合受众，又不会使受众感到难以接受。是不是这时绝对不能穿着超短裙，还要看是否曾有过超短裙流行的历史背景，是否当地气候条件许可，是否人们有接受这种服装款式的心理基础。如果有，那么超短裙不但有可能被接受，而且还会以较大的反差产生轰动效应。如果根本没有，那么凭自己一时高兴即选择了超短裙，并将此服饰形象展示于大庭广众之下，极易取得相反的效果。这时选择较长裙、中长裙，也许会因为比长裙缩短衣身，而显得新颖、美观。在此基础上再选择短裙、超短裙的做法是明智之举。

在战争和贫困年月中，有条件选择高档衣料、置备华贵服装的人，也要考虑到受众的心理承受能力。不顾受众审美观念而一味按主观意图去创作着装的效果，远比专业艺术家独闯一条路、暂时不被大众理解、造成"鹤立鸡群"之势的创作后果要糟得多。

2. 顺从个人审美趣味

为了强调穿着创作与其他艺术创作的不同，将客观要求放在了主观要求之前。但是这并不等于说穿着时，处处都要以受众心目中的美为服装美的唯一标准。

既属艺术创作，穿着中仍然是以创作者的主观愿望为主。本文选取"不悖"与"顺从"两词，意在此以上将其重要性和适应特点区分开来。"不悖"总有些最低限度的含义。即在穿着创作时，不一定要从受众审美角度出发，但最好不违背受众的审美意向。

穿着创作者本人的审美构想和艺术选择，不会在任何时候都保持正确，都恰到好处，但是穿着创作者如果与着装者为一体，可以在选择中，既有意识的不违背受众的审美标准，又无意识地顺从自己的审美趣味。某种程度上跟着感觉走，有时会构成宛如文学创作中意识流式的作品。这种穿着往往有一种出人意料的，超乎常规但又不违背情理的美。

顺从个人审美趣味的穿着创作中的选择，有失败也有成功。成败的比例既不能三七开，四六开，也不能参半。原因在于，着装选择顺从个人审美趣味是极自然的，任何人都无法回避，又不能完全依赖。当个人审美趣味不稳定时，选择容易失败；当个人审美趣味处于强固状态时，选择也容易失败。因为前者偶然性太大，后者又极易脱离实际。只有当个人审美趣味达到一定程度的成熟，处于正常发展之中时，选择的成功率才会相对提高。

3. 有助于形象塑造的完成

穿着创作中最佳选择的标准是什么？简言之，即必须有助于形象塑造的圆满完成。选择是手段，塑造不同类型的自我服装艺术形象，并使之成功，是目的。选择与形象确立并不是完全成正比。塑造出的服饰形象可以是多种多样，如华丽形象、简朴形象、高雅形象、新潮形象、浪漫形象等，这里仅举几种：

（1）华丽形象

只要具有一定经济实力，以服装来塑造自我的华丽形象，并不是一种艰难的创作。尽管华丽形象的构成（包括主服、收服、足服、佩饰）在各地各民族中形式各异，但是，对于构成华丽形象的服装认同标准确实有一定共性的。

通常来说，在一定范围之内的高档服装面料奠定了华丽形象的基质。在此类服装材料中的所有厚、薄、滑爽、粗糙等衣料都容易首先给人以华丽形象的印象。如果身上戴有佩饰的话，贵重金属、翠钻珠宝业也以材质本身的价值标定，显示出华丽的存在。除了服饰材质本身所具有经济价值和审美价值以外，做工考究，也是一个关键。因为意见与此相反的简朴性的服装，是不用也不会在做工上耗费财力的。

（2）高雅形象

另有一种既非华丽又非简朴的，即高雅形象。以服装塑造高雅形象，在选料时，可以选用高档面料、贵重金属，也可以选择低档面料、天然质感浓郁的佩饰材质。塑造高雅形象时的服饰做工也要讲究，但重在工艺性，既不有意炫耀，又避免粗制滥造。

与偏重外在形式的华丽形象不同，高雅形象更注重内涵。华丽形象体现的是经济实力，高雅形象则体现文化气质。

（3）新潮形象

新潮形象的唯一标准就是在一定区域和时代中属于新的时髦装束。由于新旧总是相对而言，因此这种形象的塑造宗旨，就是义无反顾地求新。其他具体款式和色彩上的讲究，因时因地而异。前不久草帽的新潮还以编织精美的细丝裹边为主流，过几日就时兴起粗辫编织的草帽，帽边根本不收边，任凭那些七长八短的草辫铺散着。

新潮服饰形象就好似那些不安分的少男少女，实际上追逐新潮形象的也是这一年龄段的着装者。它永远年轻，却永远显得稚嫩，因为等不到成熟。

（三）服饰组合

服饰组合，泛指衣服、佩饰之间的组合，既包括服与服、饰与饰，也包括服与饰件甚至随件之间的组合关系。而且这其中涉及到的，既有它们之间的造型关系、色彩关系、质地肌理关系、纹饰关系，又有音响和气味等诸多关系。

组合，需要寻求秩序与韵律。穿着创作中的组合不同于设计制作中的组合。它将是又一个有血有肉有思想的着装者在采用多种服饰塑造自我形象时的一次有意义的创作。

1. **主服与首服、足服**

从款式（造型）上看主服与首服、足服的关系，当然首先要着眼于外

第八章　服装艺术与艺术学教育

化形态。如果进行穿着创作是着装者本人，他或她需要借助镜子，以便准确地看到服与服之间的组合关系。

这种组合的成功，在于款式风格一致。一致的标准是主服上下装之间与主服、首服、足服之间能够共同构成协调的整体气氛。而气氛是否协调，首先取决于服饰惯制与人们传统的习以为常的欣赏习惯。违反特定时间和特定区域的"协调"，很难为受众所接受。因为对于组合关系的认可，因时因地不同会有很大差异。可以这样说，穿着创作中的艺术标准，与服饰设计中的艺术标准不同。设计者在服饰设计时，更接近纯艺术创作；但着装者在穿着创作时，却不一定要像美学形式原理那样规范。这种组合毕竟是非专业化的，既可随心所欲，又可在受众审美习惯基础上加以变化，所以仅仅用上衣若长、下装必短，或下裙长，上衣短的形式美法则来组合，不一定是适宜的；可以认为，这种机械的做法导致穿着偏离了服装艺术学的轨道。

着装者在穿着时，随手扯来一件衣服就走出家门的情景是有的。殊不知，此举极易造成组合上的失败，除款式外，最易显露的是刺激视觉的色彩。

最常见的是对比色和中间色协调上的失误，有这样几种，如头上戴着黑帽子、上身穿着藏蓝西装，下身却穿着银灰色的裤子，脚上蹬着白皮鞋，这是色彩重量感觉的倒置。再有的失误是全身服装色彩单一，不但没有变化，甚至缺乏其他颜色的点缀。穿着时的色彩组合，还易有一种失误，是将两种色相不同但纯度（彩度）和明度接近的色彩同时用以构成服装形象。这样，虽然色相不同，可是由于纯度和明度的相近，而使它们之间的对比相对弱化。

服装面料上有本身织出的花纹，也有成衣前后绣、绘、缀、补、抽丝、镂空而成的图案。这些花纹图案包括动物、植物、器物及点、圆、线（宽线即条）、方格等几何图形等，都属于服装纹饰，并出现在穿着创作之中。纹饰的直观效果，有醒目和不醒目之分，这种程度的不同，恰恰导致了纹饰在服装形象中所起作用的重要与否。

纹饰组合失败的例子，在街上比比皆是。这种现象在服装艺术高度发达的地区，如欧洲法、英等国相对较少；在服装艺术高度发展的时代也相对较少，如中国6世纪和7世纪（隋唐时代）。那么，为什么又说此例比比皆是呢？就因为服装组合不讲究的现象多发生在服装文化快速发展又新旧混融的时期，发生在服装艺术风格不稳定的地区。

2. 衣服与佩饰

整体服饰形象的艺术效果，少不了衣服与佩饰的组合完美及巧妙。服与饰的组合，可以从两方面去创造，即考虑到总体气氛的统一和艺术形式的统一。

一身运动装，双耳却悬垂着长长的耳饰。这种服饰组合后总体氛围统一吗？当然不。有人认为这种否定，是吹毛求疵。实际上却是非常需要指出其不合理之处的。同样，女性一身庄重的服装，却满头插戴头饰手上戒指成串闪光，也会使人感到不和谐。如果穿运动装的女士换一副不垂链的耳饰；穿庄重服装女士佩戴少许金饰，只在领前或前襟别上一朵别致的领花和胸花，那么穿着创作水平就会陡然提高了一大截。服饰组合中的气氛统一是要随时随地总结并分析的。

在服与饰的组合中，款式组合退居次要地位，色彩组合却升至主要地位了。因为服与饰的造型可以随意一些，虽然也不能张冠李戴，但不必过于严格，有时一些大胆组合，还会出现预想不到的效果。

色彩组合上可以采取呼应，也可以采取反差。如衣服是玫红色的，发结也可以选用玫红色，以一点与一片呼应。裙子是藏蓝色，项链坠和耳饰坠可以用蓝宝石，以数点与一片呼应。另外可采用大反差手法。如乳白色的连衣裙上别一枚艳红的胸花。或是银灰色的西装外衣、白色的衬衫之间，是紫地里红花纹的领带。这属于对比强烈的色彩组合。这种组合形式很多，每个着装者都有自己的独特表现，而且还辅之以即兴之作。

3. 服饰与随件

作为一个完整的服饰形象，当然不能排除随件在整体艺术效果中所起到的作用。随件本身是"身外之物"，与着装原无直接关系，但由于是日常"随身之物"，因此又与着装形象发生着直接的关系，构成了服装艺术形象整体。随件一般包括我们日常生活中的雨伞、打火机、背包、手帕甚至手机等物。如果是高水平的穿着创作，应该考虑到服饰与随件组合后的艺术效果，并有意施行艺术构成。因为，当穿一身红衣裙时，偏打上一把翠绿的遮阳伞，那虽然自己觉得不过是应一时之需，受众确实不得不从整体形象上去面对这种色彩组合关系。

第八章　服装艺术与艺术学教育

总之，服装设计者在进行创作时，是在一定功底上又有所依据的，而穿着创作的着装者却有相当一部分在凭感觉支配，既无科学安排，也不根据美学原则。由于进行穿着创作的着装者水平不同，所以创作中的不足之处，是难以靠一时的培养和告诫就可以达到预期的效果的。这种组合，又不能简单地为着装者提供一个表格，因此需要体验、研究，以待提高和向更高水平发展。

第二节 服装艺术的工艺风格

风格，最早特指人的作风、风度、品格等，后来用于工艺创作，一般指艺术创作在整体上所呈现出来的代表性特征。一个艺术家、一个流派、一个时代、一个民族，都形成并表现出一定的艺术风格。

风格的普遍存在，说明了风格的体现并不只是以上所涉及的类别。例如服装艺术中造型风格、色彩风格纹饰风格等，就可以包含在服装艺术工艺风格之内。工艺风格集中了服装艺术创作中的诸多素材来源和美感效应。

服装艺术的工艺风格，实际上侧重于美术创作和审美情感的进一步探讨。包括探求服装形象生活来源、服装形象的历史依据、服装形象的美学效果以及服装形象与环境和谐中所呈现出的特有的美感等。

一、服装形象的生活来源

在服装形象的工艺风格一节中，我们将服装进一步向纯艺术品靠拢。服装的造型和色彩、纹饰需要有从生活中得来的素材。那么，有哪些来源于生活的素材成为服装形象创作中的构成基础并形成独特风格了呢？只要浏览一下人类的服装艺术，就会发现，自古以来与人同在一个空间生存的生物和非生物，始终被作为服装形象的最直接、最生动的原型。人们就在模仿生物和非生物的形态美过程中，得到了越来越丰富的启示。而且这些素材对于服装艺术创作来说，确实是取之不尽、用之不竭，同时又各具风采，各具神态的。从生活中吸取创作素材，才可使服装艺术生命青春永葆。

（一）模仿生物

在服装造型、色彩、纹饰创作中，模仿生物形态美，并不同于服装艺术创作中以此为原材料的简单行为。这是两个方面的问题，不能混淆。

人的初始服装，原是采自生物，以生物作为取材对象的。其中包含着两方面的内容：一是取材；另一就是仿生。模仿生物，是模仿其外形与神态，与生物本身没有任何接触，就好像以犀角做成佩饰和银质做成兽角形头饰的区别一样。在模仿生物的过程中，以模仿植物、动物为主，多选择一些美的形态和美的基质。于是，这些生物的美由此跃动在服装的造型、色彩和纹饰之中，而显示出独特的韵致，即为风格。

1. 造型与生物

服装造型构思中，艺术家由生物之外形美而激发起创作灵感，进而将其美引用到服装造型之中的现象是十分普遍的，其中带有一定的规律性。

与植物有关的造型，从头上看起有各式冠、帽、巾及头饰等。如月桂树叶王冠，在古希腊时期，用真的月桂树叶编成的花冠，曾属于战争中的英雄、竞赛的胜利者和诗人，象征着智慧、勇敢及荣誉。后来，古罗马帝国时代前四位帝王戴的王冠，就是以金质模仿月桂树叶的形状，再行拼制而成的花环式御用王冠。仙桃巾，中国宋代士人戴的一种巾，形状极似桃形，也被人们称为桃冠。米芾《西园雅集记》中记："某乌帽黄道服提笔而书者为东坡先生，仙桃巾紫裘而坐观者为王晋卿。"看起来，仙桃巾造型，是雅士的雅趣所致。

身上的主服，有各种衣、裙、裤等。如：豆荚上衣，16世纪70年代，随着西班牙的影响不断增大，欧洲男子的紧身上衣正面部位开始膨胀起来，特别是腰围以上更加宽松肥大。这其中有一种凸起趋势有增无减的时髦上衣，曾被人们称之为豆荚上衣。花冠裙，1947年，欧美妇女中曾流行一种花冠式裙子。裙摆宽大，像花一样。以紧身围腰后，再从腰以下由窄腰而逐渐散开。服装设计师克里斯玛·朵尔设计时，还采用了薄纱镶边，使裙身犹如花瓣的下摆，更加丰满。郁金香式裙，法国设计大师创造的一种直接选取植物形状的裙体。其裙式样为腰部紧束，下摆离地37厘米，上身轮廓线呈郁金香花朵形，下部如花茎形。

与动物有关的服装造型也可以先从头上看起。如：獬豸冠，中国古代传说中有一种兽叫獬豸。《异物志》载："荒中有兽名獬豸，性忠。见人斗则触不直者，闻之论则咋不正者。"秦以后，模仿獬豸角形为冠形，因此成为执法大臣的专用首服。凤翅幞头，中国金元时期有一种幞头，两边装饰取飞禽翅膀的样子，故而得到一个美名—凤翅幞头。《元史·舆服志》上记："凤翅幞头，制如唐巾，两角上曲，而做云头，两旁覆以两金凤翅。"蝴蝶帽，欧洲 12 世纪有一种高大女帽，帽顶扁平带有褶裥饰边。其造型几乎就是一个变了形的蝴蝶。

穿戴在身上的模仿动物形的服装，如：燕尾服，这是盛行于 18—19 世纪欧洲最著名的男子礼服。它的造型由英国骑兵服改制，其前襟短，原本是为了骑马时上下马方便。其后襟下摆加长而且开叉，形如燕尾。既符合实用，又新颖美观。蝙蝠衫，20 世纪 70 年代曾流行一种毛织蝙蝠衫，采取自袖口至下摆的一条略带弧形的斜线。整个衣衫穿起来只是一个宽松衣，但两臂平举时，犹如蝙蝠的两翅一般。

服装形象整体模仿动物的有印第安人的衣服，两臂平伸时，双臂下的成排的皮条极似飞禽的羽毛，于是，整个服装形象就像一只凶猛的雄鹰。服装形象局部造型模仿动物的有中国满族衣上的马蹄袖，鞋子的马蹄底，这些都体现出人们在服装创作中惟妙惟肖的模仿手段。

2. 色彩与生物

服装形象构成因素之一——色彩，始终被人们作为模仿生物的艺术手段之一。服装面料中所谓孔雀绿、孔雀蓝、橄榄绿、青草绿、苹果绿、柠檬绿、石榴红、橘红、米黄、橙黄、咖啡色等，都是很明显的模仿神物体的天然色彩。15 世纪末叶和 16 世纪初叶的日本，曾流行一种猩红蓑衣。这种防雨斗篷所用的呢绒颜色，红似猩猩脸。于是，这种当时最高档的红色呢绒被普遍认为是模仿猩猩脸部红色而来，被人们直接称之为"猩红"。最讲艺术性的是服装创作之后，组织筹备时装表演之前的主题设计，什么绿色森林、都市田园、百花竞放等，反映出人们从生物中获取灵感，又将现实世界的生物色彩美感，以抽象的艺术手段变现出来的工艺风格。

3. 纹饰与生物

服装纹饰上模仿生物的例子更多，而且很多是先由直接采用生物为原型，而后发挥为在纹饰中模仿生物的。服装纹饰简称就叫"花"，可见关系之密切。其组合与构图样式主要有：单独纹饰，与四周无联系，是独立完整的纹样，是服装图案的基本单位；适合纹样，将一种纹样适当地组织在某一特定的形状（如方形、圆形、菱形等几何图形）范围之内，使之适合服装的装饰要求；边缘纹饰：民间称为"花边"，装饰在衣边、领口、袖口、裤腿下缘的纹样。玫瑰花饰，古罗马时代有一种广泛使用的纹饰，以图案化的玫瑰花单独构成或成二方连续状，用在服装的边缘上。有时，玫瑰花与涡纹组合使用，长时期流行在欧洲民间；圆环花样：英国金雀花王朝时期，曾流行一种彼此重叠的圆环绣花花样，人们将此装饰在衣服和鞋上，受到普遍的喜爱。

东方人服装上的纹饰，更是讲求写实花卉禽兽。上至帝王，下至黎民，无论男女老少，服装上都有模仿生物的纹饰。不仅花卉纹样有不成文的规定，而且官服上绣禽绣兽，都是皇家规矩，不得有半分逾越。

造型、色彩、纹饰同在模仿生物，其方法各异。造型是形象性的，色彩是象征性的，纹饰则是写真性的。他们从不同角度丰富了服装的工艺风格。

（二）模仿非生物

1. 造型与非生物

与非生物有关的巾、冠、头饰有：圆屋顶帽，古丹麦时代男子戴的一种盖头帽。帽口为正圆形，帽顶则成屋顶状；圆饼形头饰。中世纪十字军东征期间所戴的一种呈圆饼形状的头饰；高山冠是中国古人讲究"峨冠博带"，高山冠是战国至汉代的一种冠形。《后汉书·舆服志》记："高山冠，一曰测注，制如通天，顶不斜却，直竖，无山述展筒。中外官、谒者、仆射所服。"卷云冠，元代蒙古族男子夏季所戴的一种冠，形似卷云而得名。

主服中模仿非生物的服装造型有：鼓裙，16世纪末至18世纪在欧洲十分时髦的一种裙子式样。这种式样通常是由缎带将金属丝、鲸鱼须等穿连成鼓的形状，以起到支撑罩裙的作用。裙撑的一端固定在裙子上，另一端固定在腰上。裙子上常常装饰着皱褶。喇叭裤，20世纪70年代风靡世界的一种裤形。裤子臀部及大腿部剪裁合体、贴身，但裤身自膝盖以下逐渐张开，裤脚肥大，呈喇叭形。

足服中模仿非生物的造型的，如：云头履，云头鞋，鞋头翘起部分均做成云头形状；弓鞋，中国古代缠足妇女所穿的鞋形，鞋帮与鞋底的分界线，即从鞋正侧面看呈弓形。

2. 色彩与非生物

服装色彩自古以来就在广泛地模仿。除了植物和动物之外，天地山水、金银铜铁都可以在服装色彩中得到再现。中国古代帝王冕服创始之初，就以"未明之天"的黑色作为上衣的颜色，同时以"黄昏之地"的暗红色作为下裳的颜色。

山之青、水之绿、天之蓝、地之黄，历来就被人们注入感情和心理趋向，吸取到服装色彩中，使大自然的韵味隐现在服装之上。自从人类进入到机械时代以后，人与金属的亲缘关系在不断拉近。特别是进入到电子时代、激光时代和宇宙时代以来，过去不曾存在的航空航天机械闯入了人们的服装工艺风格之中。儿童动画中有科幻式的影视艺术，诸如"变形金刚"、"机器人"等，不仅为孩子童话世界中的可爱形象，而且也潜移默化地给成年人创造了一个个不知是现实还是虚幻的服装新形象。那些"太空人"穿的金属色的钢铁服装，不知不觉中成为人们服装创作中模仿的对象。于是，各种高级灰色、金属色成为服装的代表现代气派的典型色彩。模仿不锈钢色、轻铝色、氧化铝色的服色大规模发展，使服装色彩模仿非生物的尝试一步步获得成功，并大幅度向前推进。

3. 纹饰与非生物

服装纹饰中以非生物作为模仿对象的例子，更无法以数字来计算。单说中国明清富有吉祥寓意的图案中，就有铜鼎、玉磬、古琴、围棋、山石、灯笼、太阳、海水、绣球、风筝、元宝、祥云、如意；还有八仙的八种法器：扇、葫芦、长箫、檀板、宝剑、花篮、渔鼓、笊篱；八吉祥（佛教）：轮、伞、盖、罐等，这些都被大量地应用在服装上，以绣、绘、补等形式出现。

在人类的视野中，存在着难以数计的实用物质。这些物质，有的是天地造化而成，带着天然的神韵，亦可成为自然美；有的是经过社会筛选、创造出来的，带着人工的痕迹，也可以算是社会美；但是，人们并未满足单独的欣赏和应用，于是又将它们吸收到服装艺术中来。这应该说是服装创作中的艺术美。这种美虽说是部分源于模仿其他物质，但这种模仿本身不是机械的，而是有目的的选取和有意识的创作，是各种物质原有的美又在服装艺术中得到升华。且随着时代而变异。

二、服装形象的艺术依据

服装本身是艺术品，着装本身是艺术创造。因此，它与其他艺术品类的互相汲取、互相促进是符合艺术规律的。服装从其他艺术直接移植，造型、色彩和纹饰的工艺风格特征或间接选取其他艺术中的偶然效果，都是极为正常的。建筑风格可以导致服装风格的明显改变，绘画作品中的服装也可以构成服装风格的形成、音乐的流行趋势，还可能引起服装风格的大幅度变异。这里可以清楚地看到，服装的工艺风格不是孤立地存在着，它始终在与其他姐妹艺术的交流中充实自己，超越自己，不断变幻出新的风格、新的风貌。

（一）建筑

建筑是主体的艺术，服装也是。尽管从体量上看，二者难以相提并论；从质料和功能上看也毫无相同之处。但服装与建筑还是有很多共同点的。仅从立体一点来看，它们就显然与绘画有别。服装直接移植建筑风格的自古有之。下面可列举几种有代表性的。如：

哥特风格：这本是指 12 世纪以来，在西方艺术风格的形成中举足轻重的建筑风格。但是，它那以尖顶拱券和以垂直线为主，高耸、轻盈、富丽、精巧等特点所构成的风格直接影响了服装的风格。这个时期妇女穿一种名叫柯达迪的紧身长裙。袖子窄而长，袖侧开缝，袖子整体从双肩到前臂都特别适体。各式女服在外观上格外强调服装面料的竖直线条和悬垂感，并在衣服上装饰着精致的花边。为了显得像教堂建筑那样高耸的艺术效果，妇女们还在锥形帽上垂挂着面纱和长长的飘带。服饰形象整体给人以竖直、挺拔的感觉。男子服装也在以骑士甲胄和外衣为主服的同时，留尖胡须，戴尖形头巾和穿长而尖的鞋等。尤其是男子穿的紧身裤常出现两条裤腿分别用两种不同颜色的现象，这与哥特式建筑中不对称的风格极为相似。面料上出现凹凸很大的褶皱，使服装形象的主体感明显增强，好似一座座软质建筑。

巴洛克风格：17 世纪建筑艺术的巴洛克风格，突出表现为色彩绚丽、线条多变、气势磅礴、富丽堂皇。而当时欧洲的服装也形成了活跃、轻

第八章 服装艺术与艺术学教育

快、装饰性强或豪华、富丽的风格。例如在女服中出现了较多的宽翻领，垂于肩部并饰以花边。上衣出现方形袒领，并将腰围紧束于胸部以下。男服基本上都使用翻领，骑士装式样的翻领较为繁复，并讲究缎带和假发。这时期的服装用纺织品有天鹅绒、麦斯林，各种锦缎、金银线织物以及亚麻等，还有各种皮革和花纹。纹饰图案除了用在服装面料上以外，还用在刺绣和花边之中，其中各种花卉和果实组合而成的"石榴纹"纹饰非常盛行。线条多为曲线，色彩富于光和影的变化，图案中形象大都丰满，整体气氛豪放。

罗可可风格：18 世纪欧洲建筑风格，轻快柔美、秀气玲珑、活泼热烈，但不免有些矫揉造作。表现在服装上，是无论男女老少、上下尊卑，都普遍使用精美的花边、皱褶和缎带。这种服装风格体现在女服上时，腰以上紧贴身体，领口开得较低，常饰以褶状花边。腰以下的裙身，有的是以后背宽松直拖地面，有的则是以巨大的裙撑，夸张女性的臀部。男服出现明显的女性化趋势，讲究穿花纹皱领的紧身衣，用钻石装饰的鞋、以羽毛装饰的帽等。罗可可风格的服装面料都是轻盈菲薄的丝绸和麻纱等。用于服装的纹饰很多也受用于室内设计上的纹饰的影响，采用类似的图案形象。如花卉纹、云纹以及来自中国风格的纹饰等。

以上这三种，是在世界上影响比较大的建筑风格在服装上的体现。其他民族的建筑和当地人民的服装造型、色彩、纹样也常常趋于一致。例如，东方维吾尔族尖而半圆形的屋顶、门窗上的拱，无疑在外观上与维吾尔人的小花帽相近似，而且都处于物体的顶端。这一点，只要稍加注意，就可以找到很多实例。

（二）雕塑

文艺复兴运动深刻地影响了整个西方的社会与文化。文艺复兴起因之一，就是在古希腊废墟中发现了公元前 5 世纪的大理石雕像。文艺复兴的核心思想是人文主义。人文主义这个专用名词源出文学，最初是指攻读基督教以前古希腊和古罗马的文学和哲学，后来，词义扩大到包括研究人类的本性和人类在宇宙中的地位。

古希腊和古罗马雕刻中的人像，有着健美的形体、潇洒的风度和优雅的衣着。它直接影响了文艺复兴时期服装的造型与风格。这一时期的服装式样也像古希腊、古罗马的大理石雕像一样，强调人体的曲线、人肌肤的美质和人本身内在力量向外扩展的动态与美感。

时至今日，抽象雕塑对服装设计师的创作构思给予有意启示，难怪人们称服装为软雕塑。从三维空间这一特点来看，服装与雕塑也和服装与建筑的关系一样，有许多互通之处。因此，雕塑风格以不具体的方式影响服装工艺风格是极自然的。反过来说，雕塑在记录服装和传播服装上还有着相当重要的作用。

（三）绘画

一些服装的成形与定名，是因为受绘画作品中服装形象以及绘画的形式影响。当人们认为某位画家在画布上表现的人物着装真是太美了的时候，就会兴致勃勃地将画布上那虚幻的服装形象变成现实的服装形象；将画框里平面的艺术变成立体的艺术品。结果，许多画家有意无意之间充当了服装设计师的角色，这有许多实例。

吉奥蒂诺服：14世纪意大利流行的一种服装。它领口宽大、袒肩、两袖有许多扣紧了的纽扣。衣服的边缘装饰着华丽的刺绣图案，腰带精美而偏向下坠。这种服装就是因为经常出现在当时著名的艺术大师吉奥蒂诺的绘画作品之中而影响了服装的工艺风格。

华托裙：18世纪初期欧洲最时髦的系列女装。其基本特征是腰以上紧贴身体，领口较低并常饰以皱褶花边，前面用缎带收紧，后背宽大、松弛，打着很宽的褶纹直曳至地。这种式样所体现的总体风格是罗可可式，但具体款式就因为经常出现在著名画家华托的作品之中，因而风行一时。

蒙德里安式样：当代法国时装设计大师伊夫·圣·洛朗在1966年创造过一种无领无袖的连衣裙。这种服装上有着鲜明、简练的图案，色彩格外纯净、醒目。所以得名为蒙德里安式样，就是因为其工艺风格来源于荷兰抽象派画家蒙德里安的绘画作品。

另外，在绘画界被称为"野兽派"的马蒂斯，曾被很多服装设计师引用其名和画中人物作为设计主题。艺术大师毕加索从西非雕刻吸取营养，创作的立体绘画和雕塑，更导致了正方形羊毛背心和矩形短裙套装的设计构思。在1979—1980年秋冬时装发布会上，服装设计师索性推出了一款"毕加索云纹晚服"。

服装设计中的新风格、新形式，很多都是从绘画作品中得到有益的启示。

（四）音乐

音乐艺术的最主要特征是通过流动的、有组织的乐音——旋律、节奏、和声、对位配器为手段，去表现人类最深层的情感和心理活动的一门抽象的艺术。表面上看，音乐是时间的艺术，它以声音为质料构成一定的音乐形象，表现人的审美感受。而服装是空间的艺术，它以纺织品和金属玉石等为质料构成一定的可视的服装形象，既表现人的审美感受，也满足人的生理需求。可是，音乐对服装确实有着重要的影响。一个时期的音乐风格，在相当大范围内和相当大的程度上，潜移默化地影响着服装设计者和着装者的创作构思。当今青年人留披肩发，特别是男性梳"马尾式"或一条粗辫，不能不说是将摇滚乐手的发式，作为自己创作发式的依据。由于青年人追随歌星的狂热，更会在其歌声、发式的感染下，穿戴那些歌星常着的服装，或是选择那些与流行歌曲风格一致的服装来塑造自我形象。

（五）戏剧、舞蹈、电影

这三者都是表演艺术。表演者，特别是演技高超，造成轰动效应的演员和某一剧种中独有的装饰形式，极易成为创作服装形象时的艺术依据。如脸谱装。脸谱，是一种面具艺术，其实就是人的面部化妆。在现代中国时装表演中，脸谱图案也作为服装纹饰图案频频出现，成为新潮款式和纹饰主题。

舞蹈是综合性的艺术。由于各种舞蹈的主调不同，势必决定了与之协调的服装。严格地说，布鲁斯（慢四步）、狐步舞（快四步）、华尔兹（三步舞，也称圆舞）、探戈、伦巴、吉特巴，甚至迪斯科都要求有不同的服装与之对应。尤其是女服。20世纪70年代，迪斯科时装正式进入人们的日常生活。美国服装设计师蒂芬·伯罗斯、贝齐·约翰逊和诺尔马·卡玛力推出的服装，包括紧身衣、T恤衫、短裤、弹力裤等。面料则选用了棉布、灯芯绒、粗斜纹棉布、小山羊皮和天鹅绒。同时令人眼花缭乱的金属饰件和水晶、金属小圆片、具有热带风格的印花图案、仿蛇皮效果以及色彩艳丽的短裙也应运而生。

电影是现代技术与艺术融合的骄子，它可以通过屏幕上的形象、场景、声音使观众有身临其境之感，这就使得电影中角色所穿的服装直接成为人们着装时的模仿对象。由此还产生出一些以某影星命名的服装式样。如玛丽·彼格芙特式样：这种20世纪20年代流行的妇女服装式样，就是因为人们崇尚和效仿美国好莱坞著名女影星玛丽·彼格芙特而形成的一种着装风格，其式样包括了衣服和佩饰的整套穿法，玛丽本人被称为"世纪夫人"，除了她高超的演技以外，就是颇为考究、新颖、诱人的服饰形象。再如嘉宝式样，就是20世纪30年代美国著名影星格里塔·嘉宝所穿戴的服装式样，在欧美妇女中产生很大的影响。她穿用的束腰大衣，戴的墨镜及软边女帽以及所梳发型，都曾被作为最时髦的服装式样而盛行一时。

从以上两节不难发现，服装形象的来源是广泛的，不仅来自身边的人物、动物、植物、器物，同时还来自于身边的各种艺术形式。正因此，才可能形成了丰富多样又丰满美丽的服饰形象。

第三节　服装艺术的意境

服装意境，即服装艺术意境。

服装意境主要表现为，创作者力求创造出一种强烈的个性意识，将它物化为造型、色彩、纹饰、肌理等艺术形式凝固在服装上；然后，通过服装形象所表现出来的风采，是受众对其设计意图有所领悟，从而体味到那浓郁的意蕴与绝妙的境界。为了使创作者意欲构成的服装意境和受众深刻感受到的服装意境达到统一，双方的观点都必须基于现实生活。任何一方任凭个人感情偏离轨道的无限自由行驶，都不可能创造出真正的服装意境。

如果将今日我们都能领悟到、感受到的服装意境，加以分析的话，可以基本上分为四种，即：天国意境、乡野意境、都会意境、殿堂意境。这几种意境又分别有多种服装风采所构成。

一、天国意境

天国飘忽在空中，天国神人的凭虚御空，足不点尘，在相当程度上是

第八章　服装艺术与艺术学教育

以服装来表现的。人非天神，但是也可以向画家描绘神人那样，再由服装设计将其"神"气折回到真人身上，于是，在人类服装创作中，人为地创造出天国意境。

（一）天使风采

造型艺术中的天使形象以裸体的为多，但是他们凭借什么在天上飞呢？于是，人们想象天使后背上长着一对翅膀。这对翅膀无法在服装上直接体现，便直接显现其原型。以欧洲为主，其他国家也存在的男性短披肩，实际上就是在创造一种天使的风采。披肩的上端系在颈项间，披肩的下摆直及胯下。柔软的质料，产生出轻盈的感觉。当风吹到披肩之上，或是身穿披肩的人跃马驰骋时，披肩便会随风飘起，宛如背后生出矫健的翅膀。

佛教壁画中的飞天，即是东方的天使。只不过，飞天不同于小天使之处在于，飞天凭借着大气的浮力和飘动体——飘带，以此代替天使的肉翅。这使得以服装来塑造飞天的风采可以更形象一些。

这种形象与气势，是天使般服装风采的雏形。而在蓝天白云之间的"翱翔畅想曲"就是服装创造的天国意境。

（二）神仙风采

神仙不存，但古人传说、塑造的神仙风采，可以在服装形象中得到充分的体现。中国魏晋南北朝时期的文人高士，以服装形象模拟神仙，简直到了几乎乱"真"的地步。真神仙在人臆想中，魏晋士人却以现实的服装，凭空创作出一种神仙风采。魏晋士人风度的最高体现，就是"飘然若仙"。不仅文人高士这般打扮，就连当时的淑女，也被想象为天仙。曹植写洛水之神的"凌波微步，罗袜生尘"，即不是一般俗艳女子所可以比得了的。在东晋大画家顾恺之的画像中，无论洛神还是女官，其服装形象都是设计在神天飘渺的氛围之中。看顾恺之《列女图》中所描绘的女性杂裾垂髾服没有飘带，仅凭那深衣下摆裁成的多层尖角状杂裾和腰带处飘出的宛如旗帜上的垂髾一样的轻盈的装饰，就已经完全显示出服装形象所蕴涵的神仙风采了。

天国的意境是美好的。人们通过服装创造出的天国意境，更集中反映了人从凡俗解脱的出世思想和对自由生活的向往。

二、乡野意境

乡野就在人们眼前，换句话说，人就生活在乡野中间。即使是摩天大楼林立的繁华闹市，依然也演化出人的乡野观念。而且，越是远离了乡野，越会想念那泥与草的清香，越会珍惜那小国寡民般的清净和一览无余的大自然。不过时代的车轮飞转，都市生活节奏变得越来越快，除了度假以外，人们无暇光顾大自然。于是，就以服装上回归大自然的情趣，去创造屋顶花园之外的服装上的乡野意境。

（一）山野风采

村姑之美，具有典型的山里妹子的味道。服装上的山野风采，五花八门。阿尔卑斯山下的法兰西、瑞士、意大利、奥地利农女们，无论多么贫困，也要在裙子上绣上花卉并缀上花绸带和花穗边。只要条件允许，必定要戴上珐琅质或金属质的佩饰品；长白山上的山民们，总是穿着兽皮做成的帽子和大袄，那些虽厚重却短打扮的服装形象成为山里人的象征。

许多时髦的姑娘、少妇，都喜爱那纯朴的手工印染面料。于是，蜡染、扎染、叠染的围巾、挎包、连衣裙，带着那蓝天般的深湛、远山般的凝重、泉水一样的清澈和山花似的芬芳来到现代时装中，给现代社会吹进一股清凉的风。

朴拙无比、土得可人的山野风采，会同古老的艺术风韵和现代的艺术新潮，成为一种非刻意追求所能得到的天然韵味，进而体现出服装艺术的纯真意趣。

（二）水域风采

水域服装依水而生情，傍水而幻美。爱琴海养育了古希腊人，也赋予古希腊服装以特殊的风采。质地较硬的亚麻布和细腻柔软的丝绸，使古希腊人的衣衫形成竖向褶皱悬垂着。那种薄衣贴体的服装效果，宛如着装者刚刚从水中站起一样，竖向棱线般的线条标志着出生地——水域。

越南人的斗笠、日本人的和服、中国东南惠安女的肥腿裤，都是典型的水乡服装。尤其是那一双赤脚，更增添了无尽的乡情与水意。水边那温

第八章　服装艺术与艺术学教育

暖的、略带潮湿的风，吹不起那总也晒不干的水边人的衣裳。他们就任凭筒裙或肥裤飘散着、低垂着、滚动着水珠，潇潇洒洒地在水边沙滩、岸石上赤足行走。水的滋润，致使服装也带着清凉凉、湿漉漉的水域风采。

（三）田园风采

田园，原本指的是田地和园圃，意为可以耕种庄稼、培育树苗和栽种菜蔬的土地的统称。这是从事农业劳动的人长年生活的地方。

服装上所创造的田园风采，实际上是本不着渔、樵、农服装的人，穿戴了这些渔夫、樵夫、农夫的服装，人为地创造出"采菊东篱下，悠然见南山"的哲学意境。中国画中常见这样的题材，什么"秋江独钓"、"踏雪寻梅"、"远山观瀑"都不是农夫所能产生的闲情逸致。士大夫追求田园诗意境，实不在田园的劳作、赋役、祈天和禳灾，其实是想在田园寻求一份乐土，一份安宁，这一点与天国意境中的神仙风采是互通的。看中国东晋末年弃官隐居的陶渊明，就曾在其代表作《归去来兮辞》中写出那种逃出宦海奔往田园时的轻快心理："舟摇摇以轻扬，风飘飘而吹衣"，以及"园日涉以成趣，门虽设而常关"的恬静。自古以来，解甲归田对于官场得意之人是一种失落，但对于已被挤压得心灰意懒，无力再闯名利场的人来说，实在是一种解脱。

服装上的田园风采是人为的。就好像醉翁之意不在酒一样，追求田园风采的人也不在于真正的田园服装，他们所需要的是田园的意境。

（四）牛仔风采

美国西部嗒嗒的马蹄声和那卷起的烟尘，激励着人们的开发精神。西部牛仔那粗犷豪放的美吸引了年轻人。牛仔的紧身裤，粗粗的质料坚固耐用，再加上牛仔风格的大方巾，富有刺激性的皮带扣和带着几分剽悍与俏皮的大卷檐帽，成了新一代人崇拜的英雄形象的外部特征。一种开拓和勇往直前以及不畏强暴的精神，全部体现在牛仔服上，给新时代注入一股刚劲的服装风。

牛仔风采是现代人崇尚的服装风采，是对一切严谨、闲散服装风范的叛逆。

三、都会意境

广阔的田园山野之中，先是有了城堡，继而出现了城池，以至有了都市。从此一部分人就在这人员密集的都市中生活、交往。因而，服装艺术中必然会产生有别于乡野意境的都会意境。

都会意境构成中所表现出来的服装风采，最突出的一点是"入世"。它不再像乡野意境那样简洁、单一。乡野意境虽然也由四种风采组成，但是总体意蕴还是相近的。都会意境就不同了，它既有庄重、矜持的绅士风采；又有追求艺术个性甚至我行我素的服装表现。由于都会意境五彩缤纷，所以它又有着区别于紧张、严肃的消闲风采和军服、警服及摩托服上所体现出的勇士（都会卫士）的风采。

服装上的都会意境，就像现代都市的建筑、街景一样各具特色又并行不悖。同时错综复杂。好在能互相融会，最低限度并不存在矛盾，而是相安无事地各行其是。

（一）贵族风采

贵族（绅士、淑女）不仅古代社会中存在，现在依然有人在刻意追求那种优雅的绅士淑女所特有的风度。

古代欧洲以英格兰为首的国家，最讲究服装上的绅士风采。在上流社会的交际场合中的服装，有着严格的要求。着装者欲创造出一种服装上的绅士、淑女风采，脱离了大礼服和古典裙装，根本不可能实现。那些黑色或其他凝重色彩的燕尾服和典型的上流社会淑女装束，构成早期都会的氛围。而透过众多绅士淑女服装形象，人们也可以轻易地在华灯灿烂、宾客如云的礼堂、客厅里感受到服装与都会生活的吻合。特别是服装本身的典雅、庄重、严谨、考究，奠定了这种都市社交所特有的高贵与豪华的都会意境。

已成为国际社交礼服的西装，伴着现代都市人走过了百余年。虽然现代文人与青年已不再像过去那样讲究服装礼仪，昔日的都会意境——绅士、淑女风采依然存在，只是多在官场商界之中。这是因为外交与商务活动，往往是国际性的交往活动。而国际交往都带有历史传统性，服俗也都有一定的规范性，不能逾越，否则就是失礼。所谓传统与规范，就是在服

第八章　服装艺术与艺术学教育

装上表现出一定的绅士气派，也就是官、商两界人员在服装上要创作出一种贵族风采，以图获得人们的尊重。

（二）艺术风采

前面讲过，服装所创造的都会意境是五颜六色的，匆匆而过的街市行人中常有些奇异的服装形象。那些服装所表现的形式大都别具一格，既有浓妆艳抹、披金饰银、鲜衣华服的，也有粗服乱头、衣冠不整、穿戴怪诞的。两类服装形象从表面上看相差悬殊，但实质上有很多共同之处——都经过有意修饰和刻意模仿。

既是属于艺术风采，那么其中所体现出来的艺术水平，就有高低之分。有的人热爱生活，他们走到哪，就以信心百倍的精神面貌和瑰丽的服装形象给人们带来艺术美。有的人出自美好的修饰动机，但不得要领，结果使服装效果出现蹩脚现象，当然这也不能否认是在创造艺术风采。还有的人以衣衫破烂、装束怪诞为创造服装艺术风采的最佳选择……不管怎样，他们都是将人生这一大舞台，真的当做是服装表演的舞台了，他们都力求通过自己对艺术的理解和认知去创造艺术。

艺术对一切表现都是宽容的，因而，服装艺术风采就好像是都市夜景中闪烁的霓虹灯。服装艺术风采以其丰富绚丽，构成了服装上都市意境特有的氛围。

（三）休闲风采

都市生活和工作的紧张，并不等于要把现代人都牢牢地捆缚在机械上，桎梏在写字楼里，人们总要换一换新鲜的空气，于是就要在有限的空闲时间里尽情地放松自己，包括着装。

款式宽松合体，色彩鲜艳夺目的旅游服、沙滩服将人的神经放松的同时，也给予躯体以最大限度的自由。特别是比基尼泳装，它那三点式的造型并不是现代才有。因为人们在古希腊陶瓶上，发现了一幅画在陶瓶内壁上的少女题材的画。美丽的少女上身戴一件窄小的乳罩，下身则围着一条6至8英寸的布块，头上还戴着一顶与现代泳帽相似的圆帽，用饰带牢牢系在下颏。出土文物也有皮革缝制的比基尼装。提倡形体健美，相对自由的古希腊制度造成的服装形象到20世纪又焕发出崭新的光彩。它以休闲装的特殊形式标志出现代都市服装上的休闲风采。

（四）勇士风采

都市需要卫士，因此也被人推崇。都市的卫士是警察、军人。他们的服装是英勇的象征。既整齐划一，又灿烂鲜明。军警的服装构成都市风景线。在功能上，军警的服装轻便合体，利于战斗行动，加以军衔、徽章、标志金光闪闪，就有力地构成了勇士风采。

有人说，看一个国家的警服，就可以窥视出这个国家的都市风貌。车辆、警察、红绿灯，是都市特有的色彩、特有的形象、特有的旋律。

四、殿堂意境

创造殿堂意境的服装，是严肃的，具有不苟言笑的政治家和法官一样的风范。殿堂意境的构成，主要源于几方面：

着装者，主要为权威人士，无论是皇帝、国王、皇后、王后、高级官员，还是牧师、神父、和尚、道士、乃至居士，前者为社会势力权威；后者为社会精神权威。

服装与建筑，这二者关系在殿堂意境的创造上至关重要。因为服装在实现殿堂意境时，有相当一部分因素取自于建筑外观和室内布置，只有这两方面的气氛一致、风格和谐，才有可能使服装显示出至高无上且又神秘莫测的意境。

当然，如果细分起来，服装创作追求殿堂意境，也由不同的服装风采组成。归为两类，可有皇家风采和僧侣风采。

（一）皇家风采

无论是哪一个时代的国家领导层，都在服装上追求特有的风采，即区别于平民的服装风采。

封建制度下的皇家以"冠冕堂皇"创造至高无上的威严，使服装形象与辉煌宫殿共同构成一个整体。宫殿非平民所有，皇族的服装也不是随便哪一个人都可以置办来穿戴的。这里并非指经济力量是否可以达到，而是有严格的等级制度。最高统治者特有的一切，都会以服装和建筑等外显形式表现出来。

帝制崩溃以后的国家领导人，虽然在服装造型、色彩、纹饰上没有专门的等级规定，看起来与平民没有两样，但是，国家领导人在出席正式外交场合时，包括在国内举行重大会议时，服装形象还是非常考究的。不同寻常的质料和做工，是服装形象的基础。礼宾司根据不同规格确定服装造型与色彩，特别是选定的环境（包括外环境和内环境），再加上前呼后拥的工作人员，还有频频闪光的新闻摄影灯和摄像机的忙碌……处于这样一种气氛下的服装形象，已绝非一般富人可能比的。庄严、亲切、友好或充满火药味却又深深隐在握手微笑的气氛之中，仍然是领导者服装有一种与过去不同但又几乎一致的皇家风采。

（二）僧侣风采

作为精神权威的僧侣，在服装上所创造的不是豪华，而是神圣。

不管红衣大主教——欧洲中世纪国家权力的实际拥有者，还是活佛、大师——佛教的最高权威，都旨在通过自己的服装去体现神、佛的尊严。主教那高高的宛如教堂尖顶形状的帽子；活佛那红色的酷似寺庙砖瓦的袈裟，都代表着神佛的法力无边，同时显示出自己是神佛留在人间的使者。

在相当长一段时期，在相当一部分国家中，神权与政权共同统治着国民。因而僧侣和统治层中的高层人士，通过服装所表现的威严是一致的。不同的是，僧侣风采在服装上的体现，一般说是极端简朴的。因很多宗教都强调苦修，所以，至今的和尚、神父、道士、牧师、修女等仍然恪守着本教的服装清规。僧侣们的服装与他们所处的教堂、道观、寺庙建筑内外气氛统一，共同构成僧侣服装上所体现出来的殿堂意境。

服装艺术意境就像诗——可以直观的诗；服装艺术意境就像画——可以穿着的画。而服装之于艺术，既是构成"部件"之一，又是构成形象的"物体"。不用说，服装隶属于艺术，作为一个门类；所有的门类又都与之互通，绘画、建筑、雕塑、书法、工艺美术……艺术的所有精华，所有机巧，所有魅力，都可以像千条江河归大海一样，集中体现在服装上。服装的美无限，服装的艺术也无限。

图片索引

第三章

图片索引

主要参考文献

上海市戏曲学校中国服装史研究组：《中国历代服饰》，学林出版社 1984 年版。

涂途：《西方美育史话》，红旗出版社 1988 年版。

华梅：《人类服饰文化学》，天津人民出版社 1995 年版。

华梅：《服饰与中国文化》，人民出版社 2002 年版。

华梅：《中国服装史》（修订本），天津人民出版社 2002 年版。

华梅：《西方服装史》，中国纺织出版社 2003 年版。

华梅：《服装美学》，中国纺织出版社 2004 年版。

华梅：《古代服饰》，文物出版社 2004 年版。

华梅：《衣饰文化》、《服饰与人》专栏文章三百余篇，见《人民日报·海外版》1993 年以来。

［美］布兰奇·佩尼：《世界服装史》，徐伟儒主译，辽宁科学技术出版社 1987 年版。

［日］日本文化服装学院、文化女子大学：《文化服装讲座》，李德滋译，中国展望出版社 1983 年版。

主要参考文献

服装藝術教育

Fuzhuang yishu jiaoyu

后　记

天津财经大学赵洪恩教授找到我，希望我来撰写艺术教育丛书中《服装艺术教育》一书。我尽管很忙，还是欣然应允了。一是杨恩寰、梅宝树两位美学家作为丛书主编（我曾拜读过他们的著作）；二是人民出版社在国家出版社中占有重要位置；三是我们这些数十年奋斗在教育第一线的教师确实对提高大学生综合素质有着不可推卸的责任。

我暂时放弃其他几部书的撰写任务，先来抓紧完成这部书。考虑到要让读者在最短的时间里得到更多的知识，我们基本上采用了浓缩的方法。因为，服饰文化的内容太广博了，就像大海一样深邃而且无垠。当然，在这里我们只能取一勺饮，这就是服装艺术。在服饰文化教学研究方面，我任教近三十年，学生们，尤其是硕士研究生们如今已遍布在全国各大院校。我所撰写的有关专著、教材已经出版20部。我做主编，带领研究生们完成的书籍，也有三套（六册或四册）并三本（包括研讨会论文集）出版了。我觉得，我还是能够将大学生需要的服装艺术知识提供给大家的。只是限于版面，不能安排再多一点儿的插图。否则，服装艺术形象是相当有视觉冲击力的。

值得高兴的是，我这次带领服饰文化学硕士研究生戢范撰写此书，感到很成功。多年尝试的结果是，在实践中锻炼了学生，又使年轻学者与年轻读者寻求到最佳契合点。教育本身在教，也在学。这种观点对学生有利，对教师自身提高也绝对有好处，教学相长，是我多年所奉行的。

需要特别说明一点，该书撰写时由于对艺术教育丛书主旨理解有限，因而只是从宏观上考虑到教育，而未能在有关章节中予以具体显示。经过杨恩寰先生的精心修改，我后来又参与了几本艺术教育书稿的审读，因此对"教育"特色的认识越来越清晰了。当人民出版社柯尊全先生将修改过的书稿再交我认定时，时间已经过去了一年。谁会想到，就在这种拿来拿去的过程中，有三页杨先生的手稿丢失了，为此，又是一番忙乱与歉疚。当杨先生重新将详细的修改建议寄给我时，我想，索性下大力量修改吧。为此，我们重新加了一章服装艺术教育的内容，对各章节题目及内容也做了大幅度的改动，想来应是与"艺术教育"合拍了，这才重新打印并刻制光盘……

相信读者会喜欢这本书，也相信这本书会给读者以美妙的联想和有益的启示。

华 梅

2005 年 10 月 11 日

于天津师大国际女子学院

后

记

策划编辑:柯尊全
责任编辑:柯尊全
装帧设计:徐 晖
责任校对:张 彦

图书在版编目(CIP)数据

服装艺术教育/华 梅 戢 范 著.-北京:人民出版社,2008.10

(艺术教育丛书/杨恩寰 梅宝树 主编)

ISBN 978 - 7 - 01 - 007250 - 0

Ⅰ. 服… Ⅱ.①华…②戢… Ⅲ. 服装-艺术 Ⅳ. TS941

中国版本图书馆 CIP 数据核字(2008)第 130754 号

服 装 艺 术 教 育

FUZHUANG YISHU JIAOYU

华梅 戢范 著

人民出版社 出版发行

(100706 北京朝阳门内大街 166 号)

北京瑞古冠中印刷厂印刷 新华书店经销

2008 年 10 月第 1 版 2008 年 10 月北京第 1 次印刷

开本:710 毫米×1000 毫米 1/16 印张:21

ISBN 978 - 7 - 01 - 007250 - 0 定价:38.00 元

邮购地址 100706 北京朝阳门内大街 166 号

人民东方图书销售中心 电话 (010)65250042 65289539